第十七届全国膨胀节学术会议论文集

波纹管膨胀节技术进展

中国机械工程学会压力容器分会
合肥通用机械研究院有限公司　　主编
江苏运通膨胀节制造有限公司

合肥工业大学出版社

图书在版编目(CIP)数据

第十七届全国膨胀节学术会议论文集：波纹管膨胀节技术进展/中国机械工程学会压力容器分会，合肥通用机械研究院有限公司主编 . —合肥：合肥工业大学出版社，2023.9
ISBN 978-7-5650-6471-5

Ⅰ.①第…　Ⅱ.①中…　②合…　Ⅲ.①波纹管—学术会议—文集　Ⅳ.①TH703.2-53

中国国家版本馆 CIP 数据核字(2023)第 186555 号

第十七届全国膨胀节学术会议论文集
波纹管膨胀节技术进展

中国机械工程学会压力容器分会 合肥通用机械研究院有限公司	主编	责任编辑	马成勋

出　版	合肥工业大学出版社	版　次	2023 年 9 月第 1 版
地　址	合肥市屯溪路 193 号	印　次	2023 年 9 月第 1 次印刷
邮　编	230009	开　本	889 毫米×1194 毫米　1/16
电　话	理工图书出版中心：0551-62903204	印　张	20.5
	营销与储运管理中心：0551-62903198	字　数	512 千字
网　址	press.hfut.edu.cn	印　刷	安徽联众印刷有限公司
E-mail	hfutpress@163.com	发　行	全国新华书店

ISBN 978-7-5650-6471-5　　　　　　　　定价：98.00 元

如果有影响阅读的印装质量问题，请与出版社营销与储运管理中心联系调换。

前　言

中国机械工程学会压力容器分会膨胀节工作组成立于1984年。三十九年来,膨胀节委员会不忘初心,坚持学术交流,促进企业发展和行业技术进步,坚持两年举办一次全国膨胀节学术交流会,致力于在膨胀节行业推广先进技术、交流实践经验、探讨发展方向、获取各种信息。在压力容器分会及挂靠单位——合肥通用机械研究院有限公司和膨胀节行业同仁的支持下,迄今膨胀节工作组已成功举办过十六届全国膨胀节学术会议,分别是:

第一届,1984年,沈阳市,由原沈阳弹性元件厂承办;

第二届,1987年,南昌市,由原江西石油化工机械厂承办;

第三届,1989年,杭州市,由原上海电力建设修建厂承办;

第四届,1993年,西安市,由西安航空发动机公司冲压焊接厂承办;

第五届,1996年,北京市,由首都航天机械公司波纹管厂承办;

第六届,1999年,青岛市,由中船总公司725研究所承办;

第七届,2002年,南京市,由南京晨光东螺波纹管有限公司承办;

第八届,2004年,无锡市,由无锡金波隔振科技有限公司承办;

第九届,2006年,黄山市,由合肥通用机械研究院承办;

第十届,2008年,秦皇岛市,由秦皇岛北方管业有限公司承办;

第十一届,2010年,泰安市,由山东恒通膨胀节制造有限公司承办;

第十二届,2012年,沈阳市,由沈阳仪表科学研究院承办;

第十三届,2014年,石家庄市,由石家庄巨力科技有限公司承办;

第十四届,2016年,秦皇岛市,由秦皇岛泰德管业科技有限公司承办;

第十五届,2018年,南京市,由南京德邦金属装备工程股有限公司承办;

第十六届,2021年,大连市,由大连益多管道有限公司承办。

本次会议是第十七届全国膨胀节学术会议，由江苏运通膨胀节制造有限公司承办，在江苏省泰州市召开！

第十七届全国膨胀节学术会议共收到应征论文54篇，通过会议评审，录用论文49篇，现编辑成册，供会议交流。

由于时间有限，本论文集难免存在错误与疏漏之处，敬请读者批评指正。

编者

2023 年 9 月

目　　录

1. 波纹管膨胀节高温蠕变疲劳寿命研究进展

钟玉平[1]　张小文[2]

（1. 中国船舶集团有限公司第七二五研究所，河南 洛阳 471023，

2. 中船双瑞（洛阳）特种装备股份有限公司，河南 洛阳 471000）

摘　要：本文对高温蠕变研究现状以及波纹管膨胀节高温蠕变疲劳寿命研究进展进行了分析，目前对于蠕变温度以下的疲劳寿命研究较多，对蠕变温度范围内的疲劳寿命缺乏系统的理论分析和试验研究。随着高温工况应用环境的不断增加，对波纹管膨胀节安全可靠性提出了更高的要求，需要深入研究高温环境下金属波纹管疲劳寿命预测方法，规范波纹管膨胀节在高温环境下的设计依据，保证过管路装置安全可靠运行。

关键词：波纹管；高温蠕变；疲劳寿命

Research progress in high temperature creep fatigue life of bellows expansion joints

Zhong Yu－ping[1], Zhang Xiao－wen[2]

（1. Luoyang Ship Material Research Institute, Luoyang 471023, China；

2. CSSC Sunrui (Luoyang) Special Equipment Co. , Ltd. , Luoyang 471000, China）

Abstract：In this paper, the research status of high temperature creep and the research progress of high temperature creep fatigue life of bellows expansion joints are analyzed. At present, there are many researches on fatigue life under creep temperature, but the fatigue life in creep temperature range lacks systematic theoretical analysis and experimental research. With the increasing of the application environment at high temperature, the safety and reliability of bellows expansion joints are required more and more. It is necessary to study the fatigue life prediction method of metal bellows at high temperature, the design basis of bellows expansion joint in high temperature environment is standardized to ensure the safe and reliable operation of the pipeline device.

Keywords：bellows；high temperature creep；fatigue life

引　言

常温下，设备的失效大部分以疲劳、腐蚀疲劳为主，但在石化、核电等领域，许多设备会长时间服役在高温、高压环境下，如催化裂化用膨胀节管道、锅炉蒸汽管道、核反应堆的热端部件、化工容器和热工仪表、约束型膨胀节受力结构件等[1]。这些设备由于长时间在高温高压工况下运行，导致材料发生与常温设备不同的失效问题即蠕变断裂失效，低于蠕变温度的设计是以材料的许用应力为设计准则，而在蠕变温度范围内，蠕变是必须要考虑的因素。并且在高温变载荷服役环境下，构件常常发生蠕变疲劳断裂失效。因此研究金属波纹管膨胀节高温蠕变疲劳作用下的寿命预估对服役在高温下产品的安全运行具有重要的意义。

1 高温蠕变理论及寿命预估

1.1 金属材料蠕变温度

金属材料在高温(一般高于此材料的再结晶温度)条件下所受的应力,即使低于此金属材料在此温度下的屈服极限,但是经过长时间的作用,也能够使金属材料产生连续的、缓慢的塑性变形积累。金属材料在一定的温度和一定的应力作用下经过长时间后,产生缓慢的、连续的塑性变形的现象称为蠕变。影响蠕变过程的根本原因在于材料自身性质。对于同种材料来说,蠕变现象的产生,是由三个方面的因素构成的:温度、应力和时间[2]。

金属材料蠕变曲线见图1,曲线上任一点的斜率来表示该状态的蠕变速率,按其速率大小可以分为三个阶段:

减速阶段 I——蠕变的速率随时间的延长而减小,又称为过渡蠕变阶段;

恒速阶段 II——蠕变速率几乎不变,又称为稳态蠕变阶段;

加速蠕变阶段 III——蠕变速率一直增大直到发生断裂。

金属蠕变的累积使部件发生过量的塑性变形而不能使用,或者蠕变进入了加速发展阶段,发生蠕变破裂,使部件失效损坏。

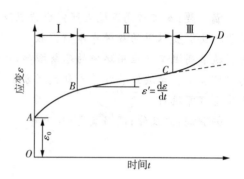

图1 金属材料蠕变曲线

文献[2]根据材料的再结晶温度,推测了常用材料的高温蠕变温度,见表1。

表1 常用金属材料蠕变温度推测

序号	材料牌号/标准		蠕变温度/℃
	中国	美国	
1	06Cr18Ni11Ti/ GB/T 3280－2007	S32100/ ASME SA240－2004	425
2	06Cr17Ni12Mo2/ GB/T 3280－2007	S31600/ ASME SA240－2004	425
3	06Cr19Ni10/ GB/T 3280－2007	S30400/ ASME SA240－2004	425
4	022Cr19Ni10/ GB/T 3280－2007	S30403/ ASME SA240－2004	425
5	022Cr17Ni12Mo2/ GB/T 3280－2007	S31603/ ASME SA240－2004	425
6	NS111/YB/T 5354－2006	N08800/ASME SB409－2004	538
7	NS112/YB/T 5354－2006	N08810/ASME SB409－2004	593
8	NS142/YB/T 5354－2006	N08825/ASME SB424－2004	538
9	NS312/YB/T 5354－2006	N06600/ASME SB168－2004	593
10	NS3306/YB/T 5354－2006	N06625 I /ASME SB443－2004	593
		N06625 II /ASME SB443－2004	649

GB/T 35013－2018《承压设备合于使用评价》[3]依据 ASME,规定了常用金属材料的蠕变范围的温度极限,具体温度见表2。

表 2　材料蠕变温度极限

材质	温度极限/℃
304/304H	510
316/316H	538
321/321H	538
347/347H	538
800/800H/800HT	565
HK(25Cr20Ni)	649

从表 1 和表 2 可以看出,目前对于材料蠕变温度还没有统一的规定,相互之间存在一定的差异,在确定材料的蠕变温度时需要依据各种标准规范寻找合理的依据。

1.2　影响蠕变疲劳寿命的因素

蠕变疲劳引起的材料损伤不同于纯疲劳与纯蠕变造成的材料损伤,它不仅包括纯蠕变与纯疲劳损伤,还包括蠕变疲劳交互作用对材料造成的损伤[4]。蠕变-疲劳损伤的影响因素很多,主要包括应力、保持时间、温度、加载、服役介质,还包括材料内部某些缺陷如点缺陷、面缺陷、线缺陷等。蠕变疲劳断裂方式主要包括穿晶断裂、沿晶断裂以及混合晶断裂,具体的断裂方式要基于材料宏微观分析做出判断[5]。影响蠕变疲劳失效寿命的关键因素有温度、应力水平、保载时间和环境影响等。

温度对蠕变疲劳寿命的影响较大,它主要影响材料的机械力学性能,例如抗拉强度、屈服强度、断裂应变、蠕变强度等。蠕变疲劳试验加载控制模式可分为恒应力控制加载与恒应变控制加载。以应力控制模式加载时,应力峰值越大、应力幅越大,材料的蠕变疲劳寿命越小,在这种情况下,疲劳对材料造成的损伤是主要因素。目前纯疲劳的寿命预估采用经典的 $S-N$ 曲线,纯蠕变常采用 Norton 本构模型;蠕变-疲劳寿命模型的建立大多是基于材料的延性耗竭理论,这种寿命模型不但考虑了蠕变损伤、疲劳损伤,还考虑了两者交互时产生的损伤,其失效机理比纯疲劳、纯蠕变复杂得多。Xiancheng Zhang[6]等人对 304H 不锈钢进行了蠕变疲劳试验分析,结果表明,保载时间相同时,应变范围越大,蠕变疲劳循环周次越低。保载时间的长短和应力应变加载速率的大小同样影响着蠕变疲劳寿命。保载时间越长,蠕变疲劳寿命越短,同时,拉伸保载蠕变疲劳寿命低于压缩保载蠕变疲劳寿命。

石油化工等领域波纹管膨胀节一般在具有腐蚀性介质的高温环境下服役,材料与腐蚀性介质通常会发生一定的物理或化学反应,如氢脆、腐蚀等,容易在材料内部某局部产生较大的应力集中而引起较差的机械力学性能。同时,高温下的氧化损伤会与疲劳蠕变损伤综合加速材料的断裂,高温下碳化物在晶界析出,导致晶界处脆化,易萌生疲劳裂纹。

1.3　蠕变疲劳寿命预估模型

依据连续介质损伤力学理论,金属材料内部往往存在着各种缺陷,包括点、线、面、体缺陷,这些缺陷往往是造成蠕变疲劳损伤的主要因素,例如蠕变孔洞常常在这些区域内形核,在拉伸应力下不断长大,聚合,最终导致材料发生失效断裂。目前,国内外学者采用损伤力学原理对蠕变损伤、蠕变疲劳损伤进行了大量研究,并基于宏观变形行为提出了许多预测材料在蠕变疲劳交互作用下寿命估算模型,这些模型为高温蠕变设计提供了理论依据,主要包括以下几种。

(1)线性累积损伤法:Miner 提出了高温疲劳线性累积损伤公式[7],表明材料的疲劳与蠕变损伤是相互独立的,但蠕变疲劳交互作用引起的材料损伤并没有给予考虑。为了将蠕变疲劳交互作用引起的损伤予以考虑,Lagneberg[8]等人在此基础上提出增加两者的交互项来引入蠕变疲劳交互作用带来的损伤。

(2)延性耗损法:延性耗损理论认为蠕变、疲劳对材料造成的损伤并不是独立的,而是相互影响的,也就是说蠕变和疲劳不仅各自对材料造成损伤,它们还产生交互作用加大了高温下对材料的损伤程度[9]。达到某一临界值时会导致材料断裂失效,该方法比较适合蠕变和疲劳之一为主导的失效形式,蠕变疲劳交互作用带来的材料损伤并未计及,为了计及两者交互损伤,郝玉龙[10]提出具有保载时间的蠕变寿命模型。

（3）Manson-coffin方程：1954年Manson和Coffin等[11-12]在大量试验的基本上提出了预测高温低周疲劳寿命的关系式，在给定的断裂应变和塑性应变范围条件下，即可确定材料的低周循环寿命。

（4）基于平均应变速率的寿命预测模型：平均应变速率法的基本思想是延性耗竭理论，该理论认为，应力控制下的蠕变疲劳损伤包括静蠕变损伤、动蠕变即循环蠕变损伤和蠕变疲劳交互作用下引起的材料内部损伤，当所有损伤导致材料延性消耗完时就会发生断裂失效[13]。

（5）基于延性耗竭的寿命预测模型：该理论认为，材料在高温变载工况条件下是以黏性流方式产生蠕变疲劳损伤，晶界延性损伤是由蠕变主导，晶内延性损伤是由疲劳主导，蠕变与疲劳两者之间的相互作用对材料的损伤产生了不可忽略的促进作用，当达到材料的断裂延性值时就会发生断裂失效[14-15]。

（6）频率修正法与频率分离法：Coffin[16]在Eckel和cole提出的"频率-时间"的基础上提出了频率修正法，从而将载荷保持时间引入到蠕变疲劳寿命预估模型。

（7）基于能量守恒的蠕变疲劳交互寿命模型：浙江大学陈凌[17]根据能量守恒定律和动量守恒定律，提出了一种新的蠕变-疲劳寿命预测模型。

（8）延性耗竭与损伤力学寿命预估模型：陈凌[18]等在损伤力学和延性耗竭理论的基础上，建立了新的适用于工程的高温蠕变疲劳寿命预估模型。该模型将蠕变疲劳交互作用下的延性耗竭循环周次与断裂失效寿命建立了对应关系。

蠕变疲劳寿命受多种因素的影响，现有的蠕变疲劳寿命预测模型是在不同试验条件下所获得的试验结果的基础上建立的，因此各个模型具有一定的局限性。现有的模型只关注了材料的宏观表现，未考虑材料微观组织演化对寿命的影响，并且不同材料、不同工况下的蠕变疲劳之间交互作用存在差异，导致模型适应性较低。未来应探索出基于物理机制的宏微观耦合蠕变疲劳交互作用下的寿命预测模型。

2 波纹管高温蠕变疲劳寿命预测

2.1 波纹管高温工况使用温度

波纹管膨胀节在催化裂化、苯乙烯、丙烷脱氢等石油化工领域大量应用，使用温度通常超过材料的蠕变温度范围。目前常用的波纹管材料推荐使用温度见表3。

表3 常用波纹管材料推荐使用温度

名称	牌号	推荐使用温度范围/℃	使用温度最高值/℃	标准号	适用工作介质
奥氏体不锈钢	321	＜570	825	ASME SA240	苯乙烯
	321H	＜570	825		丙烷脱氢、苯乙烯
耐蚀合金	Inconel625（Ⅰ）	＜593	650	ASME SB443	催化裂化装置（再生斜管、待生斜管、烟道），介质中含高氯离子场合
	Inconel625（Ⅱ）	593～816	875	ASME SB443	催化裂化装置（烟机入口管线），介质中含高氯离子场合
	Incoloy800	－200～650	825	ASME SB409	催化裂化装置（再生斜管、待生斜管、烟道），介质中含高氯离子场合、苯乙烯等
	Incoloy800H	＜649	900		
	Incoloy800HT	＜649	900		
	Incoloy825	－200～525	550	ASME SB424	催化裂化装置（再生斜管、待生斜管、烟道），介质中含高氯离子及二氧化硫场合、海水

注：表3中材料使用温度最高值依据ASME B31.3—2018[19]标准材料许用应力的温度最大值，超过此温度，许用应力无数据。

2.2　波纹管高温蠕变疲劳寿命研究

当波纹管材料的实际工作温度高于材料的蠕变温度时,波纹管将受到蠕变与疲劳的相互作用,疲劳寿命明显降低,而且与载荷作用时间有关。对于波纹管在蠕变温度范围内的高温蠕变疲劳寿命研究,目前国内外文献不多。

K. Kobatake[20]用镍基合金制成 9 个波纹管,在 900℃下以不同的循环模式作反复压缩疲劳试验,得出塑性应变范围ε_p与破坏循环次数的关系,再利用 Manson－Coffin 关系得出(1)式。

$$\varepsilon_p N^{0.53} = 0.19 \tag{1}$$

按上式分析,高温条件下的疲劳寿命要比常温条件下低得多。

美国 ASME"锅炉与压力容器规范"提出"caseN－47－12"关于蠕变-疲劳设计方法,对蠕变-疲劳的互相作用提出了累积损伤的计算公式(2):

$$\sum \left(\frac{n}{N_d}\right)_j + \sum \left(\frac{t}{T_a}\right)_k = D \tag{2}$$

式中:

D——总的蠕变-疲劳损伤;

N——从相应的最高金属温度的疲劳曲线上查得的 j 种循环载荷下的允许循环次数;

$n \sim j$ 种循环载荷的使用循环次数;

T——从 k 种载荷所给出的应力强度(对弹性分析)或当量应力(对非弹性分析)条件下的许用工作时间;

t——k 种载荷条件下的工作时间。

式(2)中 $\sum \left(\frac{t}{T_a}\right)_k$ 为蠕变损伤度,$\sum \left(\frac{n}{N_d}\right)_j$ 为疲劳损伤度,总损伤度 $D \leqslant 1.0$,由(2)式可以看到蠕变对疲劳寿命的影响。

Tsukimori[21](1989)考虑非弹性和各种几何不一致的影响,提出了疲劳寿命和蠕变寿命的预测方法。作出总应变范围的计算式(3):

$$\varepsilon_t = f_1 f_2 f_3 \varepsilon_n \tag{3}$$

式中:

ε_n——基于名义尺寸由弹性分析得到的应变范围;

$f_1 f_2 f_3$——放大因子,分别代表由非弹性、尺寸偏差、波纹之间的尺寸差别引起的。

作者根据弹性分析方法,提出了考虑应力松弛和循环强化的蠕变破坏简化计算法,并根据由 316L 不锈钢制成的波纹管的疲劳试验和蠕变疲劳试验,提出了非弹性分析和简化分析评定疲劳和蠕变疲劳的方法。

EJMA－2015[22]标准附录 G 给出了通过高温试验预测高温循环寿命的方法及计算式(4):

$$N_c = b \, S_t^{-a + c \log H_t} \, H_t^{-d} \tag{4}$$

式中 a、b、c、d 都是由试验数据确定的常数,其他符号的含义见 EJMA 标准。

文献[23－25]研究了奥氏体不锈钢 316L 材料高温蠕变疲劳性能的变化规律,通过 316L 奥氏体不锈钢在 420℃、550℃和 600℃下非间断应变疲劳和有保持时间的应变疲劳试验,对 316L 钢高温环境下疲劳、蠕变规律进行研究。结果表明:材料的疲劳寿命随温度的升高而降低;保持时间增加,试样中蠕变损伤增大,循环应力松弛更多,裂纹扩展机制由穿晶方式向沿晶方式转变。

文献[26－27]研究了 Inconel625 材料在高温下的蠕变疲劳寿命,根据 EJMA 推测了 Inconel625 在

720℃下的高温疲劳设计公式,为该材料在高温下的应用提供了参考依据。GB／T 12777－2019[28],根据大量试验依据,结合文献[26-27],提出了 N06625(Grade2)材料无加强 U 形固溶态波纹管在 720℃下的高温疲劳设计公式,提出其他蠕变范围内温度区间可参照应用,同时需要避开材料的敏化温度。

目前国内外对于波纹管在蠕变温度范围内的疲劳寿命研究从理论分析和试验研究两方面开展,理论分析从蠕变-疲劳交互作用入手,试验研究主要基于材料在特定温度下的高温疲劳寿命研究和寿命预测,还未建立广泛适用和简便的计算方法,需要进一步深入研究。

3 膨胀节结构件高温蠕变疲劳预测

3.1 国外标准对高温工况承压设备规定

美国的 ASME Ⅲ-5[29]、法国的 RCC－MR[30]、英国的 R5[31]等标准,提供了核电高温压力设备强度、蠕变疲劳的设计方法,为了保证高温部件不会发生失效,上述评定标准规定了设备在各级工况下的一次应力限值、应变和变形限值;主要采用弹性和非弹性分析方法进行蠕变强度评价;对于弹性分析方法主要根据应力产生的部位、原因及其对构件失效影响的不同,分别对各应力进行分类限定;对于非弹性分析方法主要基于极限载荷的分析思路确定部件的承载极限,然后确定部件的蠕变参考应力,进而评价部件的蠕变强度是否满足要求[32]。上述评定标准给出了高温蠕变疲劳损伤评价具体方法及步骤,依照该流程开展的力学评定工作量非常大。文献[33]提出了基于有限元分析软件进行核级高温设备非弹性计算力学评定程序,提高了计算效率。

ASME Ⅲ-5 中提出了基于高温强度的设计准则、基于应变和变形的设计准则和基于蠕变－疲劳的设计准则。NH 分卷对不同的材料给定了损伤容限,如图 2 所示,供设计人员参考。

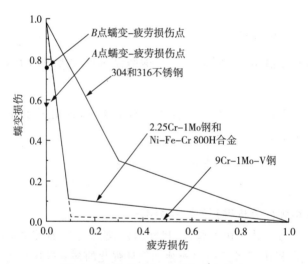

图 2 NH 分卷蠕变-疲劳损失包络线

3.2 国内标准对高温工况承压设备规定

国内未建立高温条件下的承压设备设计标准,现有标准均采用基于失效模式的强度设计原理。GB/T 150－2011[34]给出了该标准的设计温度范围－269℃～900℃,提出了高温持久强度极限 10 万小时的规定,为高温工况压承压设备提出了使用依据,但没有高温蠕变疲劳计算方法。在一些特殊情况下,对于无法预测高温工况下波纹管膨胀节的蠕变疲劳寿命的情况下,可以采用 10 万小时寿命预估确定高温膨胀节使用寿命,定期更换实现装置的安全可靠运行。

3.3 文献对高温工况结构件蠕变疲劳研究

文献[35]对 304H 材料焊接接头焊态、焊后超声波消应力处理及焊后固溶处理试样进行了蠕变疲劳试验,探讨不同焊后处理对失效寿命的影响;同时进行了不同应力条件下的蠕变疲劳试验,并利用试验数据建立 304H 材料焊接接头蠕变疲劳寿命预估式,比较不同寿命模型的预测效果。根据四种高温蠕变疲劳模型建立了 680℃下 304H 材料焊接接头应力控制下的蠕变疲劳寿命预估式并比较了其预测效果,结果表明,延性耗竭模型预测精度最高,其次是平均应变速率法、应变能频率分离法、延性耗竭与损伤力学法,四种模型均适用应力控制的蠕变疲劳寿命预估。对于提升焊接街头蠕变疲劳寿命措施方面,超声波振动消应力处理不能有效改善 304H 材料焊接接头的蠕变疲劳寿命,焊后固溶处理能显著提高蠕变疲劳寿命,实际生产时应尽可能地处于蠕变温度范围内的结构件对焊接接头进行固溶热处理。

ASME 标准中 NH 分卷采用蠕变损失和疲劳损伤累加的方法,NB 分卷采用与时间无关的参数,忽略蠕变的影响,只计算疲劳损伤。在高温条件下,蠕变对膨胀节受力构件的影响要大于疲劳,是设备失效的主要原因,因此高温膨胀节的受力结构件在采用 ASME Ⅷ-2 进行分析评定的基础上,还应该进行应变极限校核和蠕变疲劳校核,保障高温膨胀节的安全可靠性。对于高温膨胀节受力结构件采用有效措施,比如立板、铰链板禁止保温,使结构件工作温度处于蠕变温度以下时,可以采用 ASME Ⅷ-2 进行设计。对于处于蠕变温度范围内的受力结构件,建议采用浮动环、变径管等措施或特殊结构降低应力水平,此外还可以对焊接接头进行固溶处理。

4 结论与展望

(1)目前国内外对于波纹管膨胀节在常温及蠕变温度以下的疲劳寿命问题研究较多,EJMA 标准和 GB/T 12777—2019 规定了蠕变温度以下的疲劳寿命预测方法,可以直接用公式来预测波纹管的疲劳寿命,同时借助有限元分析软件可以减少波纹管生产部门的试验成本及研发新产品的周期。

(2)对于工作在蠕变温度范围内的波纹管膨胀节,因受疲劳和蠕变及其交互作用,其寿命要比常温条件下的疲劳寿命低得多。虽然国内外已有学者在高温下进行了膨胀节的疲劳试验,但尚缺少系统的试验研究,导致波纹管在蠕变温度范围内的实际疲劳寿命尚无较为准确的预测方法。因此研究高温条件下金属波纹管膨胀节疲劳失效机理,探索疲劳寿命预测方法对提升高温工况环境下装备和管路的安全运行至关重要。

(3)可以采用固溶处理提高波纹管或结构件高温蠕变疲劳寿命,对立板、铰链板等主要受力件禁止保温,使结构件工作温度处于蠕变温度以下,提升波纹管膨胀节的耐高温性能。对于处于蠕变温度范围内的受力结构件,可采用浮动环、变径管等措施或特殊结构降低应力水平,提升波纹管膨胀节在高温工况下的安全可靠性。在一些特殊情况下,对于无法预测高温工况下波纹管膨胀节的蠕变疲劳寿命的情况下,建议采用 10 万小时寿命预估确定高温膨胀节使用寿命,定期更换实现装置的安全可靠运行。

参考文献

[1] 李永生,李建国. 波形膨胀节应用技术—设计、制造与应用[M]. 北京:化学工业出版社,2000.

[2] 周命生. 耐蚀合金材料波纹管蠕变温度探讨,第十三届全国膨胀节学术交流会议论文集[C]. 合肥:合肥工业大学出版社,2014.

[3] 国家市场监督管理总局. 承压设备合于使用评价:GB/T 35013—2018 [S]. 北京:中国标准出版社,2018.

[4] 何晋瑞. 金属高温疲劳[M]. 北京:科学出版社,1988.

[5] 陈传尧. 疲劳与断裂[M]. 武汉:华中科技大学出版社,2002.

[6] Xiancheng Zhang,Shan-Tung Tu,Fuzhen Xuan. Creep-fatigue endurance of 304H Stainless [J]. Theoretical and Applied Fracture Mechanics,2014,5(1):1—15.

[7] MINER MA. Cunulative Damage in Fatigue Jour[J]. Journal of Applied Mechanics,1945,12 (3):159—164.

[8] LAGNEBORG R. ATTERMO R. The Effect of Combined Low-cycle Fatigue and Creep on The Life of Austenitic Stainless Steels[J]. Metallurgical Transactions,1971,2(7):l821—1827.

[9] 杨铁成,陈凌等. 1.25Cr0.5Mo 钢高温蠕变疲劳交互作用的寿命预测[J]. 压力容器,2005,22

(9):8—12.

[10] 郝玉龙. 钢蠕变特性及蠕变-疲劳交互作用研究[D]. 成都:西南交通大学,2005.4.

[11] MANSON S S. Fatigue:A Comples Subject——Some Simple Approximations [J]. Experimental Mechanic,1965,5(7):193—226.

[12] COFFIN L F. A Study of Cyclic－Thermal Stress in a Ductile Mate[J]. Transactions of the Asme,1954;76.

[13] 蒋家羚,陈凌等. 蠕变-疲劳交互作用的寿命预测探讨[J]. 材料研究学报,2007,21(5):538—541.

[14] 范志超,陈学东,陈凌等. 基于延性耗竭理论的疲劳蠕变寿命预测方法[J]. 金属学报,2006,42(4):415—420.

[15] 陈学东,范志超等. 三种疲劳蠕变交互作用寿命预测模型的比较及其应用[J]. 机械工程学报,2007,43(1):62—68.

[16] COFFIN L F. Fatigue at High Temperature—Prediction andInterpretation[J]. Archive:Proceedings of The Institution of Mechanical Engineers,1974,18:109—127.

[17] 陈凌. 典型压力容器用钢中高温环境低周疲劳和疲劳-蠕变交互作用的行为及寿命评估技术研究[D]. 杭州:浙江大学,2007.

[18] 陈凌,张贤明等. 一种疲劳-蠕变交互作用寿命预测模型及试验验证[J]. 中国机械工程2015,26(10)1356:1360.

[19] ASME. Process Piping. ASME/ANSI,B31. 3－2018.

[20] K. Kobatake,S. T. akahashi,T. Osaki,etc. Fatigue Life Prediction of Bellows Joints at Elevated Temperatures [J]. ASME,Metallic Bellows and Expansion Joints,1981,PVP—Vol. 51:91—104.

[21] K. Tsukimori,T. Yamashita,etc. Fatigue and Creep－fatigue Iife Prediction of Bellows. ASME,Metallic Bellows and Expansion Joints,1989,PVP—Vol. 168:113—122.

[22] EJMA. Standards of the Expansion Joint Manufactures Association,Inc[M],2015.

[23] 陈年金,高增梁等. 316L钢高温疲劳蠕变规律研究[J]. 压力容器,2006,23(6):6—9.

[24] 陆晓燕. 316L钢高温疲劳蠕变共同作用下裂纹扩展速率研究[D]. 杭州:浙江工业大学,2007.4.

[25] 郭秋月,刘峰,等. 奥氏体不锈钢316L蠕变裂纹失稳研究[J]. 石油化工设备,2008,37增刊:4—6.

[26] 黄佳辰,钟玉平,等. Inconel625波纹管高温疲劳公式的建立[J]. 材料开发与应用,2014,29(3):70—75.

[27] 陈友恒,孙磊,等. 波纹管高温疲劳寿命研究,第九届全国压力容器学术会议论文集[C],2014.

[28] 国家市场监督管理总局. 金属波纹管膨胀节通用技术条件:GB/T12777—2019[S]. 北京:中国标准出版社,2019.

[29] ASME Boiler and Pressure Vessel Code,Section Ⅲ D—5[S]. 2021.

[30] RCC－MR design and construction rules for mechanical components of FBR nuclear islands. Paris[M]:AFCEN;2002.

[31] Assessment procedure for the high temperature response of structures[M]. Glonoster,UK:British Energy Generation Ltd;2003.

[32] 莫亚飞,龚程,等. 核电高温设备蠕变强度评价方法对比研究[J]. 压力容器,2022,39(7):35—42.

[33] 吴志刚,张斌,等. 核级高温设备力学评定程序研究[J]. 东方电气评论,2020,136(34):

59－64.

[34] 国家质量监督检验检疫总局. 压力容器:GB/T 150－2011[S]. 北京:中国标准出版社,2011.

[35] 张力文,钟玉平,等. 304H焊接接头蠕变疲劳寿命预测[J]. 焊接学报,2019,40(1):156－160.

作者简介

钟玉平(1968),男,汉族,硕士研究生,研究员,主要从事波纹管膨胀节和压力管道应用研究。通信地址:河南省洛阳市洛龙区滨河南路169号,E－mail:zhongyuping725@163.com。

2.《压力管道用金属波纹管膨胀节》
(GB/T35990－2018)内容简介

孙茜茜　周命生　张宏志

（南京晨光东螺波纹管有限公司 江苏 南京 211100）

摘　要：本文介绍了 GB/T 35990－2018《压力管道用金属波纹管膨胀节》的主要内容。阐述其在使用场合、参照标准以及标准内容等方面与《金属波纹管膨胀节通用技术条件》的异同。

关键词：压力管道；GB/T35990－2018；金属波纹管膨胀节

Introduction to Metal Bellows Expansion Joints
for Pressure Piping(GB/T 35990－2018)

Sun Qianqian　Zhou Mingsheng　Zhang Hongzhi

（AEROSUN－TOLA Expansion Joint Co. Ltd. ,Nanjing,211100,China）

Abstract：This paper introduces the main contents of GB/T 35990－2018 Metal Bellows Expansion Joints for Pressure Piping. The differences between it and General Technical Conditions for Metal Bellows Expansion Joints in terms of application, reference standards and standard contents are described.

Keywords：pressure piping；GB/T 35990－2018；metal bellows expansion joint

1　前　言

GB/T35990－2018《压力管道用金属波纹管膨胀节》标准于 2018 年 3 月首次颁布,2018 年 10 月 1 号开始实施,完善了我国压力场合用膨胀节标准体系。GB/T16749－2018《压力容器用金属波纹管膨胀节》[1]作为我国压力场合用金属波纹管膨胀节升级版标准,与 GB/T12777－2019《金属波纹管膨胀节通用技术条件》[2]标准一样,已为膨胀节制造单位、设计院和使用单位广为熟知。而 GB/T35990－2018《压力管道用金属波纹管膨胀节》作为新标准,尚未被业界熟知。因此本文主要对 GB/T35990－2018 进行简要介绍,以期对该标准的应用起到抛砖引玉的作用。

《压力管道用金属波纹管膨胀节》标准,规定了压力管道用金属波纹管膨胀节的术语和定义、资格与职责、分类、典型应用、材料、设计、制造、要求、试验方法和检验规则,以及标志、包装、运输和贮存。

《压力管道用金属波纹管膨胀节》的制订是为了规范我国压力场合用金属波纹管膨胀节的生产,及推进该行业整体水平的提高和参与国际竞争,确保压力管道等承压类特种设备的正常、安全运行,满足国家工业化压力管道和设备的发展及国内外用户对该类产品的迫切需求。该标准的制订考虑了国内该行业现状并借鉴了近年来该行业在产品制造、试验研究等方面取得的经验和成果。

《压力管道用金属波纹管膨胀节》其内容是按照特种设备元件的设计、制造资格和要求编写,主要参照了欧盟标准 DIN EN 14917:2012—06《Metal bellows expansion joints for pressure applications》[3] 及美国膨胀节制造商协会标准《Standards of the Expansion joint Manufacturers Association》(以下简称 EJMA)[4] 的相关内容。该标准还同时考虑了 TSG D0001—2009《压力管道安全技术监察规程——工业管道》[5]、TSG D2001—2006《压力管道元件制造许可规则》[6] 和 TSG D7002—2006《压力管道元件型式试验规则》[7] 国家特种设备安全技术规范对压力管道元件的有关要求,属于特种设备范畴。此外,该标准对 NB/T 47013《承压设备无损检测》[8]、GB/T 20801《压力管道规范 工业管道》[9]、NB/T 47014《承压设备焊接工艺评定》[10] 等标准中的相关内容进行了引用。

2 内容简介

2.1 范围

由于本标准中的设计计算公式主要采用 EJMA 10th,而这个标准的计算公式中未考虑环焊缝的影响,另从我国制造工艺和产品的安全可靠性考虑,本标准规定了仅适用于压力管道用整体成型的金属波纹管膨胀节。

2.2 规范性引用文件

增加了特种设备相关体系、标准。

2.3 术语和定义

参照 DIN EN 14917:2012—06 和 EJMA 明确了本标准中所用到的术语和定义。

2.4 资格与职责

GB/T 35990 增加了资格与职责要求。

根据我国《特种设备目录》,压力管道用金属波纹膨胀节属于特种设备,因此按照特种设备的管理要求明确了制造单位、焊接人员、无损检测人员的资格、设计及制造单位的职责等要求。

2.5 分类

依据 DIN EN 14917:2012—06 进行编制,根据膨胀节自身能否承受压力推力将膨胀节分为非约束型和约束型两种型式,根据膨胀节吸收位移的类型将膨胀节分为轴向型、角向型、横向型和万向型四种型式。

其中膨胀节结构型式中还增加了我国压力管道中实际已得到应用的旁通直管压力平衡型、直管压力平衡拉杆型、直管压力平衡铰链型、直管压力平衡万向角型、直管压力平衡万向铰链型等。另外,因膨胀节的型号各制造厂家都有自己的规定,同时设计院设计时,都会用系统设计位号做膨胀节的型号,以明确膨胀节在管系中具体的使用位置,因此本标准未对膨胀节的型号标记做出规定。

依据 DIN EN 14917:2012—06 和承压设备特点对元件和焊接接头进行了详细分类。

2.6 典型应用

膨胀节的安全应用与管道系统的配置直接相关,自我国 80 年代初管道开始大量使用膨胀节以来,发生过多起因膨胀节选型和管道系统配置不当而造成的膨胀节甚至管系失效的案例,因此本标准参照 EJMA 10th 和 DIN EN 14917:2012—06 中附录 C 的做法,增加了这章的内容,因这部分内容已在 GB/T 35979—2018《金属波纹管膨胀节选用、安装、使用维护技术规范》标准中有全面的规定,因此本标准直接引用。

2.7 材料

GB/T 35990 在材料章节中增加了通用规定。

依据 GB150.1～150.4《压力容器》[11]、GB/T 20801《压力管道规范 工业管道》,并结合我国多年来该产品的应用情况给出了膨胀节关键件波纹管及受压元件选材具体规定和常用材料表。

2.8 设计

我国膨胀节的设计计算一直按 EJMA,且已得到多年来的工程应用验证、压力管道型式试验验证及各个制造厂的试验验证,DINEN 14917:2012—06 中的强度、刚度计算公式与 EJMA 10th 也基本相同,

GB/T35990 中波纹管(含单波当量位移)的设计同样主要依据了 EJMA,下面仅对本标准与通用技术条件的主要异同点进行阐述。其中加强 U 形波纹管直边段和套箍环向薄膜应力、疲劳寿命及工作刚度的计算与 EJMA 有所不同。

EJMA 10th 加强 U 形直边段和套箍环向薄膜应力计算理论中包含套箍和加强件的影响,但公式中并未包含加强件影响因子,GB/T35990 根据理论和多年的实践应用对两个公式做了修订,增加了加强件影响因子。

GB/T35990 疲劳寿命计算将无加强 U 形、加强 U 形及 Ω 形波纹管疲劳寿命计算公式进行了统一,且增加了适用于 NS3306 和 NS1402、NS3304、NS3305 的计算公式。EJMA 10th 中仅开放性地给出了疲劳曲线下限修正系数的确定原则,其推荐取值范围为 0.5～1 之间。为符合逻辑习惯,GB/T35990 将修正系数改为应力增大系数,并推荐取值范围为 1～2 之间。

EJMA 10th 中工作刚度的有关内容仅为简单的取 0.67 倍和 1 倍理论弹性刚度,与实际不符,GB/T35990 依据了考虑比较全面的 DIN EN 14917:2012-06 方法。公式基本沿用了 DIN EN 14917:2012-06。

GB/T35990 中规定当计算膨胀节在管道系统中的力和力矩时,通常采用弹性刚度或有效刚度。但当膨胀节用于敏感设备,需要更精确的力和力矩值时,应使用工作刚度进行计算。

波纹管的工作刚度在有效刚度的基础上考虑了压力、位移因素,侧壁偏转角及多层承压波纹管变形层间摩擦的影响。

GB/T 35990 中规定了多层波纹管应符合的要求:

① 对于承受内压的多层波纹管,在波纹管的每个外层的直边段上可开泄流孔,且泄流孔应保证除了内部密封层之外的所有层都有一个与外部环境连通的孔。

② 多层波纹管相对于单层的设计,在承压能力、稳定性、疲劳寿命以及刚度方面有所不同,下表中列出了几种不同的应用中多层相对于单层波纹管的特性。

表 1　多层波纹管性能

波纹管设计准则	当波形参数一致时多层波纹管相对于单层结构的特性			
	$tt=\delta$	$tt/n=\delta$	$tt/n>\delta$	$tt>\delta,tt/n<\delta$
薄膜应力	相同	减小	减小	减小
子午向弯曲应力	增大	减小	减小	一般减小
疲劳寿命	一般增加	影响不大	减少	增加
刚度	减小	增大	增大	一般增大
平面稳定性	降低	提高	提高	一般提高
柱稳定性	降低	提高	提高	一般提高

注:tt—多层波纹管总壁厚,n—层数,δ—单层波纹管壁厚

GB/T 35990 增加了波纹管连接焊缝结构的设计示意图。

GB/T 35990 增加了一种需要设置导流筒的情况:存在反向流动时,应设置厚型内衬筒或对插式内衬筒。

2.9　制造

本文仅对本标准与通用技术条件在制造要求上的主要异同点进行阐述。

GB/T 35990 中规定,当焊条电弧焊,风速大于 8m/s,且无有效防护措施时,禁止施焊。

GB/T 35990 增加了一条焊接工艺规定:应在承压元件(除波纹管外)焊接接头附近的指定部位做焊工代号硬印标记,或者在焊接记录中记录焊工代号。其中,低温用钢、不锈钢及有色金属不得采用硬印标记。

GB/T 35990 增加了"焊前准备"要求:①施焊前波纹管与连接件的间隙应不大于波纹管总壁厚,且不大于下表的规定;②其他应符合 GB/T 20801.4－2006 中 7.4 的规定。

表 2 波纹管与连接件间隙

公称直径	波纹管与连接件的间隙
$DN<200$	1.0
$200≤DN<500$	1.5
$500≤DN<1000$	2.0
$1000≤DN<2000$	2.5
$DN≥2000$	3.0

GB/T 35990 中对多层波纹管管坯间的清洁程度、波纹管成形方法进行了说明。

2.10 要求

2.10.1 外观

膨胀节外观检验要求与通用条件基本一致。

2.10.2 尺寸及形位公差

波形、波高、波距基本依据 DIN EN 14917:2012－06,对于基本尺寸 63mm 以上的,进行了加严。

对波纹管的一致性做出了规定,这点是基于:若波纹管波高、波距符合公差要求,但其一致性很差,将会造成波纹管各波变形的不一致性,从而造成疲劳寿命散差大。

2.10.3 检测

GB/T 35990 中按照焊接接头分类提出了无损检测要求。考虑到约束型膨胀节承力件是承受压力推力,失效会造成膨胀节及管线的整体失效,因此,该标准中的对使用工况较恶劣的和焊接性能不易保证的焊接接头,做出了 100%PT 或 MT 的规定。

2.10.4 耐压性能

GB/T 35990 中增加了对外压失效的判定。

气压试验压力系数依据 GB20801.5 中 9.1.4 取值为 1.15 倍。

2.10.5 气密性(泄漏试验)

工作介质为极度或高度危害以及可燃流体的产品应进行气密性试验,试验压力等于设计压力,试验时产品应无泄漏、无异常变形。当产品用气压替代水压试验时,免作气密性试验。

2.10.6 刚度

GB/T 35990 中产品用波纹管实测轴向刚度对公称刚度(厂家给定,且可按位移分段)的允许偏差为－55%～＋30%。

2.10.7 稳定性

考虑到产品实际使用时,特别是横向、角向型产品,位移下的承压能力与出厂状态下的承压能力相差较大,且疲劳寿命试验时,均当量为轴向位移,也无法考核横向、角向位移对稳定性影响,以及对疲劳寿命的不利影响。因此,本标准中对位移条件下的稳定性做出了规定。

2.10.8 疲劳寿命

GB/T 35990 中规定产品在设计位移量下,试验循环次数应不小于设计疲劳寿命的 2 倍。

2.10.9 爆破试验

产品在爆破试验水压 P_b 下,应无破损、无渗漏。试验水压按公式(A)计算。

$$P_b = 3p \frac{[\sigma]_b}{[\sigma]_b^t} \qquad\qquad (A)$$

式中：

　　P_b——爆破试验压力，单位为兆帕（MPa）；

　　P——设计压力，单位为兆帕（MPa）；

　　$[\sigma]_b$——按相关标准取值的试验温度下波纹管材料的许用应力，单位为兆帕（MPa）；

　　$[\sigma]_b'$——按相关标准取值的设计温度下波纹管材料的许用应力，单位为兆帕（MPa）。

2.11　试验方法

本文仅对本标准与通用技术条件在试验方法要求上的主要异同点进行阐述。

耐压性能试验，GB/T 35990 中规定气压试验介质应为干燥洁净的无腐蚀性气体。规定压力表的量程为试验压力的 2 倍左右，但不应低于 1.5 倍和高于 4 倍的试验压力。

刚度试验和稳定性，GB/T 35990 与通用技条件在试验方法及试验结果应符合的规定存在差异。

疲劳试验，GB/T 35990 中规定试验介质为水、空气。

爆破试验，GB/T 35990 中规定缓慢升压至设计压力后，再以不大于 0.4MPa/min 的速度缓慢升压至规定的试验压力，保压至少 10min，目视检测。

2.12　检验规则

（1）GB/T 35990 中的膨胀节出厂检验项目和检验见下表。

表 3　检验项目和顺序

序号	项目名称	要求的章条号	试验方法的章条号	缺陷类别	出厂检验	型式检验			
						项目	试样编号		
							1/2#	3#	管坯
1	外观	9.1	10.1	C	●	●	●	●	—
2	尺寸及形位公差	9.2	10.2	C	●	●	●	●	—
3	无损检测	9.3	10.3	C	●	●	●	●	●
4	耐压性能	9.4	10.4	A	●	●	●	●	—
5	气密性	9.5	10.5	A	●	●	●	●	—
6	刚度	9.6	10.6	C	—	●	●	●	—
7	稳定性	9.7	10.7	A	—	●	●	●	—
8	疲劳寿命	9.8	10.8	A	—	●	●	—	—
9	爆破试验	9.9	10.9	A	—	●	●	—	●

　　注 1：● 表示检验项目；— 表示不检项目。2：型式检验时，在产品制造方允许的情况下，可用经疲劳寿命试验而未破坏的产品做爆破试验。3：刚度、疲劳寿命应用与产品相同的波纹管进行（当成品用波纹管由 2 个不同规格组成时，应各取 2 件，共 4 件波纹管），当产品为单式轴向型时，可直接用产品原样进行。4：缺陷类别 A、C 定义见 GB/T 2829－2002 中 3 的规定。

　　（2）GB/T 35990 中规定产品出厂时，制造厂应提供产品合格证、产品质量证明文件和安装使用说明书，产品质量证明文件至少包括以下内容：

　　a）主要承压元件（波纹管和承压筒节、法兰、封头）和焊材的质量证明文件；

　　b）无损检测报告；

　　c）热处理自动记录曲线及报告；

　　d）耐压性能、气密性（泄漏试验）报告；

　　e）产品外观、尺寸及形位公差检验报告。

（3）GB/T 35990 中规定膨胀节在下述情况之一时，应进行型式检验：

a）新产品鉴定或投产前；

b）如工艺、结构、材料有较大改变，可能影响产品性能时；

c）正常生产，每四年时；

d）长期停产，恢复生产时；

e）合同中有规定时；

f）国家质量监督机构提出进行型式检验的要求时。

（4）GB/T 35990 中规定型式检验的试样至少为 2 件（用经疲劳寿命试验而未破坏的产品做爆破试验时）或 3 件成品，一支管坯。

（5）GB/T 35990 中判定型式检验是否合格的规则：

a）每个检验项目中，若有一件不合格，则判该项目不合格；

b）产品检验中，若有两个或两个以下 C 类项目不合格，判该次型式检验合格；否则判该次型式检验不合格。

2.13 标志、包装、运输、贮存

（1）GB/T 35990 中规定标志上至少应注明下列内容：

a）产品名称、型号；

b）公称直径、设计压力、位移；

c）出厂编号；

d）制造单位许可证编号（适用时）；

e）产品执行标准；

f）制造厂名称；

g）出厂日期。

（2）GB/T 35990 中规定产品的包装箱上至少应有下列内容：产品名称、型号、合同号、收货单位。

2.14 安装

GB/T 35990 中安装按 GB/T 35979 执行。

3 应 用

在选用标准时应注意的是，GB/T 35990《压力管道用金属波纹管膨胀节》适用于压力场合用金属波纹管膨胀节，属于特种设备，其内容是从特种设备安全角度考虑。GB/T12777《金属波纹管膨胀节通用技术条件》对管道中安装的金属波纹管膨胀节的设计、制造、检验做出了基本的规定，无压力管道特种设备的专项要求，其编写主要参照了美标 EJMA 的相关内容。在压力管道膨胀节的设计选用时两者可结合使用。

4 结 语

与国内其他金属波纹管膨胀节标准相比，GB/T 35990《压力管道用金属波纹管膨胀节》结合了特种设备相关体系，对膨胀节的设计计算进行了修订。该标准与 GB/T 35979《金属波纹管膨胀节选用、安装、实用维护技术规范》[12]配套使用，符合我国特种设备安全要求，内容全面覆盖设计、制造、安装、修理、改造、使用和检验 7 个安全监管环节，贴合国内市场需求，有助于规范实际生产中压力管道用金属波纹管膨胀节的设计。

参考文献

[1] EJMA 10th—2015《Standards of the expansion joint manufacturers association，INC》.

[2] EJMA 9th—2008《Standards of the expansion joint manufacturers association，INC》.

［3］国家市场监督管理总局．金属波纹管膨胀节通用技术条件：GB/T12777－2019［S］．北京：中国标准出版社，2019．

［4］ASMEⅧ－1－ 2020 附录 26，《美国机械工程师协会锅炉与压力容器规范》．

［5］ASME B31.3－2020 附录 X，《美国机械工程师协会锅炉与压力容器规范》．

［6］BS EN 14917－2021《压力应用金属波纹膨胀节》．

［7］BS EN 13445.3－2021《非直接接触火焰压力容器：第三部分——设计》．

［8］段玫、胡毅．膨胀节安全应用指南［M］．北京：机械工业出版社．2017：48－54．

［9］张小文、钟玉平、段玫等，U 形波纹管膨胀节不同标准制造检验要求对性能影响分析，第十六届全国膨胀节学术会议论文集［M］．合肥：中国科学技术大学出版社，2021．

作者简介

孙茜茜，1989 年 5 月，女，高级工程师，主要从事膨胀节设计工作；通信地址：江苏省南京市江宁区将军大道 199 号南京晨光东螺波纹管有限公司，211100；电子邮箱：17721546734@163.com；联系电话：(025)52826525

3. 加强 U 形波纹管设计标准对比分析

张小文　刘　岩　张道伟　闫廷来

(中船双瑞(洛阳)特种装备股份有限公司,河南 洛阳 471000)

摘　要:文章对国内外不同标准中加强 U 形波纹管应力计算公式和疲劳计算公式进行对比和分析,同时针对加强 U 形波纹管应力计算公式和疲劳计算公式在 EJMA 第 9 版和第 10 版的区别进行分析,以便对波纹管的设计提供一定的参考,规范波纹管的设计依据,保证产品设计安全可靠。

关键词:波纹管;应力;疲劳

Thecontrast and analysis of reinforced U－shaped bellows design standard

ZHANG Xiaowen,LIU Yan,ZHANG daowei,YAN tinglai

(Luoyang Sunrui Special Equipment co. ,LTD. ,Luoyang 471000,China)

Abstract:In this paper,contrast and analysis has been done with the stress calculation formula and fatigue calculation formula of reinforced U－shaped bellows in different domestic and foreign standards. And the differences between the stress calculation formula and fatigue calculation formula of reinforced U－shaped bellows in EJMA 9th and 10th has been analyzed,in order to provide certain reference for the design of reinforced U－shaped bellows. The purpose of the article is standardized the design basis of reinforced U－shaped bellows,and ensured the safety and reliability of product design.

Keywords:bellows;stress;fatigue

1 引　言

文章从当前国内外主要使用的 6 种膨胀节设计标准出发,对比分析加强 U 形波纹管应力计算和疲劳计算公式及判据,同时针对加强 U 形波纹管应力计算公式和疲劳计算公式在 EJMA 第 9 版和第 10 版的区别进行分析,比较彼此之间的差异性,为设计人员提供参考依据。文中主要涉及的膨胀节标准有:

(1)美国膨胀节制造厂商协会标准,2015 年第 10 版(以下简称 EJMA 10th－2015);

(2)美国膨胀节制造厂商协会标准,2008 年第 9 版(以下简称 EJMA 9th－2008);

(3)2020 年美国机械工程师协会锅炉与压力容器规范,ASME 第Ⅷ篇第一分册"强制附录 26 波纹管膨胀节"(以下简称 ASME Ⅷ-1 附录 26－2020);

(4)2020 年美国机械工程师协会锅炉与压力容器规范,ASME B31. 3－2020 附录 X——金属波纹管膨胀节(以下简称 ASME B31. 3 附录 X－2020);

(5)GB/T 12777－2019《金属波纹管膨胀节通用技术条件》;

(6)BS EN 14917－2021《压力应用金属波纹膨胀节》;

（7）BS EN 13445.3－2021《非直接接触火焰压力容器：第三部分－设计》。

文章中所用符号均与对应标准中符号规定一致。

2 加强U形波纹管不同标准应力与疲劳计算公式对比

2.1 公式及判据对比

表1列举了国内外常用不同标准中加强U形波纹管的应力与疲劳计算计算公式及判据。

2.2 压力应力计算公式对比分析及结果

所有标准中加强U形波纹管应力计算公式基本相同。各标准的应力计算公式都源自EJMA标准，只是由于采用的版本不同而略有差别。

对于S_2的计算公式，其中ASME Ⅷ－1附录26没有位移修正系数Kr，因此计算结果偏小（偏冒进）。ASME Ⅷ－1附录26在S_2的计算过程中考虑了端波效应的影响，分情况计算。在S_3+S_4的判据方面，对于成形态波纹管，BS EN 14917和BS EN 13445.3采用的是3倍的许用应力；其余标准采用C_m倍的许用应力（附录26系数为K_m，取值一样），C_m（K_m）是与波纹管几何参数（主要是直径）相关的修正系数，其数值在1.5至3.0之间，能够更好地反映出波纹管尺寸对于强度的影响，因此更加合理。

2.2.1 压力引起的波纹管直边段周向薄膜应力S_1

EJMA、ASME Ⅷ－1附录26、ASME B31.3、GB/T 12777标准相同，长度按第一波波峰中心至环焊缝的距离。BS EN14917、BS EN13445仅考虑直边段长度影响。由于每个波纹周向应力的计算均包含加强环的横截面积，直边段周向薄膜应力考虑端波一半的影响更为合理。

2.2.2 压力引起的波纹管周向薄膜应力S_2

ASME B31.3、GB/T 12777均与EJMA标准设计公式相同，考虑了波纹管变形对周向薄膜应力的影响（K_r影响）。BS EN14917、BS EN13445与ASME Ⅷ－1附录26标准设计公式相同，未考虑波纹管变形的影响。

2.2.3 压力引起的波纹管子午向薄膜应力S_3和弯曲应力S_4的计算

子午向薄膜应力S_3和弯曲应力S_4均考虑波纹管波谷部分受压后与加强环贴合的影响，相当于波高有一定量的降低。在应力评定要求中，EJMA、ASME B31.3、GB/T 12777均将成形态和固溶态分别考虑进行评定，对于蠕变温度范围内工作的波纹管给出了专门的应力评定要求。ASME Ⅷ－1附录26低于蠕变温度范围的应力评定同EJMA，但无蠕变温度范围内的应力评定要求。BS EN14917和BSEN13445低于蠕变温度范围的应力评定相同，均为成形态$K_f=3.0$、固溶态$K_f=1.5$，但均无蠕变温度范围内的应力评定要求。

2.3 位移应力及设计疲劳寿命公式对比分析及结果

2.3.1 位移应力及设计疲劳寿命的比较分析

除EJMA－10th外，其余各标准的位移应力及总应力范围的计算均相同，位移应力的计算中考虑了波纹管波谷部分受压后与加强环贴合的影响，相当于波高有一定量降低的影响。EJMA中仅位移引起的波纹管子午向弯曲应力S_4考虑了加强环的影响。BS EN 14917中S_6计算公式考虑了材料波松比ν对计算结果的影响。EJMA、ASME B31.3、GB/T 12777公式中的弹性模量为室温下的，ASME Ⅷ－1附录26、BS EN 14917和BS EN 13445的弹性模量为设计温度下的。

EJMA标准给出的是由试验数据得到的平均疲劳寿命，EJMA标准对于无加强U形、加强U形和Ω形波纹管为同一疲劳曲线，疲劳修正系数f_c为1。GB/T 12777－2019是在EJMA－10th公式的基础上增加一定的安全系数得到设计疲劳寿命的计算公式。ASME Ⅷ－1附录26、BS EN 14917和BSEN 13445的位移应力计算中，采用的是设计温度下的材料弹性模量，故在设计疲劳寿命计算中，采用温度修正系数对总应力范围进行修正。

2.3.2 不同标准设计疲劳寿命比较

为了便于分析各疲劳计算公式的差异，结合一组子午向总应力范围S_t数据，采用不同标准得到的加强U形波纹管设计疲劳寿命的计算结果见表2。

表 1　不同标准中加强 U 形波纹管应力与疲劳计算公式对比

项目		EJMA 10th—2015	GB/T 12777—2019	ASME Ⅷ—1 附录 26—2020	ASME B31.3 附录 X—2020	BS EN 14917—2021	BS EN 13445.3—2021
强度							
压力引起直边段周向薄膜应力 S_1	计算公式	$s_1 = \dfrac{p(D_b+nt)^2 L_q E_b}{2[(ntL_t+A_c)(D_b+nt)+A_c E_c D_c]}$	$\sigma_1 = \dfrac{p(D_b+nd)^2 L_q E_b'}{2[(ntL_t+A_{cu})E_b(D_b+nd)+A_c E_c' D_c]}$	同 EJMA	同 EJMA	$s_1 = \dfrac{p(D_b+nt)^2 L_t E_b k}{2[ntE_b L_t(D_b+nt)+t_e k E_c L_c D_c]}$　k—端部连接焊缝和端波加强系数	同 BS EN 14917
	判据	$S_1 \leqslant C_{wb} W_b S_{ab}$	$\sigma_1 \leqslant C_{wb} W_b [\sigma]_b$	$S_1 \leqslant S$	同 EJMA	$S_1 \leqslant S_{ab}$	同 BS EN 14917
压力引起周向薄膜应力 S_2	计算公式	$S_2 = \dfrac{H}{2A_c}\left(\dfrac{R}{R+1}\right)K_r$	$\sigma_2 = \dfrac{pD_m K \cdot q}{2A_{cu}}\left(\dfrac{R}{R+1}\right)$	$S_2 = \dfrac{H}{2A}\dfrac{R}{R+1}$	同 EJMA	同 ASME 附录 26	同 ASME 附录 26
	判据	$S_1 \leqslant C_{wb} W_b S_{ab}$	$\sigma_2 \leqslant C_{wb} W_b [\sigma]_b$	$S_2 \leqslant S$	$S_2 \leqslant S_{ab}$	同 ASME 附录 26	同 ASME 附录 26
压力引起子午向薄膜应力 S_3	计算公式	$S_3 = \dfrac{0.76P}{2n}\left(\dfrac{w-r_m}{t_p}\right)^2 C_p$	$\sigma_3 = \dfrac{0.76p(h-r_m)}{2n\delta_m}$	$S_3 = 0.76\dfrac{w-4C_r\cdot r_m P}{2nt_p}$　式中: $C_r = \dfrac{100}{0.3-\left(\dfrac{100}{1048p^{1.5}+320}\right)^2}$	同 EJMA	同 ASME 附录 26	同 ASME 附录 26
压力引起子午向弯曲应力 S_4	计算公式	$S_4 = \dfrac{0.76P}{2n}\left(\dfrac{w-r_m}{t_p}\right)^2 C_p$	$\sigma_4 = \dfrac{0.76p}{2n}\left(\dfrac{h-r_m}{\delta_m}\right)^2 C_p$	$S_4 = \dfrac{0.85}{2n}\left(\dfrac{w-4C_r\cdot r_m}{t_p}\right)^2 C_p P$	同 EJMA	同 ASME 附录 26	同 ASME 附录 26
	判据	1. 蠕变温度下: $S_3+S_4 \leqslant C_m S_{ab}$, 成形态 $C_m \leqslant 1.5Y_{sm}$, 退火态 $C_m=1.5$;　2. 蠕变温度范围内: $S_3+\dfrac{S_4}{1.25}\leqslant S_{ab}$	1. 蠕变温度下: $\sigma_3+\sigma_4 \leqslant C_m[\sigma]_b$, 成形态 $C_m \leqslant 1.5Y_{sm}$, 退火态 $C_m=1.5$;　2. 蠕变温度范围内: $\sigma_3+\dfrac{\sigma_4}{1.25}\leqslant[\sigma]_b$	$S_3+S_4 \leqslant K_m S$　成形态 $K_m=1.5Y_{sm}$　退火态 $K_m=1.5$	同 EJMA	$S_3+S_4 \leqslant K_f f$　成形态 $K_f=3$　退火态 $K_f=1.5$	同 BS EN 14917

（续表）

项目	EJMA 10th—2015	GB/T 12777—2019	ASME Ⅷ—1 附录26—2020	ASME B31.3 附录X—2020	BS EN 14917—2021	BS EN 13445.3—2021
位移引起子午向薄膜应力 S_5	$S_5 = \dfrac{E_b t \delta_b}{2(w-r_m)^3 C_f}$ ；E_b 为室温弹性模量；	$\sigma_5 = \dfrac{E_b t \delta_m}{2(h-r_m)^3 C_f^e}$ ；E_b 为室温弹性模量；	$S_5 = \dfrac{E_b t_p^2}{2(w-4C_r r_m)^3 C_d}\Delta q$ ；E_b 为设计温度弹性模量；	同EJMA	同 ASME 附录26	同 ASME 附录26
位移引起子午向弯曲应力 S_6	$S_6 = \dfrac{5E_b t p}{3(w-C_r r_m)^2 C_d^e}$ ；E_b 为室温弹性模量；	$\sigma_6 = \dfrac{5E_b \delta_m}{3(h-C_r r_m)^2 C_d^e}$ ；E_b 为室温弹性模量；	$S_6 = \dfrac{5E_b t_p}{3(w-4C_r r_m)^2 C_d}\Delta q$ ；E_b 为设计温度弹性模量；	同EJMA	$S_6 = \dfrac{3E_b t \rho e}{2(1-\nu^2)(w-4C_r r_m)^2 C_d}$ ；	同 ASME 附录26
子午向总应力范围数值 S_t	$\sigma_t = 0.9\,[\,0.7\,(\sigma_3+\sigma_4)+(\sigma_5+\sigma_6)\,]$	$\sigma_t = 0.9\,[\,0.7\,(\sigma_3+\sigma_4)+(\sigma_5+\sigma_6)\,]$	$S_t = 0.7\,(S_3+S_4)+(S_5+S_6)$	$S_t = 0.7\,(S_3+S_4)+(S_5+S_6)$		
疲劳寿命 $[N_c]$	适用于工作温度低于相关材料标准规定的蠕变温度范围。①适用材料：奥氏体不锈钢、耐蚀合金 N08800，N08810，N08811 N06600，N04400，N06645，N10276，N08825 $N_c=\left(\dfrac{12827}{S_t/f_c-372}\right)^{3.4}$ ②适用材料：N06625 $N_c=\left(\dfrac{16069}{S_t/f_c-465}\right)^{3.4}$ ③适用材料：N06625 $N_c=\left(\dfrac{18620}{S_t/f_c-540}\right)^{3.4}$	适用于工作温度低于相关材料标准规定的蠕变温度范围。①适用材料：奥氏体不锈钢、耐蚀合金 N08800，N08810，N08811 N06600，N04400，N06645，N10276，N08825 $[N_c]=\left(\dfrac{12827}{\sigma_t-372}\right)^{3.4}/n_f$ ②适用材料：N06625 $[N_c]=\left(\dfrac{16069}{\sigma_t-465}\right)^{3.4}/n_f$ ③适用材料：N06625 $[N_c]=\left(\dfrac{18620}{\sigma_t-540}\right)^{3.4}/n_f$ 其中 $n_f\geqslant10$。	若 $K_g\dfrac{E_o}{E_b}S_t\geqslant567MPa$ $[N_c]=\left(\dfrac{45505}{k_g\dfrac{E_o}{E_b}S_t-334}\right)^2$ 若 $K_g\dfrac{E_o}{E_b}S_t<567MPa$ $[N_c]=\left(\dfrac{58605.4}{k_g\dfrac{E_o}{E_b}S_t-267.5}\right)^2$ $\dfrac{E_o}{E_b}=10^6$；适用于温度低于425℃的奥氏体镍—铬不锈钢，UNS N066XX，UNS N04400 成形态或退火态波管	1，循环次数 ≤40000 时， $[N_c]=\left(\dfrac{45000}{S_t-334}\right)^2$ 循环次数 >40000 时， $[N_c]=\left(\dfrac{59000}{S_t-268}\right)^2$ $\dfrac{E_o}{E_b}=10^6$，适用于温度低于427℃的奥氏体不锈钢或固溶态纹管。 2，对于非成形态退火线获取方法；新材料制造纹管疲劳曲线获取方法。	若 $\dfrac{E_o}{E_b}S_t\geqslant630.4MPa$ $[N_c]=\left(\dfrac{24453}{\dfrac{E_o}{E_b}S_t-288.2}\right)^{2.9}$ $\dfrac{E_o}{E_b}S_t<630.4MPa$ $[N_c]=\left(\dfrac{28572}{\dfrac{E_o}{E_b}S_t-230.6}\right)^{2.9}$ 如果 $\dfrac{E_o}{E_b}S_t\leqslant$ 474MPa，适用于低于蠕变温度的奥氏体不锈钢，镍—铬—铁—铬合金—铬和固溶态成形态波纹管。	疲劳设计公式及适用材料均同 BS EN 14917，但不包括溶态拓固 $E_o S_t/E_b$ <230.6MPa，$[N_c]=10^6$

表2　不同标准加强U形波纹管设计疲劳寿命比较[注1]

标准 总应力 范围 S_t	ASME 附录 26	ASME B31.3	BS EN14917	BS EN13445	GB/T 12777
560	40142	40826	417666	417666	142065
570	37532	36358	382968	382968	127845
620	25315	24756	257086	257086	79387
640	22114	21626	219738	219725	66933
1000	4668	4565	28465	28464	8605
1100	3529	3451	19442	19441	5872
1300	2219	2170	10265	10265	3096
1500	1523	1489	6084	6083	1833
2000	746	729	2234	2234	672
适用范围	/	$10^3 \sim 10^5$	$10^2 \sim 10^6$	$10^2 \sim 10^6$	$10 \sim 10^5$

注1:用总应力范围 S_t 代替 ASME Ⅷ-1 附录26 设计疲劳寿命计算公式中的 $K_g E_o / E_b$;用总应力范围 S_t 代替 BS EN14917 和 BS EN13445 设计疲劳寿命计算公式中的 E_o / E_b。

由表2可以看出,对于同样的总应力范围,ASME 附录26 与 ASME B31.3 计算疲劳寿命基本相同;BS EN14917 与 BS EN13445 计算疲劳寿命完全相同;在常用的疲劳寿命范围内(500次～3000次),GB/T 12777 的计算疲劳寿命与 ASME Ⅷ-1 附录26、ASME B31.3 的计算疲劳寿命比较接近。设计人员可以根据用户要求或各自的疲劳寿命实测值合理选用设计疲劳寿命设计公式。

3. 加强U形波纹管 EJMA 标准不同版本应力与疲劳计算公式对比。

3.1　公式及判据对比

由于国内外标准中关于加强U形波纹管的应力与疲劳计算公式大多以 EJMA 为基础,本文以 EJMA 标准为例,分析 EJMA 10th-2015 和 EJMA 9th-2008 标准之间的差别,方便设计选取。加强U形波纹管 EJMA 标准不同版本之间应力与疲劳计算公式对比汇总于表3。

表3　加强U形波纹管 EJMA 标准不同版本应力与疲劳计算公式对比

标准 项目			EJMA 10th-2015	EJMA 9th-2008	区别
强度	压力引起直边段周向薄膜应力 S_1	计算公式	$s_1 = \dfrac{p\,(D_b + nt)^2 L_d E_b}{2\left[(ntL_t + A_c/2)E_b(D_b + nt) + A_{tc}E_c D_c\right]}$	$s_1 = \dfrac{p\,(D_b + nt)^2 L_d E_b}{2\left[(ntL_t + A_c/2)E_b(D_b + nt) + A_{tc}E_c D_c\right]}$	相同
		判据	$s_1 \leqslant C_{wb}s_{ab}$	$s_1 \leqslant C_{wb}s_{ab}$	相同
	压力引起周向薄膜应力 S_2	计算公式	$S_2 = \dfrac{H}{2A_c}\left(\dfrac{R}{R+1}\right)K_r$	$S_2 = \dfrac{H}{2A_c}\left(\dfrac{R}{R+1}\right)K_r$	相同
		判据	$S_2 \leqslant C_{wb}S_{ab}$	$S_2 \leqslant C_{wb}S_{ab}$	相同
	压力引起子午向薄膜应力 S_3	计算公式	$S_3 = \dfrac{0.76P(w - r_m)}{2nt_p}$	$S_3 = \dfrac{0.85P(w - 4\,C_r r_m)}{2nt_p}$	C_r 系数不同

（续表）

标准 项目			EJMA 10th－2015	EJMA 9th－2008	区别
强度	压力引起子午向弯曲应力 S_4	计算公式	$S_4=\dfrac{0.76P}{2n}\left(\dfrac{w-r_m}{t_p}\right)^2 C_p$	$S_4=\dfrac{0.85P}{2n}\left(\dfrac{w-4C_r r_m}{t_p}\right)^2 C_p$ $C_r=0.3-\left(\dfrac{100}{1048p^{1.5}+320}\right)^2$	C_r系数不同
		判据	1. 蠕变温度下： $S_3+S_4\leqslant C_m S_{ab}$ 成形态 $Cm\leqslant1.5Y_{sm}$，退火态 $C_m=1.5$； 2. 蠕变温度范围内： $S_3+\left(\dfrac{S_4}{1.25}\right)\leqslant S_{ab}$	1. 蠕变温度下： $S_3+S_4\leqslant C_m S_{ab}$ 成形态 $C_m\leqslant1.5Y_{sm}$，退火态 $C_m=1.5$； 2. 蠕变温度范围内： $S_3+\left(\dfrac{S_4}{1.25}\right)\leqslant S_{ab}$	相同
疲劳寿命	位移引起子午向薄膜应力 S_5		$S_5=\dfrac{E_b t_p^2}{2(w-r_m)^3 C_f}e$ E_b 为室温弹性模量；	$S_5=\dfrac{E_b t_p^2 e}{2(w-4C_r r_m)^3 C_f}$ $C_r=0.3-\left(\dfrac{100}{1048p^{1.5}+320}\right)^2$ E_b 为室温弹性模量；	C_r系数不同
	位移引起子午向弯曲应力 S_6		$S_6=\dfrac{5E_b t_p}{3(w-C_r r_m)^2 C_d}e$ $C_r=0.36ln(w/e)$ E_b 为室温弹性模量；	$S_6=\dfrac{5E_b t_p e}{3(w-4C_r r_m)^2 C_d}$ $C_r=0.3-\left(\dfrac{100}{1048p^{1.5}+320}\right)^2$ E_b 为室温弹性模量；	C_r系数不同
	子午向总应力范围数值 S_t		$S_t=0.9(0.7(S_3+S_4)+(S_5+S_6))$	$S_t=0.7(S_3+S_4)+(S_5+S_6)$	S_t计算方法不同
	$[N_c]$		适用于工作温度低于相关材料标准规定的蠕变温度范围。 ①适用材料：奥氏体不锈钢、耐蚀合金 N08800、N08810、N06600、N04400、N08811 $N_c=\left(\dfrac{12827}{S_t/f_c-372}\right)^{3.4}$ ②适用材料： N06645、N01276、N08825 $N_c=\left(\dfrac{16069}{S_t/f_c-465}\right)^{3.4}$ ③适用材料：N06625 $N_c=\left(\dfrac{18620}{S_t/f_c-540}\right)^{3.4}$	适用于设计温度低于 425℃的成形态奥氏体不锈钢且波纹管层数不超过 5 层。 $N_c=\left(\dfrac{5.18\times10^6}{S_t-41800}\right)^{2.9}$	两者对材料有区分，对层数有限制

由表 3 可以看出，EJMA 标准 2008 版和 2015 版中 S_1、S_2 计算公式完全相同；S_3、S_4 计算公式相差较大，不仅系数相差约 9%，且 EJMA 10th－2015 的公式不考虑波高系数 Cr 的影响。EJMA 10th－2015 和 EJMA 9th－2008 波高系数 C_r 变化较大，EJMA 10th－2015 与波高和单波位移相关，EJMA 9th－2008 仅与压力相关。

3.2 波高系数对压力应力的影响

为了分析加强 U 形波纹管 EJMA 标准不同版本波高系数变化对压力应力的影响，分别对不同直径和压力下的 S_3、S_4 和 C_r 按照 EJMA 10th－2015 和 EJMA 9th－2008 不同版本计算，结果对比见表 4 所列。

表 4   加强 U 形波纹管 EJMA 标准不同版本压力应力及波高系数的比较分析

序号 工作条件 及性能参数		1	2	3	4
P		4	3	2.5	1.6
DN		600	800	1200	1600
S_3	9th—2008	21.45	18.58	16.15	12.42
	10th—2015	20.66	17.99	15.51	11.84
S_4	9th—2008	318.59	308.13	292.9	276.57
	10th—2015	330.59	323.11	302.33	281.57
C_r	9th—2008	0.288	0.282	0.277	0.259
	10th—2015	0.669	0.565	0.554	0.480

由表 4 可以看出,Cr 计算公式不同,Cr 计算结果差别也较大。虽然 S3、S4 计算公式相差较大但计算结果相差不大,大约相差 9%。

3.3   位移应力及疲劳寿命的对比分析

与 EJMA 9th—2008 相比,EJMA 10th—2015 加强 U 形波纹管位移应力和疲劳寿命设计公式变化最大,为了分析加强 U 形波纹管 EJMA 标准不同版本位移应力及疲劳寿命的具体差异,分别对不同压力、不同直径和波形参数的 4 组数据按照 EJMA 标准 2008 版和 2015 版不同版本计算,其中 2015 年第 10 版 EJMA 标准按照疲劳公式①进行计算,结果对比见表 5 所列。

表 5   加强 U 形波纹管 EJMA 标准不同版本位移应力及疲劳寿命的比较分析

序号 工作条件 及性能参数		1	2	3	4
P		4	3	2.5	1.6
DN		600	800	1200	1600
S_5	9th—2008	24.07	22.39	19.92	16.3
	10th—2015	19.27	17.63	16.07	13.43
S_6	9th—2008	1519.32	1530.34	1545.18	1562.84
	10th—2015	1046.73	991.5	1028.09	1032.47
S_t	9th—2008	1781.43	1781.42	1781.42	1781.42
	10th—2015	1180.69	1123.12	1139.98	1126.16
e		8.27	11.4	16.31	23.23
N_c	9th—2008	10000	10000	10000	10000
	10th—2015	12504	15495	14369	15284
e （10th：$N_c=10000$）		8.78	13.12	18.24	26.35
（$e^{10th}-e^{9th}$）/e^{10th} %		5.81	13.11	10.58	11.84

由疲劳寿命和单波位移量的计算结果可以看出,当单波位移相同时,按第 10 版计算的疲劳寿命高于按第 9 版的计算结果。当疲劳寿命相同时,按第 10 版计算的单波位移量均大于按第 9 版的计算结果。

4　结束语

(1)现在国内外主要使用的几种标准大多以 EJMA 为蓝本并结合自身情况进行适当修订,各个标准波纹管应力计算公式基本相同,主要区别是疲劳寿命计算方法。

(2)我国 GB/T 12777－2019《金属波纹管膨胀节通用技术条件》是在 2015 年第 10 版 EJMA 标准的基础上并结合我国行业应用特点、经验积累和研究成果,归纳提炼了完整的金属波纹管膨胀节产品标准。标准详细规定了金属波纹管膨胀节的设计、制造、检验、性能试验等方面的内容,标准除包含波纹管的设计计算方法外,还包含了膨胀节结构件的设计计算方法,现在已经成为国内膨胀节标准的主要参考依据。

(3)随着技术的不断发展和进步,膨胀节标准也会与时俱进,不断更新,以适应技术的发展。在不同的阶段和不同的应用工况中,标准的适用范围也不相同,设计人员应该根据具体情况具体分析,选用合适的标准,在安全、可靠、经济等方面提高设计质量,设计出满足工程需要的产品。

参考文献

[1] EJMA 10th－2015《Standards of the expansion joint manufacturers association,INC》.

[2] EJMA 9th－2008《Standards of the expansion joint manufacturers association,INC》.

[3] GB/T 12777－2019《金属波纹管膨胀节通用技术条件》.

[4] ASME Ⅷ－1－ 2020 附录 26,美国机械工程师协会锅炉与压力容器规范.

[5] ASME B31.3－2020 附录 X,美国机械工程师协会锅炉与压力容器规范.

[6] BS EN 14917－2021 压力应用金属波纹膨胀节.

[7] BS EN 13445.3－2021 非直接接触火焰压力容器:第三部分－设计.

[8] 段玫,胡毅.膨胀节安全应用指南(M),北京:机械工业出版社.2017,1－2.

[9] 段玫,钟玉平,李双印.国内外波纹管膨胀节标准制造检验要求比较分析[J].第十三届全国膨胀节学术会议,2014.

[10] 张小文,钟玉平,段玫等,U 形波纹管膨胀节不同标准制造检验要求对性能影响分析[J].第十六届全国膨胀节学术会议,2020.

作者简介

张小文(1984－),男,高级工程师,主要从事波纹管膨胀节和压力管道应用研究。

联系方式:河南省洛阳市高新开发区滨河北路 88 号,邮编 471000

TEL:13629803705

EMAIL:zhangxw725@163.com

4. GB/T16749－2018 实测成形后
一层材料实际厚度的探讨

陈 剑[1] 万泽阳[1] 李玉雁[1]

（1. 江苏运通膨胀节制造有限公司,江苏泰州 225506）

摘 要:通过将实际测量的厚壁波纹管成形后波峰处和波纹管平均直径（D_m）处壁厚与 GB/T16749－2018 标准中要求的波纹管成形后一层材料的名义厚度 t_p 对比,因此对于标准中对于成形后一层材料名义厚度的定义位置提出疑问。通过对制造过程中标准件和非标件的波纹管平均直径（D_m）和波峰处的成形厚度和标准计算厚度对比,建议将波纹管平均直径（D_m）处的成形厚度作为成形后一层材料的名义厚度 t_p。

关键词:厚壁波纹管;减薄量;名义厚度;最小厚度

GB/T16749－2018

Exploration of the actual thickness of a layer of material after actual measurement of forming

Jian Chen[1] Zeyang Wan[1] Yuyan Li[1]

（1. Jiangsu Yuntong Expansion Joint Manufacturing Co. ,Ltd. ,Taizhou,Jiangsu 225506,China）

Abstract:By comparing the actual measured wall thickness at the crest and mid－diameter of the thick－walled bellows after forming with the nominal thickness t_p of the layer of material after forming of the bellows required in the GB/T16749－2018 standard,questions are therefore raised about the location of the definition of the nominal thickness of the layer of material after forming in the standard. By comparing the forming thickness at the mid－diameter and crest of standard and non－standard parts in the manufacturing process with the standard calculated thickness,it is recommended that the forming thickness at the mid－diameter be taken as the nominal thickness t_p of one layer of material after forming.

Translated with Keywords:thick － walled corrugated pipe; thinning; nominal thickness; minimum thickness

1 引 言

近些年来在制造厚壁波纹管时经常遇到客户对材料成形后的实际厚度理解为波峰处的最小成形厚度的问题,波峰处的成形厚度和标准计算出来的值有一定差距。根据 GB/T16749－2018《压力容器波形膨胀节》[1]要求,且波纹管成形后的一层材料实际厚度不得小于成形后一层材料的名义厚度 t_p。由于厚壁波纹管在成形过程中,板材的厚度会发生减薄,一般波峰处的减薄量最大,因此成形后的最小厚度一般在波峰处。波峰处的最小厚度还和波纹管的高度有关系,波纹管高度越高,波峰处的最小厚度就会越小。[2]

2 成形厚度的测量值以及影响因素

2.1 实测的成形厚度汇总

图 1 为波纹管成形厚度的测量位置

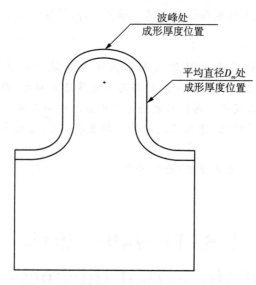

图 1 波纹管成形厚度的测量位置

汇总按标准要求的成形后一层材料的厚度和制造完成后实际测量的波峰和波纹管平均直径(D_m)处成形厚度的值见表 1。

表 1 标准膨胀节名义厚度与实际厚度对比

公称直径 DN(mm)	波高 h (mm)	圆弧半径 r (mm)	厚度 t (mm)	名义厚度 t_p(mm)	波峰处厚度 t_1(mm)	波纹管平均直径(D_m)处厚度 t_2(mm)
400	70	30	5	4.59	4.28	4.55
450	80	30	5	4.58	4.27	4.57
450	80	30	6	5.49	5.13	5.45
500	85	30	6	5.52	5.16	5.48
500	85	30	8	7.35	6.89	7.38
550	95	35	5	4.60	4.29	4.56
600	105	35	8	7.34	6.85	7.33
600	105	35	6	5.47	5.06	5.47
650	115	35	6	5.50	5.13	5.48
700	125	35	6	5.50	5.12	5.45
750	125	35	8	7.37	6.90	7.33

(续表)

公称直径 DN(mm)	波高 h (mm)	圆弧半径 r (mm)	厚度 t (mm)	名义厚度 t_p(mm)	波峰处厚度 t_1(mm)	波纹管平均 直径(D_m)处厚度t_2(mm)
800	125	35	10	9.25	8.70	9.21
900	125	35	6	5.60	5.29	5.59
900	125	35	8	7.46	7.06	7.47
900	125	35	12	11.17	10.60	11.22
1000	150	45	6	5.58	5.24	5.57
1100	150	45	6	5.62	5.30	5.62
1800	150	45	8	7.67	7.40	7.66
2000	180	45	8	7.64	7.36	7.64
2000	180	45	12	11.46	11.04	11.47
2200	180	45	12	11.50	11.12	11.51
2500	180	45	12	11.56	11.21	11.54

2.2 波纹管参数以及设计依据

根据波纹管公称直径 $DN=1000$mm,设计压力为 $p=3.8$MPa,设计温度为 450℃,轴向位移为 10mm,根据 GB/T16749—2018《压力容器波形膨胀节》规定设计波纹管参数见表2:

表2 波纹管参数

参数	直边波根内径 D_b(mm)	厚度 t (mm)	波高 h (mm)	波距 q (mm)	曲率半径 r_{ic}/r_{ir}(mm)	成形厚度 t_{p1}(mm)	标准要求厚度 t_{p2}(mm)
理论	1000	26	200	364	78	21.3	23.48

确定波纹管的规格为 ZDL(Ⅱ)U1000—3.8—1×26×2(S31608)。

2.3 波纹管在设计参数下的计算见表3

表3 应力计算

	各项应力	计算值(MPa)	许用值(MPa)	结论
内压引起	波纹管直边段周向薄膜应力 σ_1	12.6174	103	合格
	波纹管周向薄膜应力 σ_2	66.8896	103	合格
	波纹管子午向薄膜应力 σ_3	18.0952	—	—
	波纹管子午向弯曲应力 σ_4	88.6231	—	—
	波纹管子午向薄膜＋弯曲应力 $\sigma_3+\sigma_4$	106.718	154.5	合格
位移引起	波纹管子午向薄膜应力 σ_5	9.38275	—	—
	波纹管子午向应力弯曲 σ_6	156.645	—	—

按照实际测量的波峰处厚度代入到设计工况中计算也能通过。在保证软件计算最小的成形厚度能够通过,测量的时候可以以波纹管平均直径(D_m)的厚度为准。

2.4 波纹管成形

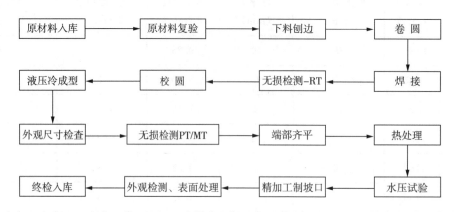

图 2　膨胀节制造工序

波纹管的成形方式有很多种,包括液压成形、机械成形等。液压成形由于波纹表面质量好、减少工序、简化模具和管胚受压均匀等优点成为波纹管成形的最常见方法。

波纹管液压成形是在内压力和轴向推力的共同作用下发生的塑性变形,成形过程一般需要经历三个阶段:装模、压制、卸模。

图 3　装模

图 4　压制

图 5　卸模

2.5 波纹管成形厚度测量

在波纹管成形之后使用超声波测厚仪对波纹管进行测量,可以发现在波峰处壁厚减薄量最大,直边段处壁厚减薄量较小,波纹管平均直径(D_m)处的测量值处于平均值且接近标准计算出来的值。

按照 GB/T16749－2018《压力容器波形膨胀节》波纹管成形后一层材料的名义厚度应该是

23.48mm,实际制造出来测量的波峰处厚度为21.1～21.6mm之间,波纹管平均直径(D_m)处的厚度为23.45～23.52mm之间。

表4是多年来制造的非标厚壁膨胀节的最小厚度测量数据

表4 非标膨胀节名义厚度与实际厚度对比

公称直径 DN(mm)	波高 h(mm)	厚度 t(mm)	名义厚度 t_p(mm)	波峰处厚度 (mm)	波纹管平均直径 (D_m)处厚度(mm)
273	65	8	7.10	5.8	7.08
435	100	8	7.16	6.26	7.15
700	140	22	19.82	18.46	19.80
1000	200	26	23.48	21.05	23.5
1200	170	26	24.1	23.05	24.12
1200	235	36	32.51	31.04	32.5
1270	185	28	25.91	24.54	25.88
1300	180	28	25.99	24.46	25.96
1400	185	28	26.08	25.35	26.12
1900	180	16	15.23	14.37	15.2
2200	210	14	13.34	12.31	13.35
2300	200	18	17.2	15.44	17.22
3000	200	22	21.22	20.24	21.24

3 结 语

根据多年来制造标准波纹管的数据汇总,笔者建议就标准上成形后的一层材料厚度以波纹管平均直径(D_m)处的厚度为准。

参考文献

[1]国家市场监督管理总局,中国国家标准化管理委员会.压力容器波形膨胀节:GB/T16749—2018[S].北京:中国标准出版社,2018.

[2]王志刚.波纹管液压成形工艺参数对波纹管减薄率的影响:第十五届全国膨胀节学术会议论文集[C].合肥:合肥工业大学出版社,2018,71—77.

作者简介

陈剑(1997—),男,助理工程师,从事波纹管膨胀节的设计和研发工作。通信地址:225506江苏省泰州市娄庄工业区,江苏运通膨胀节制造有限公司。
Email:15061095939@163.com

5. 压力容器波形膨胀节新旧标准中制造要求的比较

夏艳梅[1] **蒋　亮**[1] **李玉雁**[1]

（1. 江苏运通膨胀节制造有限公司,江苏泰州 225506）

摘　要：本文将《压力容器波形膨胀节》GB/T16749－2018,与 GB 16749－1997 标准中关于制造部分进行了内容比较,并且结合实际制造过程中的问题,提出笔者的理解。

关键词：压力容器波形膨胀节；标准；制造

Comparison of manufacturing requirements in the old and new standards for pressure vessel waveform expansion joints

Xia Yanmei[1]　Jiang Liang[1]　Li Yuyan[1]

（1. Jiangsu Yuntong Expansion Joint Manufacturing Co. ,Ltd. ,Taizhou,Jiangsu 225506,China）

Abstract：This paper compares the contents of "Pressure Vessel Waveform Expansion Joint" GB/T16749－2018,with GB 16749－1997 standard on the manufacturing part,and presents the author's understanding with the problems in the actual manufacturing process.

Keywords：Pressure vessel waveform expansion joints；standards；manufacturing

1 引　言

　　《压力容器波形膨胀节》（GB/T16749－2018）[1]于 2018 年 9 月 17 日发布,2019 年 4 月 1 日实施,该标准代替了 GB 16749－1997《压力容器波形膨胀节》。[2]压力容器波形膨胀节既能承受容器内的压力,又能吸收管束和壳体之间的热膨胀差引起的位移,是极为重要的受压元件,因此波形膨胀节的制造也尤为重要。

2　GB/T16749－2018 与 GB 16749－1997 关于制造要求的区别

2.1　焊接要求

　　（1）A 类焊接接头条数要求

　　与 GB 16749－1997 中 7.2.2 中给出纵焊缝条数参照表以及相邻两条纵向焊接接头间距不小于 125mm 对比；GB/T16749－2018 8.2.2 中修改为波纹管无论采用何种方法成形（整体成形或半波整体冲压成形）,其管坯 A 类焊接接头条数都应以最少为原则（按板材宽度为基础计算）,并且相邻两条纵向焊接接头间距不小于 300mm。

　　因此制造前需注意焊缝条数以板材宽度为基础计算,而非旧标准的以公称直径为参照标准。从制造厂家的角度来看,按照板材宽度为基础来计算,增强了板材利用率,减少了板材的消耗。

(2)多层焊接时的注意事项

多层焊接时,若要求层间无损检测时,新标准新增了检测时机,GB/T16749—2018 8.2.1.3 中表示无损检测应在每层焊完,且清理、目视检查合格后进行,表面无损检测应在射线照相检测及超声波检测前进行,经检测的焊缝评定合格后方可继续焊接。

焊接方法、焊接材料要求、焊接工艺、焊缝表面形状及外观要求以及出现缺陷后焊缝的返修 GB/T16749—2018 与 GB 16749—1997 要求并无大改动,焊工的操作和检验员的焊缝表面检测仍按照制造厂之前的规章制度执行即可。

2.2 热处理

GB 16749—1997 7.3 规定冷作成形的碳素钢、低合金钢波纹管需进行消除冷作残余应力的热处理;奥氏体不锈钢波纹管冷成形后不进行热处理,只有热作成形的奥氏体不锈钢波纹管进行固溶处理。需要时,加做稳定化处理。

GB/T16749—2018 8.3 对于冷作成形的波纹管,成形后进行恢复性能热处理的条件有了新的规定:

(1)首先增加了介质条件:符合图样注明有应力腐蚀的介质或者用于毒性为极度、高度危害介质的,需进行恢复性能热处理。

(2)冷作成形的碳素钢、低合金钢波纹管与1997标准一致,均需成形后进行恢复性能热处理;

但对于奥氏体不锈钢、镍和镍合金、钛和钛合金等有色金属波纹管,有新的更改,需要注意。即奥氏体不锈钢、镍和镍合金、钛和钛合金等有色金属波纹管冷作成形后可不进行热处理,但符合下列条件之一者,成形后应进行热处理:

a)波纹管成形前厚度大于 10mm.

b)波纹管成形变形率≥15%(当设计温度低于-100℃,或高于 510℃时,变形率≥10%)。

受变形率和成形厚度的限制要求,对于奥氏体不锈钢、镍和镍合金、钛和钛合金等有色金属波纹管,波纹管大都需进行热处理,因此在制造时需注意热处理事宜。

2.3 无损检测

(1)8.5.2.2 新增实施时机:增加有延迟裂纹倾向的材料,至少在施焊 24h 后进行无损检测;对有再热裂纹倾向的材料,应在热处理后增加一次无损检测。

(2)对于 HZ 型膨胀节由 GB 16749—1997 的成形后复查,8.5.2.3 修改为如果成形前已经进行无损检测,则成形后按 TSG 21—2016 中 4.2.5.1(2)的规定对波峰(谷)圆弧区域到直边段再进行无损检测。

(3)射线检测(新增)

GB/T16749—20188.5.3.1 b):ZX 型波纹管直边与端管(或设备壳体)采用内插或外套连接的 B 类焊接接头(坡口对接接头)或被端管、加强环、套箍等所覆盖的 B 类焊接接头(坡口对接接头)均应进行100%渗透或超声检测。

(4)渗透检测或磁粉检测(8.5.4.1 新增)

a)波纹管管坯厚度≤2mm 的 A 类焊接接头的内外表面;

b)ZX 型波纹管直边与端管(或设备壳体)采用内插或外套连接的 B 类焊接接头(坡口对接接头),或被端管、加强环、套箍等所覆盖的 B 类焊接接头(坡口对接接头);

c)ZX 型、ZD 型、HZ 型波纹管成形后 A 类焊接接头的内外可触及表面;

对于新增的检测部分,在制造生产时需要注意,以免漏检。

2.4 尺寸公差

GB16749—1997 与 GB/T16749—2018 尺寸公差的区别见表1。

表 1 两种标准关于尺寸公差的区别

	GB16749—1997	GB/T16749—2018
成形后一层材料的实际厚度	不得小于一层材料的名义厚度－钢板厚度负偏差 C_1－成形减薄量 C_3	不得小于成形后一层材料的名义厚度 t_p
垂直度公差	不得大于波纹管波长的 0.4%	不大于波纹管公称直径 DN 的 1%，且不大于 3mm
同轴度公差	不大于波纹管公称直径 DN 的 0.5%，且不大于 2mm	公称直径 $DN \leqslant 200mm$，不大于波纹管公称直径 DN 的 ±0.5%，且不大于 $\Phi 2mm$； 公称直径 $DN > 200mm$，不大于波纹管公称直径 DN 的 ±1%，且不大于 $\Phi 5mm$；
U 形波纹管的波峰、波谷 R	无	允许偏差为 10% 的波峰、波谷名义曲率半径。
Ω 形波纹管	无	Ω 形波纹管直边段直径公差与 U 形波纹管直边段直径公差相同。 Ω 形波纹管波纹平均半径的允许偏差为 ±15% 的波纹名义曲率半径 Ω 形波纹管波形尺公差应满足 $0.8 \leqslant \frac{a_1}{2h_1} \leqslant 1.2$
同一端面最大直径和最小直径之差	表 7－7 区分了 6 档最大最小直径差，公称直径最大为 2000mm	表 19 细化了 10 档最大最小直径差，且公称直径增大到 4000mm

3 对膨胀节产品生产制造中遇到问题的理解

3.1 标准中 Hz 形波峰（谷）环向对接接头直边长度修改为 $\leqslant 0.2\sqrt{D_m t}$，但此公式计算的直边长度对于厚壁膨胀节，例如壁厚为 20mm，直径 1000mm 的 ZD 型膨胀节，环焊缝至波峰 R 处长度计算为 15mm，小于壁厚 20mm，此时环焊缝比较接近波峰 R 处。若将 HZ 型直边长度改为 $\leqslant 0.25\sqrt{D_m t}$，比较方便生产操作。

3.2 U 形膨胀节规定波峰内半径 r_{ic} 和波谷外半径 r_{ir} 需 $\geqslant 3t$，对于一些壁厚超厚的膨胀节，例如 30mm 单层 U 形膨胀节，按照标准 r 需 $\geqslant 3t$ 执行时，实际制造时膨胀节的尺寸不能满足标准公差要求，根据经验，壁厚超厚的膨胀节，一般 $3t > r > 2t$ 比较合理。

3.3 关于膨胀节最小厚度问题：受成形方式影响，膨胀节最小厚度通常出现在波峰处，正常波峰处的厚度不能达到 GB/T16749—2018 8.7.1.1 中规定的，不得小于成形后一层材料的名义厚度 t_p 的要求；经过对实际制造产品的大量测量数据比较，在波纹管平均直径 D_m 处的厚度比较接近标准要求的 t_p。

4 结 论

本文将 GB/T16749—2018 与 GB 16749—1997 关于制造要求的标准内容进行对比，便于知悉制造膨胀节时应该注意的事项和易出现的部分制造问题。

参考文献

[1] 国家市场监督管理总局，中国国家标准化管理委员会．压力容器波形膨胀节：GB/T16749—2018[S]．北京：中国标准出版社，2018.

[2] 国家市场监督管理总局，中国国家标准化管理委员会．压力容器波形膨胀节：GB/T16749—1997[S]．北京：中国标准出版社，1997.

作者简介

夏艳梅(1991.12—),女,主要从事压力容器波形膨胀节工艺。

通信地址:江苏省泰州市姜堰区娄庄工业园区园区南路 19 号;

邮编:225506;电话:0523-88694559。

E-mail:jishuxia2021@163.com

6. 供热管道用金属波纹膨胀节应用技术进展

占丰朝[1,2]　杨玉强[1,2]　黄诗雯[1,2]

（1. 中船双瑞（洛阳）特种装备股份有限公司，河南洛阳 471000；

2. 洛阳船舶材料研究所，河南洛阳 471000）

摘　要：本文介绍了供热管道用金属波纹膨胀节的应用技术进展，围绕膨胀节双向大补偿量结构设计、预制保温接口、低流阻设计和智能监测技术等方面对新的技术成果进行了回顾和总结，并展望了亟待解决的一些问题。

关键词：金属波纹膨胀节；技术进展

ApplicationTechnology Progress of Metal Bellows Expansion Joints for Heating Pipelines

ZHAN Fengchao[1,2], YANG Yuqiang[1,2], HUANG Shiwen[1,2], ZHANG Aiqin[1,2]

（1. CSSC Sunrui (Luoyang) Special Equipment Co. ,Ltd. Luoyang 471000,China）；

2. Luoyang Ship Material Research Institute,Luoyang 471000,China）

Abstract：The application technology progress of metal bellows expansion joints for heating pipes was introduced in this paper, the new technical achievements are reviewed and summarized from the aspects of bidirectional large compensation structure design of expansion joint, prefabricated insulation interface, low flow resistance design and intelligent monitoring technology, and looks forward to some problems to be solved.

Keywords：metal bellows expansion joints；technological progress

前　言

金属波纹膨胀节作为柔性部件，能够起到补偿管道热胀冷缩引起的位移或隔离振动的作用，在供热管道、石油化工、舰船管路、航空航天等领域得到了广泛应用。20 世纪 80 年代金属波纹膨胀节开始在热水管道及蒸汽管道得到应用，随着城镇化的发展和长输供热管网的大量建设，金属波纹膨胀节得到了大量应用，与此同时热网膨胀节在使用过程中也出现了一些因设计强度不足、现场保温不当等引起的失效案例。为了进一步提高膨胀节的长周期使用安全可靠性，近年来行业内在对热网波纹管的强度和稳定性进行研究的同时，也在膨胀节大补偿量结构设计、膨胀节预制保温接口改进、减阻设计和智能监测等方面开展了大量研究工作，以满足一次网和长输供热管网的低能耗、低温降、高可靠性等要求，促进热网膨胀节的安全应用。本文介绍了目前国内供热管道用金属波纹膨胀节的应用技术进展，并展望未来亟待解决的问题。

1 膨胀节双向大补偿量结构设计满足热网安全性和经济性要求

单向外压轴向膨胀节一端为固定端,另一端为活动端,外压结构相比内压结构一定程度上提高了波纹管补偿位移能力,但是仅能通过活动端的伸缩来补偿位移。新开发的双向补偿直埋膨胀节将原单向膨胀节的活动段进行对称设计,使得膨胀节两端均可吸收管道的热胀位移。为了提高双向膨胀节的安全可靠度,此限位结构需要能够承受压力推力的作用,避免管道支架设计强度不足、管道压力和温度超过设计值等异常情况时对波纹管的过度拉伸和压缩,从而损坏波纹管。

1.1 直埋热水管道双向膨胀节布置方式

直埋热水管道采用单向膨胀节的布置方式如图1所示,将单向膨胀节的固定端靠近固定支座处,按此布置方式,中间固定支座两端需要各布置1台膨胀节,实际长直管段中需要布置较多数量膨胀节,现场的焊接和保温补口工作量较大。实际长输供热管道当管段长度小于两倍的最大过渡段长度时候,管段中存在驻点,即当温度变化时管道上位移为零的点。此时通过优化膨胀节的布置方式,如图2所示,针对长直管段,取消中间固定墩,采用1台双向膨胀节代替2台单向膨胀节,可实现管道的热胀位移补偿,有效降低了膨胀节的使用数量,同时降低了现场的焊接施工量,起到缩短工期作用。该种双向补偿直埋膨胀节近些年在郑州热力等项目上也是得到了大量应用。

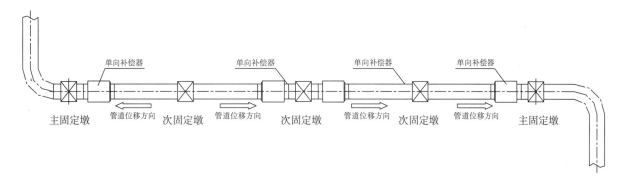

图1　单向膨胀节长直管段布置方式

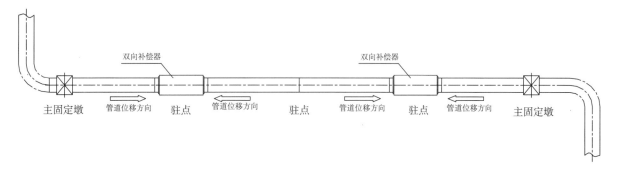

图2　直埋热水管道双向膨胀节长直管段布置示意

1.2 直埋蒸汽管道双向膨胀节布置方式

直埋蒸汽管道一般采用钢套钢的直埋敷设方案,当选用单向外压膨胀节,长直管段的布置方式与直埋热水管道类同,均是通过主固定墩与次固定墩来分割管段,然后每个管段靠近固定墩的位置设置1台单向膨胀节,这样的布置方式存在现场焊口补口数量多问题。针对直埋蒸汽管道,通过双向膨胀节的开发,也形成了新的布置方式,如图3所示,直埋蒸汽管道双向膨胀节所在驻点与直埋热水管道有所不同,直埋热水管道为土壤的约束下形成的位移为零的点,而直埋蒸汽管道是通过双向膨胀节内设的固定节来实现驻点功能,替代次固定墩与两台单向膨胀节。

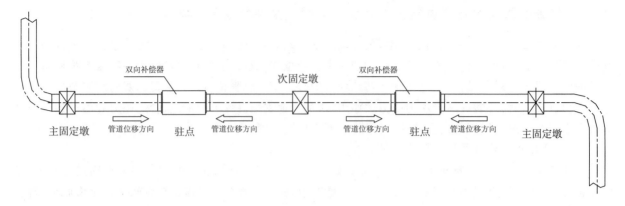

图 3　直埋蒸汽管道双向膨胀节长直管段布置示意

2　膨胀节预制保温接口的设计改进

2.1　热水管道预制保温膨胀节

金属波纹膨胀节最早应用于热水管网敷设方式为管沟敷设,而目前国内供热管网采取的敷设方式主要以直埋敷设为主。供热管网采取直埋敷设时应用最多的膨胀节结构型式为外压轴向型。常规的外压轴向膨胀节出厂时未有保温,膨胀节的保温在现场进行。膨胀节两端钢制端管和管道焊接完成后,采用聚乙烯管包裹,再缠绕热收缩带密封,最后对聚乙烯管和钢管之间间隙通过聚氨酯发泡进行保温[1]。该保温带来的问题是当工作钢管受热膨胀带动聚氨酯保温层和聚乙烯外护管移动时,会导致膨胀节滑动段外部的聚氨酯保温层和聚乙烯外护管受到挤压作用,长期的反复挤压会导致此保温处保温结构的损坏。若膨胀节安装于高地下水地区,保温结构损坏后会导致地下水通过缝隙进入,而供热波纹管材质一般选取的奥氏体不锈钢且工作时处于高应力状态,在特定的介质条件下会存在发生应力腐蚀的风险。

为解决以上问题,开发了预制保温直埋外压膨胀节,该结构膨胀节现场保温如图4所示,在膨胀节活动端采取了滑动密封结构设计,可以使膨胀节伸缩时外部保温结构能够和活动端端管同时移动,解决了保温结构的反复挤压带来的损坏,提高了膨胀节的使用寿命。膨胀节端口端管和保温管外侧通过收缩带分别密封聚乙烯套管与管道外护管、聚乙烯套管与膨胀节导向套连接部分,然后通过聚氨酯发泡来完成接口处的保温。由于膨胀节端管为钢管,而供热管道采取的保温管为三位一体的设计和制造,最外侧为聚乙烯材质,现场存在钢制端管和聚乙烯外管的保温施工问题,即所说的钢塑连接。

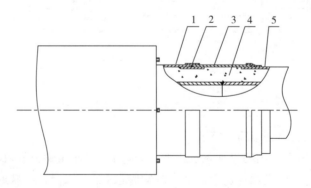

图 4　直埋型波纹管膨胀节保温接头示意
1—滑动密封端管;2—收缩带;3—聚乙烯外护套;4—聚氨酯保温层;5—保温管

为克服现场保温施工过程中钢塑连接难题,预制保温直埋膨胀节产品结构进行了进一步升级,根据管道的保温厚度在工厂内提前对膨胀节外管进行保温,膨胀节两端端管处设置钢塑连接过渡段,使得产品到现场之后只需要完成聚乙烯管之间的连接与保温即可,不再存在钢塑连接难题,有效避免了现场保温施工不当导致的后期保温接口易损坏问题。另外预制保温直埋膨胀节的使用也提高了现场施工效率,缩短了施工周期。

预制保温膨胀节结构设计时需注意活动端的伸缩区域应采用软质保温材料,保温材料的保温长度应大于膨胀节的伸缩长度。膨胀节端管口根据使用管道介质的不同应预留不同长度的无保温层裸露段,便于与现场管道保温接头连接,保温结构型式应与相连接的管道相同。

2.2 蒸汽管道预制保温膨胀节

常规的直埋蒸汽管线用外压金属波纹膨胀节外护管高度是高于两侧端管,为了保证膨胀节整体外部温度均能达到设计要求,一般是将膨胀节外部保温层厚度与管道保温厚度选择一致,由此带来膨胀节外护管外径大于管道外径,两者之间需采用锥段过渡结构连接。外护管锥段结构由于几何不连续,在连接处存在局部高应力,并且斜接焊缝性能弱于对接焊缝性能,致使该处成为失效风险点,一旦焊缝发生开裂会导致地下水的进入,破坏保温层。

针对上述结构存在的问题,李张治等[2]提出了一种具有直段外护管结构的直埋蒸汽用膨胀节,结构如图5所示,通过外侧保温结构的优化设计,膨胀节段外护管的外径与所在管道外径一致,在保证保温性能符合设计要求情况下,提高了结构的可靠性,降低了失效风险。

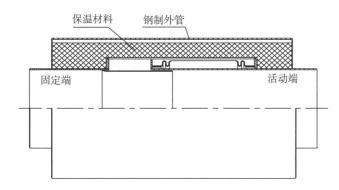

图5　直埋蒸汽管道用外压膨胀节

3　低刚度低流阻设计

对于外压轴向膨胀节,介质在流通过程中阻力较小,主要是导流筒带来的缩颈效应,对于长输供热管道为了降低管道沿程阻力,目前可通过管道涂层、内衬不锈钢复合管等技术来实现[3]。国内关于外压轴向膨胀节的流阻分析较少,较多是关于旁通压力平衡膨胀节的流阻分析与结构改进。压力平衡膨胀节由于自身能够平衡压力推力,在受力苛刻的位置或者架空管道上使用较多。直通式压力平衡膨胀节通过平衡波纹管的设置来实现既能够吸收管道变形,同时实现受力平衡,但是由于平衡波纹管的有效面积为工作波纹管的2倍,使得产品的外形尺寸较大[4]。外压旁通直管压力平衡膨胀节结构示意图如下图6所示,通过流道的改变省去了平衡波纹管的设置,膨胀节的总体刚度较小,且没有设置平衡波纹管,相比直通式压力平衡膨胀节降低了成本。但是由于原外压旁通直管压力平衡膨胀节流道的改变是通过在进出口端管上分别开出与其流通面积相等的孔,使得介质在封头的作用下,通过流通孔流过波纹管外侧,再通过流通孔流入出口端管,介质在膨胀节内部发生2次流向改变,因此膨胀节的流通阻力较大,不太适用于介质流速高的场合。

旁通压力平衡膨胀节优化改进的方向主要是降低介质流动过程中的流向突变。李张治等[5]提出了一种改进型旁通直管压力平衡结构,将原先的介质流向改变处的进出口管及封头处设置为圆弧形式,降低流体在折角处的阻力,从而达到降低流阻减少能耗的作用,仿真结果表明优化后的圆弧结构能够显著地降低流阻。

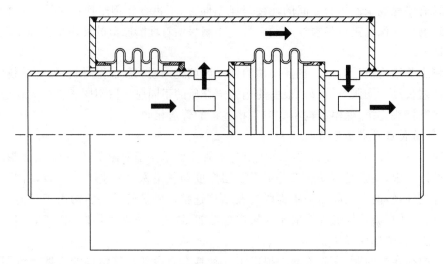

图 6　旁通直管压力平衡膨胀节

4　智能监测技术

近年随着业主的需求及物联网技术的发展,越来越多智能监测技术开始应用于膨胀节产品。通过传感采集、通讯传输和数据处理技术的结合运用,可以实现将监测到的压力、温度等信号直接传递到客户的中控室或者手机 App。通过该技术的应用,客户可以实时查看膨胀节的运行状态,极大提高了对于产品运行状态管理的便捷性。目前供热管道用金属波纹膨胀节的智能监测主要关注于位移监测、泄漏监测等内容。

位移监测方面,从早期仅能实现对膨胀节的轴向位移监测,到后来的铰链型结构、拉杆结构均能够实现位移监测。另外针对不同结构形式膨胀节在其活动端合适位置设置位移传感器,可以记录膨胀节实际服役时的位移循环变化数值,根据采集到的数据结合产品的设计疲劳寿命,可以推算得到波纹管的剩余可用循环次数,为产品的运行维护提供数据支撑。

泄漏监测技术方面,一般是通过与波纹管层间连通的压力表来检测波纹管层间压力的变化,从而判断波纹管是否产生泄漏,或者对于外压直管压力平衡膨胀节,通过平衡波环板处安装压力表来检测平衡波纹管与其中一个工作波纹管是否发生泄漏,出口端管处的可以通过设置保护波先形成封闭腔,然后设置压力表对此非受压腔进行监测。用于直埋管道的膨胀节由于埋在地下,外部连接压力表等监测装置较为困难,常用的方法是将检测到的信号引出或发射到外部。对于架空敷设的膨胀节泄漏监测技术方案较多,可以通过与波纹管层间连通的压力表来检测是否发生泄漏,对于蒸汽管道可以通过温度检测或气体检测来对膨胀节是否泄漏进行监测[6]。

除了上述监测方案外,目前行业内针对部分结构型式膨胀节,也提出通过气体检测仪来对膨胀节的非受压区域进行泄漏监测,从而判断波纹管是否泄漏。对于外压直管压力平衡膨胀节存在两个非受压区域(平衡波与工作波的外管及环板形成的腔体以及另一工作波与出口端管及环板形成的腔体),在两个非受压区域外部设置气体检测仪进行监测[7]。旁通直管压力平衡型膨胀节在波纹管和封头之间也形成一个非受压腔,在平封头上设置气体检测仪,可实现对微量泄漏的实时监测[8]。

目前关于膨胀节的监测技术方案很多,但是直埋供热管道对于监测技术的开展需要较高要求,具体到各个项目上还需要针对各个项目特点开展可以便捷实施的智能监测方案。

5　结论与展望

(1)供热管道用金属波纹膨胀节通过大补偿量结构设计、预制保温接口改进、减阻设计和智能监测等方面的技术升级,经济性和安全性进一步提高,能够实现长周期的安全服役。

（2）关于膨胀节智能监测技术，目前已能够实现位移监测、泄漏监测等功能，但是对于监测数据的分析和进一步研究仍有所欠缺。

（3）随着大数据、云计算、物联网等技术的发展，智慧供热也成为供热行业的发展趋势，膨胀节作为管线补偿的核心部件，也需要顺应时代发展，未来不仅要实现对膨胀节运行过程的实时监测、泄漏预警，还需要结合膨胀节的智能监测技术对产品的安全状态进行及时准确的评估，为产品寿命评估提供数据支撑。

参考文献

［1］张海宁，张潮海，马玉生，等．供热管道直埋式波纹管补偿器的研发与应用［J］．煤气玉热力，2012，32(1)：16－19.

［2］李张治，张道伟，闫保和，等．一种具有直段外护管结构的直埋蒸汽用双向补偿膨胀节：202220458573.9［P］．2022－10－18.

［3］侯伟，闫廷来，张玉佳，等．集中供热管道低流阻技术应用与探讨［C］．中国土木工程学会，2019供热工程建设与高效运行研讨会．煤气与热力出版社，2019，4：784－787.

［4］张道伟，张爱琴，闫保和，等．高压大直径架空膨胀节选型设计［C］．中国土木工程学会，2017供热工程建设与高效运行研讨会．煤气与热力出版社，2017，5：327－334.

［5］李张治，杨玉强．旁通直管压力平衡膨胀节流阻分析及结构改进［C］．中国机械工程学会，第十六届膨胀节学术会议，合肥：合肥工业大学出版社，2022：58－62.

［6］侯伟，付贝贝，杨玉强，等．金属波纹补偿器状态监测系统开发及应用［C］．中国土木工程学会，2022供热工程建设与高效运行研讨会．煤气与热力出版社，2022.

［7］张道伟，王伟兵，李杰，等．一种带泄露监测功能的直通式外压直管压力平衡型膨胀节：201620720135.X［P］．2016－12－28.

［8］杨玉强，张道伟，李世乾，等．一种带泄露监测功能的旁通直管压力平衡型膨胀节：201620720142.X［P］．2016－12－28.

作者简介

占丰朝（1989－），男，高级工程师，主要从事压力管道设计及膨胀节设计开发，通信地址：471000 河南省洛阳市高新开发区滨河北路 88 号 中船双瑞（洛阳）特种装备股份有限公司，E－mail：kdzfc2007@126.com

7. 不同工况下膨胀节的安全设计及应用研究

杨玉强

(中船双瑞(洛阳)特种装备股份有限公司,河南洛阳 471000)

摘　要:金属波纹管膨胀节是现代受热管网和设备进行热补偿的关键部件,应用广泛,但在使用过程中出现失稳、腐蚀及疲劳等失效等问题,影响膨胀节的安全使用,限制膨胀节行业的发展。本文结合行业发展态势,探讨膨胀节的安全需求,为膨胀节的安全设计及应用提供参考,推动行业发展。

关键词:不同工况;膨胀节;安全设计;管系补偿;

Study of safety design andapplication for expansion joint under different working conditions

Yang Yuqiang

(CSSC Sunrui (Luoyang) Special Equipment Co. ,Ltd.　Luoyang 471000,China)

Abstract:Metal bellows expansion joint is a key part of modern heating pipe network and equipment for thermal compensation,it is widely used.　However,failure problems such as instability, corrosion and fatigue appear in the process of use ,which affect the safe use of expansion joints and limit the development of expansion joints.　Combined with the development of the industry, this paper discussed the safety requirements and accurate design of expansion joint design,provide reference for the development of the industry.

Keywords:different working conditions;expansion joint;safety design;piping compensation

1　引　言

金属波纹管膨胀节是现代受热管网和设备进行热补偿的关键部件之一,具有位移补偿、减振降噪和密封的作用,广泛应用于化工、炼油、热力、冶金、电力等工业领域[1],迄今已有一百多年设计制造的历史,其设计研究也趋于成熟[2]。但由于膨胀节在使用过程中,一方面主要存在波形失稳、腐蚀失效、疲劳破坏和振动破坏等因素,见下图 1 所示,影响装置的长周期安全可靠运行,造成在 SH 3009−2013[3] 标准规定的可燃性气体排放管道和 GB/T 38942−2020[4] 市政供热管道限制膨胀节的使用,影响膨胀节行业的发展;另一方面,随着我国工业化、城镇化的快速发展,在高温炼化、长输供热、能源化工等领域,装置日趋大型化,设备向着高参数(高温、高压、腐蚀、冲蚀等恶劣的工况条件)方向发展,对膨胀节的技术、质量、材料、安全及应用带来了新的挑战,需要切入细分领域,识别膨胀节的生命周期,精准设计,提供产品及解决方案,提升膨胀节产品的安全可靠性、服务价值及竞争力,拓展膨胀节的应用领域。

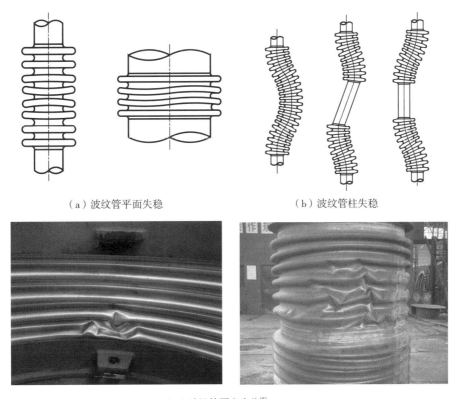

（a）波纹管平面失稳　　　　　　　　　　　（b）波纹管柱失稳

（c）波纹管周向失稳[5]

图1　波纹管常见失效模式

2　行业发展现状对膨胀节的新需求

2.1　安全性的需求

在高温化工行业，膨胀节长期在高温（600～700℃）工况下运行，在时间、温度、应力共同作用下，材料发生不可逆的塑性流动变形，当累计塑性应变达到材料的断裂延性时，会断裂失效，如图2所示。

（a）结构件变形　　　　　　　　（b）结构件开裂　　　　　　　　（c）结构件焊缝开裂

图2　膨胀节结构件失效模式

PDH装置的反应区主要包括原料烃进出口管道系统、再生空气管道系统以及抽真空管道系统等三大管道系统，介质长期保持高温（590℃）、高流速（100m/s）。目前装置的再生空气管线用膨胀节易发生隔热层失效，波纹管超温现象见图3所示，烃类出口管线用膨胀节易发生结焦积碳失效见图4所示，困扰装置的长周期运行，严重影响膨胀节行业的发展。

在供热领域，无补偿冷安装在运行过程中存在管道局部屈曲失稳、弯头开裂等问题，如图5所示，架空蒸汽用旋转补偿器存在泄露、滑脱等失效问题，如图6所示，影响管线的安全运行，需要行业专业人员共同关注供热市场的安全，推动膨胀节的充分应用。

图 3 膨胀节隔热失效　　　　　　　　　　图 4 膨胀节内衬筒积碳开裂

图 5 热水管道失效案例

图 6 架空蒸汽管道支架滑脱案例

2.2 节能的需求

伴随着国家对节能减排工作的持续推进，长距离供热是最近发展起来的供热模式[6、7]，输送距离远，能耗大，管线的热量散失对输送效率至关重要，需采取节能措施以减少沿途水力损失和散热损失。管线温降的主要因素有：循环水温度、环境温度、保温材料传热系数、循环水流速、膨胀节的保温性能等；管线压降的主要因素有：循环水流速、弯头、膨胀节等，在一定流量下的节能指标，需优化管线布置，综合考虑膨胀节的补偿及节能性能，保障一级网供热量足够的情况下，更科学、精细的要求电厂供水，节约能源，进而产生更好的环境与经济效益。

2.3 监测的需求

膨胀节应用于高温、有毒、易燃易爆等介质工况，通常需设置泄露报警装置来检测产品的可靠性，但目前的泄露检测装置，采用压力表检测，人工观测判定是否泄漏，需要定期巡检，容易误判，不及时，存在泄露报警误报或不便观察等问题，如图7所示，与管道的智慧化、数字化和安全需求不相适应。

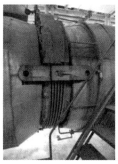

图 7 膨胀节泄露报警

2.4 膨胀节需求的限制

文献[8]研究了火炬管线膨胀节补偿的安全性和经济性,研究表明采用膨胀节补偿在安全性和经济性方案优势明显,且在多个大型项目上应用。但在某些项目,由于因采用不适宜的膨胀节补偿,导致整个装置系统无法运行,引起标准 SH 3009、SH 3108[9] 和 GB/T 51359[10] 限制膨胀节应用,新建公用工程系统管线布置采用 π 型弯补偿是行业主流,影响了行业膨胀节的发展。

在能源日趋紧张的情况下,全球液化天然气(LNG)的生产和贸易活跃,正在成为世界油气工业新的热点,2020 年,全国各省自治区直辖市发布了重大项目投资计划,在这些重点投资项目中,新建或扩建 LNG 接收站达 24 座,LNG 接收站远距离输送管线布置见图 8 所示,采用 π 型弯补偿。国外 LNG 低温膨胀节的应用历史已有几十年,国内 LNG 低温膨胀节除了在泵口、罐区应用外,在 LNG 接收管线上未有应用,且 SH3012[11]标准限制膨胀节低温领域的应用。

图 8 LNG 项目效果图

在供热市场,膨胀节补偿可以有效降低管网系统应力水利、降低能耗,提升系统的安全性,但由于制造商未按照标准规定设计膨胀节,造成在此行业膨胀节被认为是薄弱环节,用户及设计院担心膨胀节的安全,在进行标准 GB/T38942、CJJ/T81[12] 修订时,改为自然补偿或限制膨胀节应用。

3 膨胀节的精准设计保障产品与管线安全

3.1 工况的认识

装置的系统工况决定工艺配管或管线设计,限于篇幅,本文简单讨论高温炼化(FCC、PDH)、集中供热、能源化工(火炬管线)应用工况,见表 1 所示。

表 1 管线运行工况

项目	高温炼化		能源化工	集中供热
	LummusPDH	FCC(三旋—烟机)	火炬管线	长输直埋热水
设计温度/℃	649/704	～720	280/−150	130
设计压力/MPa	0.276/FV	0.35	0.35/0.7	2.5/1.6

(续表)

项目	高温炼化		能源化工	集中供热
	LummusPDH	FCC(三旋－烟机)	火炬管线	长输直埋热水
介质流速/v/s	100～200	～52	～110	<3
工作介质	烷烃、烯烃、氢气等	腐蚀性烟气，少量催化剂等	火炬气(介质成分复杂)	热水
管道级别	GC2	GC2	GC2	GB2
外保温厚度/mm	有(≥220)	无	有	有
存在问题	结焦、振动隔热失效、蠕变疲劳断裂	腐蚀、振动、蠕变疲劳断裂	冲击、腐蚀	无补偿焊缝疲劳破坏、支架滑脱
检修周期/年	1/3	4	2～5	被动检修

由表1可知：

(1)高温炼化(FCC、PDH)、能源化工(火炬管线)、集中供热等领域，装置的运行工况区别较大，需要详细了解不同装置的运行工况，进行管线补偿的精准分析，获取准确的膨胀节设计依据。

(2)在集中供热行业，一年开停车次数较少，避免疲劳寿命余量过大。

(3)装置易发生剧烈振动工况，膨胀节设计需要考虑系统、介质的频率特性。

3.2 管线补偿精准设计保障安全

根据工况需求，识别管线补偿方案，对装置的管系进行详细的、准确的建模分析，见图9所示[13]，获取管路附件的技术参数，尤其是膨胀节的性能参数，避免出现提出不适宜的膨胀节型式及设计参数(过高的疲劳寿命、过大的设计位移、过高的设计压力、过小的刚度)等现象，影响装置或管线的安全运行，进而影响产品标准或行业的健康发展。

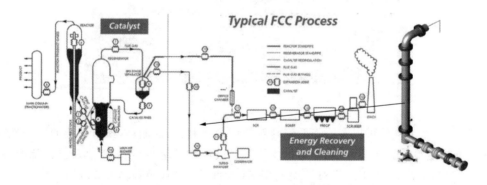

图9 催化烟机入口管线补偿分析模型

3.3 不同工况下膨胀节的安全设计

3.3.1 波纹管的可靠设计

波纹管是整个膨胀节的核心部件，可分为单层和多层，波纹管设计计算应力的公式源于一些近似假设，而计算疲劳寿命的方程式基于许多经验数据。通常在石油化工行业波纹管层数一般不多于4层，而供热行业考虑压力等级的提高，波纹管的层数已突破10层。总厚度相同，多层波纹管相对于单层波纹管具有疲劳寿命高、补偿量大、刚度低等优点，得到广泛应用。考虑到波纹管的设计体系及工程应用的安全性，建议从以下几个方面提升波纹管的安全可靠性：

(1)设计疲劳寿命，过高的设计疲劳寿命，会造成小的单层壁厚或波数过多，降低膨胀节的安全性，建议石油化工装置用膨胀节疲劳设计参照 EJMA 和 ASME B31.3，分为长期工况和短期工况，见表2所示，供热行业用膨胀节设计疲劳寿命不低于200次：

表2 波纹管设计疲劳寿命

标准	长期工况疲劳次数　次	短期工况疲劳次数　次
EJMA	7000	500
ASME B31.3	1000	100

（2）单层壁厚的控制，通过大量的试验研究表明，过小的单层壁厚，满足标准的设计要求，但将增大膨胀节的失效风险，存在安全隐患，推荐波纹管设计的单层壁厚见表3。

表3 波纹管设计单层壁厚

公称尺寸	单层壁厚/mm
DN＜200	0.5～0.8
200≤DN＜500	0.8～1.0
500≤DN＜1000	1.0～1.2
1000≤DN≤3000	1.2～1.5
DN＞3000	2.0～3.0

（3）不同材料设计，对于多层设计的波纹管，考虑腐蚀等因素，可以采用不同材料设计波纹管，耐蚀层采用高耐蚀合金（如 Incoloy825、lncoloy800），其余各层采用奥氏体不锈钢（如 321、304）。

（4）反向预变位设计，对于介质流速高、设计位移大、系统受力要求等应用场合，建议膨胀节采用预变位设计，可以有效降低管路系统冲击、管口或支架受力以及膨胀节的应力峰值。

3.3.2 "低应力"设计

高温化工装置，通过合理设计隔热结构、降低波纹管的工作温度，提升波纹管的工作许用应力范围，使波纹管长期在"低应力"下工作，可有效延长膨胀节的使用寿命。以某装置 DN1700 烟机入口管道为例，根据 GB/T 12777—2019，以设计压力 0.38MPa 计算，该管道压力推力为 98 吨，需要由膨胀节结构件完全吸收。

对膨胀节结构进行有限元温度场分析，管道内壁边界条件按照介质条件取恒定温度 700℃；与空气接触表面为对流换热，由于烟机一般位于室内，对流换热效应较弱，对流换热系数取 5W/（m²·℃）。计算结果如图 10 所示，结果表明环板外测温度约为 640℃左右，立板与铰链板连接处温度约为 540℃左右。

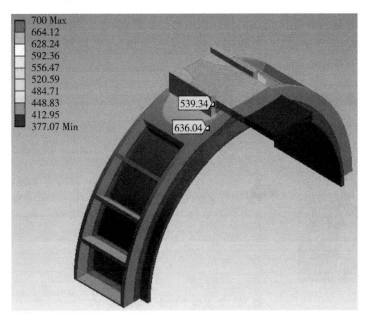

图 10 铰链型膨胀节温度场云图

膨胀节结构件材质为 S30408,根据 GB/T 150—2011,该材料在不同温度下的力学性能见表 4。

表 4 S30408 力学性能

温度	许用应力	弹性模量
20℃	137MPa	195GPa
540℃	93MPa	157GPa
640℃	46MPa	147GPa

由此可见高温工况下膨胀节的刚度和强度相对于常温工况有较大程度的降低,其力学结构的设计校核条件是较为苛刻的。为了防止高温膨胀节结构件变形开裂,建议从以下方面进行改进:

(1)受力校核时,应考虑温度附加应力,综合进行计算与评定,确保结构计算较为符合真实工况,具有充足的安全裕量;

(2)膨胀节的约束结构件建议改为浮动连结构,降低由于压力推力引起的结构高弯曲应力以及热胀应力,使结构趋于安全;

(3)膨胀节采用全通径设计,降低波纹管和受力结构件的工作温度,使结构趋于安全;

(4)重要的焊接结构应当严格控制材料与焊接工艺,确保母材和焊接接头在高温下具有较好的力学性能,不发生强度和刚度失效。

3.3.3 防结焦设计

结焦是某项化工装置反应不可避免的,结焦体随着介质的高速流动,进入膨胀节内部,引起膨胀节失效,困扰装置的安全可靠运行,通过在膨胀节内部设计半封闭或全封闭的防结焦结构,可以有效降低膨胀节内部结焦风险,延长产品的使用寿命。

3.3.4 智能报警监测设计

近年随着业主的需求及物联网技术的发展,越来越多智能监测技术开始应用于膨胀节产品。通过传感采集、通讯传输和数据处理技术的结合运用,可以实现将监测温度、压力、位移等信号直接传递到客户的中控室或者手机 App,实时监测产品的健康运行状态及寿命,为产品的运行维护提供健康监测。

3.3.5 蠕变疲劳设计

膨胀节长期 600～700℃高温高应力运行,会发生蠕变—疲劳交互作用,蠕变是材料在高温和低于材料屈服极限的应力下,随时间的延长而发生非弹性变形的现象,蠕变—疲劳交互作用的机理较为复杂,影响因素也较多,需要建立蠕变—疲劳交互作用下疲劳寿命的预测,精准预测膨胀节使用寿命见图 11,提升产品的安全可靠性。

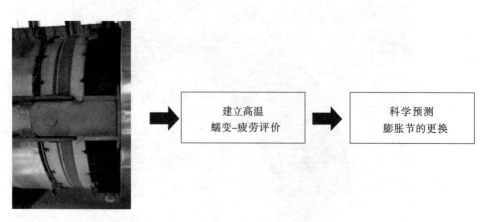

图 11 高温蠕变疲劳评价准则

4 结 论

(1)作为膨胀节制造商,需要了解行业发展对膨胀节的需求,识别工况,进行系统补偿、低应力及蠕变疲劳等精准设计,提升膨胀节的安全性。

(2)针对膨胀节行业面临的瓶颈,希望行业协会制定行业准则,在公用工程和供热领域,扭转多数设计人员"膨胀节极易损坏,是系统中的薄弱环节"的传统理念,推动 SH3009、CJJ/T81 等标准的修订,促进行业技术进步,创造行业膨胀节需求。

参考文献

[1] 杨玉强,李张治,李德雨等. 基于 ANSYS 含体积型缺陷波纹管疲劳寿命研究[J]. 压力容器, 2020,37(11):33-38.

[2] 杨玉强,侯天睿,李杰等. 浅谈膨胀节产品设计的发展趋势[C]. 中国机械工程学会压力容器分会. 第十四届全国膨胀节学术交流会. 合肥:合肥工业大学出版社,2018:223-228.

[3] 中华人民共和国国家经济贸易委员会. 石油化工可燃性气体排放系统设计规范. SH 3009-2013.[S]. 北京:中国石化出版社,2013.

[4] 国家市场监督管理总局,中国国家标准化管理委员会. 压力管道规范 公用管道. GB/T 38942-2020.[S]. 北京:中国标准出版社,2020.

[5] 段玫 胡毅. 膨胀节安全应用指南[M]. 北京:机械工艺出版社,2017.

[6] 杨兆林,陈龙,史建军等. 长输供热项目系统设计论述[J]. 沈阳工程学院学报(自然科学版), 2021,17(4):14-17.

[7] 刘雪萌,谢英柏. 长输供热管网摩擦阻力系数的计算方法研究[J]. 流体机械,2022,50(1): 100-104.

[8] 张爱琴,张世忱,杨青等. 火炬管线膨胀节补偿的安全性和经济性分析[C]. 中国机械工程学会压力容器分会. 第十六届全国膨胀节学术交流会. 合肥:合肥工业大学出版社,2020:386-392.

[9] SH/T 3108-2017,石油化工全厂性工艺及热力管道设计规范[S].

[10] 中华人民共和国住房和城乡建设部,国家市场监督管理局. 石油化工厂际管道工程技术标准. GB/T 51359-2019. [S]. 北京:中国计划出版社,2019.

[11] 中华人民共和国工业和信息化部. 石油化工金属管道布置设计规范. SH 3012-2011. [S]. 北京:中国石化出版社,2021.

[12] 中华人民共和国住房和城乡建设部. 城镇供热直埋热水管道技术规程. CJJ/T 81-2013.[S]. 北京:中国建筑工业出版社,2013.

[13] 杨玉强,李德雨,李杰等. 高温化工管系补偿及膨胀节设计探讨[C]. 中国机械工程学会压力容器分会. 第十六届全国膨胀节学术交流会. 合肥:合肥工业大学出版社,2020:156-165.

作者简介

杨玉强(1982—),男,高级工程师,研究方向压力管道设计及膨胀节设计应用研究。

联系方式:河南省洛阳市高新开发区滨河北路 88 号,邮编 471000

TEL:13525910928

EMAIL:yuqiang326@163.com

8. 波纹管连接结构概述

徐　岩[1]　张文良[2]　李　秋[1]　张宇航[1]

（1. 沈阳汇博热能设备有限公司,辽宁 沈阳 110168;

2. 沈阳仪表科学研究院有限公司,辽宁 沈阳 110042）

摘　要:本文通过图例形式,首先列举了膨胀节相关标准中推荐的波纹管与短节/法兰的连接结构,简单说明了其结构特点及注意要点。然后在此基础上展开讲述了5个行业上推荐的波纹管连接结构,并通过各行业的应用特点、连接结构特点和焊接形式,分别对各结构进行了简要的分析和说明。最终给出在实际应用过程中波纹管连接结构的选用建议。

关键词:波纹管;连接结构;焊接形式

Overview of bellows connection structure

Xu Yan[1] ,Zhang Wenliang[2] ,Li Qiu[1] ,Zhang Yuhang[1]

（1. Shenyang Huibo HeatEnergy Equipment Co. Ltd. ,Shenyang 110168,China;

2. Shenyang Academy of Instrumentation Science Co. Ltd. ,Shenyang 110042,China）

Abstract:In the form of a legend,this paper first lists the connection structure of the bellows and short/flanges recommended in the relevant standards of expansion joints,and briefly explains its structural characteristics and key points of attention. Then,on this basis,the bellows connection structures recommended in five industries are described,and each structure is briefly analyzed and explained through the application characteristics,connection structure characteristics and welding forms of each industry. Finally,suggestions for the selection of bellows connection structure in the practical application are given.

Keywords:bellows;connection structure;welding forms

0　引　言

金属波纹管膨胀节已广泛应用于电力、石油化工、钢铁、航空航天等各行各业中,而波纹管作为膨胀节的核心元件,其与主体的连接结构也尤为重要。由于每个行业不同工况的需求,导致膨胀节的结构更加多元化,波纹管与短节或法兰的连接结构也不再仅限于内外焊接结构。比如我们常常会用到波纹管翻边结构,或者波纹管直边端部焊接结构等。本文通过一些图例,介绍了波纹管的各种连接结构,并对其结构特点做简要的分析和说明。

1　标准连接结构

在膨胀节常用标准 EJMA—10th[1]和 ASME Ⅷ—1 附录 26 中[2],均对波纹管与短节/法兰连接结构有所推荐,其中短节是波纹管端部与管道或设备相连接时而设置的一段接管。以下便是标准中所推荐结构:

1.1 EJMA 推荐波纹管连接方式

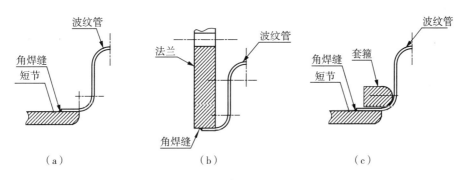

图 1　EJMA-10th标准推荐连接方式

图 1(a)所示,为直接外接结构,此种结构优点为:结构简单,短节无须加工,只需控制好波纹管与短节间配合间隙,便可直接焊接角焊缝。但应注意核算直边强度,尤其设计压力较高时,若强度不合格可考虑增加外套环或缩短直边长度。

图 1(c)所示,为带套箍结构,此种结构利用套箍对直边段进行了加强处理,从图中可以看出套箍并未完全覆盖直边,其目的是将波纹管与短节间角焊缝露出,便于耐压或检漏试验时检验焊缝是否泄漏。但应注意以下两个问题:

(1)应控制波纹管直边段伸出套箍最大长度。最大长度可按公式(1)计算确定。

$$L_{tm} = 1.5\sqrt{nt^2 S_b/P} \tag{1}$$

式中　n——波纹管层数;

　　　t——波纹管一层材料名义厚度;

　　　S_b——波纹管设计温度下材料许用应力;

　　　P——设计压力。

(2)如何对套箍进行固定:一般情况下可采用几个均布的跨焊缝的角板分别与筒体和套箍焊接连接。若套箍完全覆盖住焊缝且超出波纹管直边段,可采用间断焊方式将套箍固定在短节上,便于观察检漏情况。

1.2 ASME 推荐波纹管连接方式

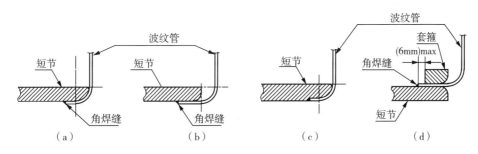

图 2　ASME 规范推荐的波纹管与短节的连接方式

图 2(a)和图 2(c)所示的结构,为波纹管波谷 R 角与短节端部完全贴结构,虽然这种结构保证了波纹管的直边强度,但对位移却产生了影响,因为一个正常的波纹存在 4 个 R 角,现直边两侧 2 个 R 角被覆盖,那么相当于整个膨胀节少了 1/2 个波,所以这种结构在计算过程中应该对总波数进行考量。而图 2(b)和图 2(d)的短节覆盖在波纹管切线,这种处结构则不用考虑这个问题。

图 2(d)中套箍距离波纹管直边环焊缝最大不超过 6mm 结构和 EJMA 推荐的带套箍结构是一样的,但这里对波纹管直边段伸出套箍长度给定了明确的参考数值,更方便选用。

根据上述两标准推荐结构来看,这些结构的特点是:波纹管直边部分与短节/法兰完全贴合,并且大多采用角焊缝连接,这样的结构简单,制造方便。因此,成为膨胀节在制造过程中常用结构形式。而在不同行业中由于其各自应用特点要求,一些基于标准的其他结构也不断地出现,下面便列举讲述几个不同行业上所推荐的波纹管连接结构。

2 实际应用中波纹管连接结构推荐

2.1 石化行业管道用膨胀节波纹管连接结构

在石化行业中,由于石化装置的高温、高压、高危险性特点,膨胀节的制造质量也要尤为重要。目前石化装置大多采用图 3 所示结构,这种结构是将短节/法兰与波纹管连接部分做机加工处理,使短节/法兰内径等于波纹管内径且长度完全覆盖直边长度;焊接方式为承插锁底对接焊。

这种结构的优点是:①图 3(a)波纹管内径与短节内径平齐,焊缝不易受介质冲击;②不会产生缩径减流情况,对介质流动不产生影响;③焊接方式为锁底对接焊,焊接强度更好。

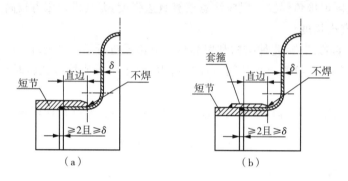

图 3 我国石化行业推荐的波纹管与短接连接方式[3]

2.2 高压组合电器行业用波纹管连接结构推荐

2.2.1 翻边结构

在高压组合电器行业应用中,波纹管绝大多数采用奥氏体不锈钢材料,而一些法兰采用的是铝质材料,受铝材与不锈钢的异种材质焊接难度限制,通常选用波纹管翻边结构,如图 4 所示[4]。这种结构是对波纹管直边部分做翻边处理,同时将法兰放置在翻边内侧作为活套法兰,波纹管翻边部分作为密封面;这种结构优点是组装方便,无须焊接。但对翻边工艺要求较高,在使用时要注意翻边部分的平面度要求,不得有凹坑、划伤、卷边、翘曲、层间分离等缺陷。

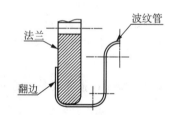

图 4 波纹管翻边结构

2.2.2 焊接结构

图 5[4]所示是高压组合电器行业中所用膨胀节的最常用的结构。因其通常是在露天环境应用,通常

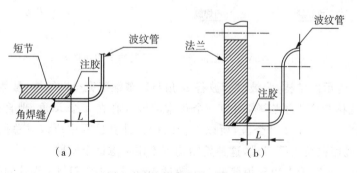

图 5 波纹管直边外露结构

要求波纹管与法兰/短节连接开口端做注胶处理,以防止进水。因此在波纹管与法兰/短接连接时会将波纹管直边加长一段"L",才能保证有足够间隙完成注胶操作。另外这种长直边段结构有利于避免因法兰与波峰的距离过短,造成现场组装时螺栓、螺母无法安装。

针对此种结构在设计时要尤其注意对波纹管直边段强度的校核。

2.3　阀门行业用波纹管连接结构推荐

在阀门行业中,由于其大多波纹管直径较小,法兰较薄,与法兰焊接难度较大,故常设计成波纹管与法兰端接焊接结构(见图6),这种结构是采用波纹管直边端部与法兰端面齐平组对,在法兰紧邻焊缝处开出减应力槽,然后通过端接焊接方式将法兰与波纹管焊接在一起。

这种结构能够很好地减少了焊接变形,但需要注意波纹管与法兰或外环间的间隙不宜过大。若使用镍基合金金属波纹管,在端接焊接过程中必须保证焊缝收弧处无弧坑裂纹、气孔等缺陷,因为这种材料焊缝不易返修。

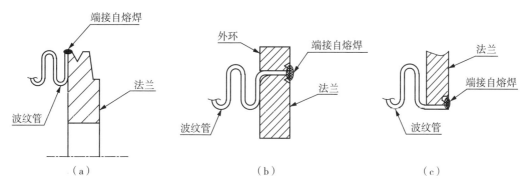

图6　小管径波纹管端接结构[5]

2.4　压力容器行业用波纹管连接结构推荐[6]

在压力容器行业中,有些换热器是带有膨胀节的结构,这种膨胀节大多为单波、厚壁型式,此处的波纹管推荐采用图7所示连接结构,这种结构的波纹管与筒体壁厚相同(或根据实际情况进行削边处理),通过对接环焊缝进行焊接连接。

此种结构简单可靠,对接焊缝需进行射线检测。

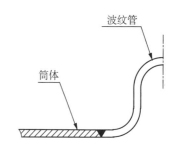

图7　厚壁波纹管对接结构

2.5　降膜管行业用波纹管连接结构推荐[7]

降膜管是生产片碱的核心设备,膨胀节的性能是制约降膜管使用寿命的重要因素。这种结构因其单层壁厚较薄且层数较多,一般采用图8所示内衬环连接结构,即在传统内插对接焊缝基础上增加了内衬环,内衬环材料和波纹管材料保持一致,降低焊接难度。保证了 GB/T12777《金属波纹管膨胀节通用技术条件》中推荐波纹管与受压筒节间的连接环向焊缝宜为全焊透结构的要求。

这种结构适用于波纹管层数较多,焊接时易发生分层、烧穿等焊接缺陷场合,通过增加内衬环方式提高焊接质量,保证焊接可靠性。但需要注意的是内衬环尺寸应能够保证与波纹管直边段内径紧密配合。

图8　内衬环连接结构

3　结　论

以上介绍了不同行业上推荐的波纹管连接结构。可以看出,在不同应用场合可选择的连接结构是不同的,故在实际设计应用选择时建议,一般应用场合采用 EJMA－10th 标准推荐结构;小直径波纹管采用阀门行业推荐结构;厚壁膨胀节采用压力容器行业推荐结构;薄壁多层波纹管采用降膜管用波纹管推荐结构等。

但值得注意的是,无论何种连接方式,在选用之前都需要对该结构做好调研、考虑好利弊并结合标准对波纹管进行设计计算,均满足后方可应用。

参考文献

[1] Expansion Joint Manufacturers Association. Standards of the Expansion Joint Manufacturers Association：EJMA－2015[S].

[2] The American Society of Mechanical Engineers. Mandatory Appendix 26 Bellows Expansion Joints：ASME Ⅷ－1－2021[S].

[3] 张荣克,牛玉华,闫涛. 膨胀节设计与应用[M]. 北京:中国石化出版社,2017.

[4] 中华人民共和国国家质量监督检验检疫总局,中国国家标准化管理委员会. 高压组合电器用金属波纹管补偿器:GB/T 30092－2013[S]. 北京:中国标准出版社,2014.

[5] British Standards Institution. Metal Bellows Expansion Joints for Pressure Applications：EN14917－2021[S].

[6] 国家市场监督管理总局,中国国家标准化管理委员会. 压力容器波形膨胀节:GB/T 16749－2018[S]. 北京:中国标准出版社,2018.

[7] 张文良,关长江,张秀华. 第十五届全国膨胀节学术会议论文集[C]. 合肥:合肥工业大学出版社,2018.

作者简介

徐岩,(1990 －),女,工程师,从事金属波纹管膨胀节的设计研究工作。

通信地址:沈阳市浑南区浑南东路 49－29 号。Email:854181113@qq.com,18842621065

9. 角向波纹管工程应用方法

冯继亮[1]　马志承[2]　张宇航[2]　孙志涛[2]　杨孔硕[2]　徐　岩[2]

(1. 西开电力装备智慧服务有限公司,陕西 西安 710077;

2. 沈阳仪表科学研究院有限公司,辽宁 沈阳 110168;)

摘　要:本文介绍了角向波纹管及复式波纹管单波当量轴向位移的计算,并在工程应用中对以角向波纹管替代复式波纹管的情况进行了理论数据计算对比,通过本文计算结果可知,在工程上角向波纹管组合使用替代复式波纹管应用比较灵活。

关键词:波纹管;径向;角向;计算方法

Angular corrugated pipe engineering application method

Feng jiliang[1],Ma zhicheng[2],Zhangyuhang[2],Sun zhitao[2],Yang kongshuo[2],Xuyan[2]

(1. XIAN XK ELECTRIC POWER EQUIPMENT INTELLIGENT

SERVICE CO. ,LTD. ,Shanxi,XiAn710077;

2. Shenyang Academy Of Instrumentation Science Co. ,LTD,Liaoning Shenyang 110168;)

Abstract:This paper introduces the calculation of single wave equivalent axial displacement of angular bellows and compound bellows,and compares the theoretical data of substituting compound bellows with angular bellows in engineering application. Through the calculation results of this paper,it can be seen that the application of substituting compound bellows with angular bellows in engineering is more flexible.

Keywords:bellows;Radial;Angular;Calculation method

1 引 言

　　波纹管类组件的设计与制造技术一直是国内弹性元件行业所关注的一个重点领域。波纹管组件的功能可实现轴向补偿、径向补偿、角向补偿等位移补偿,也可组合使用,吸收多方位的位移补偿量。[1-2]

　　波纹管的设计和选型的主要内容是:根据系统给定的已知条件来选择波纹管的材料、结构形式、几何尺寸参数和性能参数。在选型过程中应全面满足系统对波纹管的使用要求,并力求做到结构先进合理,在有条件的情况下最好进行优化设计。

　　角向波纹管适用于"L"型和"Z"型管系,主要以角偏转的方式补偿多平面弯曲管段的合成位移。[4-6]现为了工程应用方便简洁,由两个角向波纹管组合形成复式波纹管使用。

2 角向波纹管参数

　　某工程的波纹管应用工况参数为设计压力 0.8MPa,设计温度−40℃～150℃,角向位移量±3°,疲劳寿命 15000 次。

波纹管参数内径：$\varphi 550\text{mm}$，波距：$q = 25\text{mm}$ 波高：$h = 25.6\text{mm}$，层数：$0.4\text{mm} \times 6$ 层，波数：$n = 6$ 个，如图 1 所示。

图 1　波纹管结构

3　工程应用计算

角向波纹管按照工况使用条件，根据工况及波纹管参数计算如下：

角位移"θ"引起单波相当轴向位移计算：

$$e_\theta = \frac{\pi \theta D_m}{360N} \quad e_\theta = 2.52$$

角位移压力影响系数：

$$\Psi = \frac{e_\theta + e_{yp}}{e_\theta} \quad \Psi = 1.432$$

单波总当量轴向位移：

$$e_c = e_\theta \Psi \quad e_c = 3.61$$

实际工程应用中是把两个角向波纹管按照复式波纹管组合使用，两端是波纹管，径向位移大小利用中间筒体长度调节，此种调节方法能够有效解决工程需求。使用时有以下 5 种工况见表 1：

表 1　实际使用工况

工况	法兰最外侧距离（mm）	中间筒体长（mm）	两波纹管最外端间距 L_u（mm）
工况 1	3000	2480	2890
工况 2	2000	1480	1890
工况 3	1500	980	1390
工况 4	1000	480	890
工况 5	520	0	410

每种工况单个波纹管偏转角向位移 $\theta_z = \pm 3°$，其单波总当量轴向位移 e_c 不变；[7] 由此可以计算出复式波纹管的径向位移 $y = \dfrac{e_y 2N(L_u - L_b \pm x/2)}{K_u D_m}$[8] 计算结果如表 2。

表 2　复式波纹管径向位移量

工况	波纹管偏转角向位移 θ_z（°）	单波总当量轴向位移 e_c（mm）	径向位移 y（mm）
工况 1	± 3	3.61	± 143.60
工况 2	± 3	3.61	± 91.90
工况 3	± 3	3.61	± 64.99
工况 4	± 3	3.61	± 38.78
工况 5	± 3	3.61	± 13.63

按照复式波纹管径向位移与角向波纹管的径向位移相同情况计算如下：

根据表 2 已知计算结果的径向位移量，由 GB/12777－2019《金属波纹管膨胀节通用技术条件》，第 53 页公式 A.122 计算复式波纹管单波当量轴向位移：

$$e_y = \frac{K_u D_m y}{2N(L_u - L_b \pm x/2)};$$

复式波纹管单波当量轴向位移计算结果如表3；

表3　复式波纹管径向位移与单波轴向当量

工况	径向位移 y(mm)	单波当量轴向位移 e_y(mm)
工况1	±143.6	2.66
工况2	±91.90	2.77
工况3	±64.99	2.82
工况4	±38.78	3.01
工况5	±13.63	3.58

根据 GB/12777—2019《金属波纹管膨胀节通用技术条件》，第35页 A.9，$C_\theta = 1$；根据第40页 A.50，角位移的压力影响系数 $\Psi = 1$（对于复式波纹管）。[9-10] 表3的单波当量轴向位移 e_y 即为复式波纹管的单波总当量轴向位移量 e_c。

由上述计算可知由角向波纹管组成复式波纹管在上述5种工况中角向波纹管单波总当量轴向位移 e_c 大于复式波纹管单波总当量轴向位移量 e_c。角向波纹管在工程应用中位移可以满足复式波纹管的要求。N^2

按照 GB/12777—2019《金属波纹管膨胀节通用技术条件》，A.2.3.7 稳定性计算如下[3]：

柱失稳的极限设计内压 $P_{sc} = \dfrac{0.34\pi f_{iu} C_{m\theta}}{N^2 q} = 0.81\text{MPa} \geqslant P$

平面失稳的极限设计压力 $P_{si} = \dfrac{1.3 A_{cu} R^t_{p0.2y}}{K_r D_m q} \dfrac{1}{\sqrt{a}} = 2.48\text{MPa} \geqslant P$

经校核结果可知在上述5种工况中角向波纹管替代复式波纹管无论是位移还是稳定性均能满足工况使用。

4　结束语

角向位移的单波总当量轴向位移量在上述5种工况中均大于复式波纹管时的单波总当量轴向位移量，在上述5种工况应用时角向波纹管组合成复式波纹管位移要求可以满足工程应用。

参考文献

[1] 国家市场监督管理总局. 金属波纹管膨胀节通用技术条件:GB/T12777—2019[S]. 北京:中国标准出版社,2019:4—51.

[2] 国家质量监督检验检疫总局. 高压组合电器用金属波纹管补偿器:GB/T30092—2013[S]. 北京:中国标准出版社,2014:1—22.

[3] 赵宝林,马凤琴,陈述曾. 波纹管补偿器在管网中静压轴向推力的计算[J]. 华北水利水电学院学报,2005(04):16—18.

[4] 杨静霞,吕建祥. 波纹管膨胀节型式试验[C]. 中国压力容器学会膨胀节委员会. 第十六届全国膨胀节学术会议论文集:膨胀节技术进展. 合肥:合肥工业大学出版社,2021:352—356.

[5] 张祖铭,李亮,于文峰,等. 三层U形波纹管疲劳寿命影响因素分析[J]. 压力容器,2021,38(10).47—52.

[6] 徐开先. 波纹管类组件的制造及其应用[M]. 北京:机械工业出版社,1998.

[7] 宋林红,张文良,钱江,等. 基于多学科优化方法的金属波纹管疲劳寿命优化设计[C]. 中国压力

容器学会膨胀节委员会．第十四届全国膨胀节学术会议论文集：膨胀节技术进展．合肥：合肥工业大学出版社，2016：68—74.

［8］刘红禹，杨知我，林国栋，等．800KV组合电器用金属波纹管补偿器检验控制［J］．管道技术与设备，2010(5)：58—58.

［9］张秀华，钱江，宋林红，等．金属波纹管疲劳失效原因分析［J］．阀门，2022(02)：157—160.

［10］王春晖．换热器波纹管失效分析［J］．失效分析与预防，2010,5(2)：98—101.

作者简介

冯继亮(1984年—)，男，工程师，主要从事高压组合电器研发设计，及运维技术研发管理工作，通信地址：710077 西安市莲湖区大庆路509号西安西开电力装备智慧服务有限公司。E—mail：406789226@qq.com

电　话：13390559545

10. 组合电器管线端部伸缩节结构改进

马志承[1]　董清华[2]　李　秋[1]　徐大鹿[3]　钱　江[1]　王记兵[1]

（1. 沈阳仪表科学研究院有限公司，辽宁 沈阳 110168；

2. 河南平高电气股份有限公司，河南 平顶山 467001；

3. 沈阳汇博热能设备有限公司，辽宁 沈阳 110168；）

摘　要：本文阐述了一种新型式的组合电器端部补偿单元——伸缩节，此伸缩节应用场所为高压开关输变电管线端部补偿及密封，此伸缩节结构简单安装快捷，伸缩节端部承受管线推力较以前的结构形式更好，伸缩节分为：波纹管、法兰、封头。椭圆型封头对于端部受力更好，焊接形式对于端部密封效果更佳。

关键词：补偿；伸缩节；组合电器；封头

Improvement of telescopic joint structure at the end of combinational electrical pipeline

Ma zhicheng[1],Dong qinghua[2],Li qiu[1],Xu dalu[3],Qian jiang [1],Wang jibing [1]

（1. Shenyang Academy Of Instrumentation Science Co. ,LTD,Liaoning Shenyang 110168；

2. Henan Pinggao Electric Co. ,Ltd. ,PingdingshanHenan 467001；

3. Shenyang Huibo Heat Energy Equipment Co. ,LTD,Liaoning Shenyang 110168；）

Abstract：This paper expounded a new type of composite electrical end compensation unit, expansion joints, the slip joint application places as high voltage switch power transmission and transformation line end compensation and sealing, fast installation structure is simple, the slip slip joint end to line thrust structure is better than before, expansion joints are divided into: corrugated pipe, flange, head. The elliptic head has better force on the end, and the welded form has better sealing effect on the end.

Keywords：Compensation；Expansion joint；Composite electrical appliance；Head

1　引　言

伸缩节主要是用来吸收 GIS/GIL 母线因热胀冷缩、设备间的安装调整以及地震和操作引起的位移量，[1]因此主要配置在母线与各设备、变压器进线、线路出线的连接等位置。[2]因此在 GIS 的招标设计中应对伸缩节提出较高的要求。

某工程应用的组合电器母线在运行过程中，端部平衡用伸缩节形式主要为一伸缩节＋盲板盖密封端部位置，[3]此种结构密封性能及受力性能欠缺。结合开关厂要求及我司现有技术，故为其开发了一种新型结构伸缩节应用在母线端部补偿及密封。[4]

2 结构改进设计

某工程的组合电器母线端部补偿单元应用工况参数为工作压力：0.4Mpa，设计压力 0.54Mpa，设计温度－40℃～150℃，内径 φ604mm，补偿参数见表1。

表 1 补偿参数

项目	轴向位移	径向位移	疲劳次数
地震允许变形量 mm	±35	±5	100
温度变化允许变形量 mm	±35	/	11000
安装允许变形量 mm	±10	±5	/

由于伸缩节波纹管尺寸规格一样，本文不考虑波纹管的计算。此次结构改进仅对端面密封形式改进。[5]

伸缩节材料均为06Cr19Ni10，改进前结构形式为图1，改进后结构形式为图2，改进前的结构端部是盲板（盲板盖厚度为35mm）＋O型圈密封，改进前盲板需要用螺栓、螺母紧固，在紧固不均或O型圈老化时管线 SF_6 气体泄漏风险很大，需要定期定性检查密封效果。改进后的结构为封头（封头厚度为8mm）与法兰直接焊接连接，管线 SF_6 气体漏气概率几乎为零，且不需要定期定性检查。改进后结构可直接与管线安装，去除了螺栓、螺母紧固时间，安装方便简单。

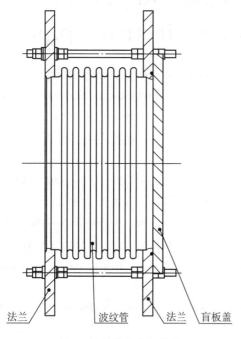

图 1 波纹管改进前结构

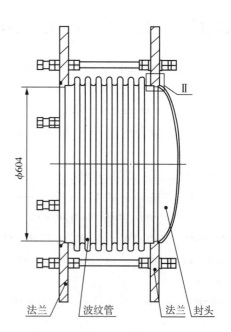

图 2 波纹管改进后结构

3 参数校核对比

无论是盲板盖结构或是封头结构，均受内压盲板力，由已知设计条件按 GB/T12777－2019《金属波纹管膨胀节通用技术条件》A.3.4 计算波纹管压力推力[6]：

$$F_p = pA_y; \quad F_p = 177KN;$$

根据 GB150.3－2011 压力容器计算盲板盖及封头受力如下[7]：

盲板盖应力计算：$\sigma = \dfrac{KP_C}{\varphi\left(\dfrac{\delta}{D_C}\right)^2} = 26.3MPa \leqslant 1.5[\sigma]$

封头应力计算：$\sigma = \dfrac{p_T \cdot (KD_i + 0.5\delta_{eh})}{2\delta_{eh} \cdot \varphi} = 26.64MPa \leqslant 1.5[\sigma]^t$

由计算结果显示两种计算均可以满足管线工况使用，且正应力差值不大，因封头厚度小于盲板厚度，故从理论计算结果可知盲板盖受力小于封头受力数值，受力分布未知。

利用有限元分析对比两种结构受力情况，盲板与封头材料均为06Cr19Ni10，材料参数见表2，在法兰端均固定的情况，盲板盖与封头均施加外部载荷盲板力，[8]通过分析得出图3中盲板盖受最大应力24.916MPa，且最大应力在中心位置，应力集中比较明显。通过分析可知图4中封头受最大应力23.955MPa，且封头受力比较均匀，没有应变突变点位。由分析可知封头形式的受力效果明显好于盲板盖受力效果。且封头形式受力在直边段与椭圆过渡位置，盲板盖受力在盲板中心位置，长久受力盲板容易变形，密封效果不好。封头形式即使变形也不会影响密封性能。[9]

表2　06Cr19Ni10 材料性能

材料弹性模量 MPa	泊松比
195000	0.3

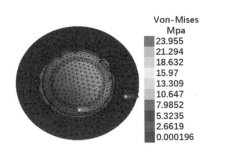

图3　盲板盖应力

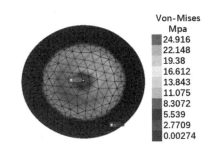

图4　封头应力

4　结束语

(1)通过计算盲板盖外形尺寸为$\varphi780mm \times 35mm$，椭圆形封头为$\varphi604mm \times 8mm$，改进后在材料成本上节约了近1/4。在工程上应用也得到了验证。

(2)改进后的伸缩节结构包括法兰、波纹管、法兰、封头。此种伸缩节结构改进在组合电器输变电端部管线安装简单，使用便捷。

(3)封头结构形式优于盲板盖结构，在使用过程中既能节约材料，又能提高设备和系统的安全性、可靠性。

(4)该伸缩节目前在管线上运行正常，符合前期的结构改进目标。

参考文献

[1]李世玉．压力容器设计工程师培训教程[M]．北京：新华出版社，2005．

[2]李建国．新标准GB16749－1997《压力容器波形膨胀节》介绍[J]．化工设备设计，1997，34(2)：32－39．

[3]杨志新，王雪，李敏，等．金属波纹管膨胀节盲板力计算方法探讨[M]．阀门，2022(05)：353－357．

［4］赵宝林，马凤琴，陈述曾．波纹管补偿器在管网中静压轴向推力的计算［J］．华北水利水电学院学报，2005(04)：16－18．

［5］李建国．压力容器设计的力学基础及其标准应用［M］．北京：机械工业出版社，2004．

［6］国家市场监督管理总局，中国国家标准化管理委员会．金属波纹管膨胀节通用技术条件：GB/T12777－－2019［S］．北京：中国标准出版社，2019．

［7］中华人民共和国国家质量监督检验检疫总局，中国国家标准化管理委员会．压力容器：GB150.1～150.4—2011［S］．北京：中国标准出版社，2012：4－6．

［8］俎洋辉，郑强，邹启群等．SF6全封闭组合电器长母线位移及改进措施［J］．河南电力，2012,40(4)：54－57．

［9］康学勤，孙智．供热管道不锈钢波纹管膨胀节失效分析［J］．压力容器，2007(08)：38－42．

作者简介

马志承(1989—)，男，工程师，主要从事波纹管设计工作，通信地址：110043 沈阳市浑南区东湖街浑南东路 49－29 号沈阳仪表科学研究院有限公司。

E－mail：244077433@qq.com

电　话：13624045235

11. 某高温烟气排气系统柔性连接段的设计

盛 亮 牛玉华 吴建伏

(南京晨光东螺波纹管有限公司,江苏 南京 211153)

摘 要:柔性连接段是烟气排气系统的一个重要组件,由膨胀节、支架、预埋件、保温等几大部分组成。其结构设计不仅要吸收轴向热位移,还应考虑径向热膨胀、支承结构、换热器管口的受力等问题。本文针对某高温烟气排气系统柔性连接段,对以上关键点进行了分析。通过对波纹管、预埋件、结构应力和温度场的分析及计算,证明了产品结构满足设计要求,为类似设备的设计提供一个参考。

关键词:高温烟气;排气系统;柔性连接段

Design of Flexible Connection Section of High Temperature Flue Gas Exhaust System

Sheng Liang,Niu Yuhua,Wu Jianfu

(Aerosun－Tola Expansion JointCo.,Ltd.,Nanjing,Jiangsu 211153)

Abstract:The flexible connection section is an important component of the flue gas exhaust system, which is composed of expansion joint,support,embedded parts,insulation,etc. The structural design should not only absorb axial thermal displacement,but also consider issues such as radial thermal expansion,support structure,and stress on the heat exchanger nozzle. This article analyzes the key points mentioned above for the flexible connection section of a high－temperature flue gas exhaust system. By analyzing and calculating the bellows,embedded parts,structure stress and temperature fields,it has been proven that the product structure meets the design requirements,providing a reference for the design of similar equipment.

Keywords:High Temperature Flue Gas;Gas Exhaust System;Flexible Connection Section

1 前 言

烟气排气系统在电厂及工业建筑物中有着广泛的应用,用于将热交换器排出的热空气引导到事故余热排出系统拔风烟囱中,属于热交换器的附件。柔性连接段作为其必需的连接部件,用于吸收热交换器和排气系统产生的热位移和地震位移,属于关键部件之一,它关系到热交换器能否正常运行。

2 设计方案

2.1 设计参数

设计温度:520℃;

设计压力:正压:0.05MPa,负压:−0.01MPa;

介质:空气;

设计寿命:40年;

介质流速:最大流速7m/s;

规范等级:ASME ND/ASME BPVC Sec. Ⅲ－D5

补偿位移量:热交换器出口风门处热位移:138mm,位移方向:轴向(垂直向上)。热交换器出口风门处地震位移见表1所示。

保温层外表面温度:≤60℃;

支座(含混凝土预埋件)、孔洞混凝土接触处的工作温度<65℃。

表1　热交换器出口风门处在地震载荷作用下的位移

位移方向	OBE 地震	
	最小值(mm)	最大值(mm)
X(横向)	−14.61	15.05
Y(轴向)	−10.13	4.00
Z(横向)	−1.06	0.63

位移方向	SSE 地震	
	最小值(mm)	最大值(mm)
X(横向)	−21.95	23.36
Y(轴向)	−3.20	1.89
Z(横向)	−1.54	0.98

2.2　安装位置

烟气排气柔性连接段布置在厂房的热交换器工艺间中,示意图见图1,其下端和热交换器出口风门反法兰连接,拔风烟囱位于工艺间房顶孔洞上方,热空气从柔性连接段出来后,经过工艺间房顶的孔洞流入拔风烟囱中,柔性连接段和拔风烟囱之间无直接接口。

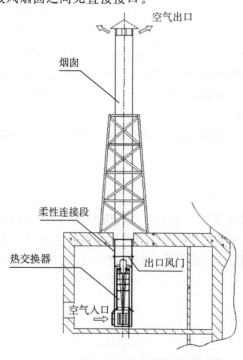

图1　烟气排气柔性连接段布置图

2.3 基本结构

柔性连接段主要由波纹管、过渡筒体、支撑组件、支架组件、弹簧组件、混凝土预埋件、保温层等部分组成。过渡筒体下端为方形,往上过渡到圆形,下端和热交换器出口风门反法兰连接,上端连接波纹管膨胀节,为检修热交换器出口风门需要,在过渡筒体上开设 DN600 的人孔。波纹管膨胀节的下端连接过渡筒体,上端通过支撑组件连接混凝土预埋件,预埋件设置在工艺间房顶楼板底部。

为了解决设备的高温膨胀热应力问题,采用高温浮动支撑环组件结构(序号 9、10),支撑环组件与本体不直接焊接留出膨胀间隙,利用遍布一周的固定块传递各种载荷。由于换热器管口对受力要求高,设计采用恒力弹簧系统,满足设备位移的同时达到无应力安装的需求。保温采用纳米材料加陶瓷纤维复合隔热结构,可减小隔热层厚度、减轻重量的同时满足高温隔热的要求。

柔性连接段结构示意图见图 2,保温示意见图 3:

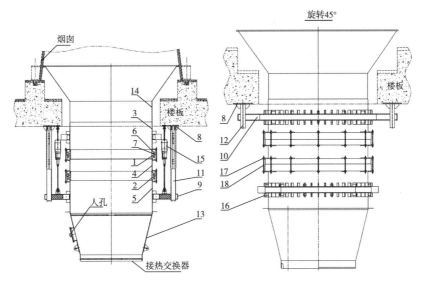

图 2　烟气排气柔性连接段结构示意图

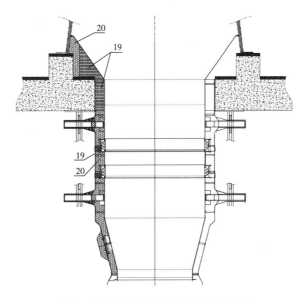

图 3　烟气排气柔性连接段保温示意图

1—波纹管一;2—波纹管二;3—接管一;4—接管二;5—接管三;6—内衬筒;7—外护套;8—预埋件;9—支撑环组件一;10—支撑环组件二;11—支架组件一;12—支架组件二;13—过渡筒体;14—锥管组件;15—弹簧组件;16—固定块;17—耳板;18—拉杆;19—纳米隔热材料;20—陶瓷纤维毯。

3 波纹管设计

3.1 波纹管参数

表2 波纹管参数表

类型	材料	直边内径 D_b（mm）	波高 w/波距 q（mm）	波纹平均半径 r_m（mm）	波数 N	层数 n	壁厚 t（mm）
小拉杆横向型	316H	4042	92/110	27.5	6	3	1.0

4.2 计算工况

波纹管各工况下疲劳计算：

①：运行压力＋自重＋热胀＋其他持续载荷

②：运行压力＋自重＋热胀＋其他持续载荷＋OBE＋其他偶然载荷

③：运行压力＋自重＋热胀＋其他持续载荷＋SSE＋其他偶然载荷

材料的许用应力、弹性模量等参数按照 ASME 第 II 卷 D 篇进行选取，计算按照 EJMA－2015[1]进行，计算结果如下表3，计算结果表明，在三种工况下，疲劳寿命满足技术要求。

表3 波纹管计算结果

荷载	部位	周向 薄膜应力 MPa	子午向 薄膜应力 MPa	子午向 弯曲应力 MPa	判定条件
压力引起	直边段	$S_1=17.67$① $S_1=17.67$② $S_1=17.67$③	—	—	$\leq C_{wb}S_{ab}=105$
	波纹管	$S_2=31.88$① $S_2=34.12$② $S_2=34.69$③	—	—	$\leq C_{wb}S_{ab}=105$
		—	$S_3=1.55$① $S_3=1.55$② $S_3=1.55$③	$S_4=83.97$① $S_4=83.97$② $S_4=83.97$③	$S_3+S_4\leq C_mS_{ab}=220.5$
位移引起	波纹管	—	$S_5=2.41$① $S_5=4.67$② $S_5=5.61$③	$S_6=582.11$① $S_6=1128.84$② $S_6=1356.93$③	
单波当量轴向压缩位移 mm		28.14① 43.05② 50③			$\leq q-2r_m-nt$
总应力 St	MPa	644.38① 1193.38② 1422.41③			—
疲劳寿命	[Nc]	490145① 1145② 496③			满足要求

其中：C_{wb}—1，波纹管纵焊缝系数；C_m—2.1，材料强度系数；S_{ab}— 105MPa 许用应力

4 预埋件设计

预埋件用于承受柔性连接段的自重、热胀、地震及其他各种荷载。预埋件的布置需要避开楼板的钢筋,可分块设置,预埋件布置示意见图 4。

预埋件型式可采用短钢筋带锚固板型,锚板材质选用 Q355B,锚筋采用 HRB400,预埋件、锚固件承载力、锚板厚度限值计算计算按照《核安全相关结构预埋件设计技术规程》(NB/T 20411—2017)[2],锚固件锚固长度限值计算按照《混凝土结构设计规范》(GB 50010—2010)[3]。

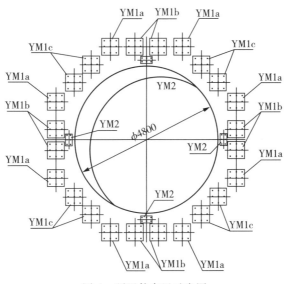

图 4 预埋件布置示意图

5 结构应力计算

5.1 应力强度

5.1.1 网格模型

在进行应力强度计算时,依据模型结构及载荷特点,以柔性连接段轴线为 Y 轴,建立三维壳体模型进行分析,隔热层及其组件通过质量分布施加于柔性连接段本体;波纹管通过刚度及质量等效施加于波纹管形心处。柔性连接段本体与支撑环之间,支撑环组件与支架组件之间建立接触。采用 SHELL 181进行网格划分,几何和网格模型见图 5。

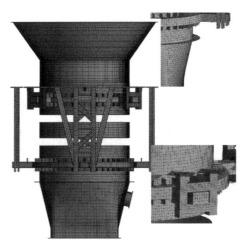

图 5 有限元网格模型

5.1.2 边界条件

静态分析考虑重力、压力及温度引起的热膨胀载荷:在预埋件处施加固定约束,换热器口施加向上热位移;设备外表面施加外压力 $P=-0.01\text{MPa}$;设备整体接管施加 520℃介质温度传热计算;施加重力加速度。

地震分析考虑换热器接口位移差引起的静态力,并与动态载荷以平方和的平方根叠加。以此静态力进行预应力模态分析,后进行单点响应谱分析,在预埋板和换热器接口处均考虑响应谱输入。

5.1.3 模态分析

模态分析要求获得有效参与质量比例超过 90%,通过模态分析,获得了前 300 阶模态频率,不足 90%部分以各方向零周期加速度做静态补偿。表4给出了各方向主要振型频率大小及有效质量参与比例。

表4 模态有效质量、比例

方向	有效质量/kg	模型总质量/kg	有效质量百分比	主振阶次	主振频率/Hz
X	35390	39851	88.81%	15	26.0153
Y	32912	39851	82.59%	10	19.2684
Z	35452	39851	88.96%	16	26.1071

5.1.4 计算结果

根据模态分析结果,地震时分别考虑 SL-1 和 SL-2 地震载荷,设计工况和事故工况分别由压力、自重等持续载荷应力与 SL-1 和 SL-2 工况进行组合,鉴于 SL-2 较 SL-1 大得多,故仅计算设计载荷与 SL-2 的工况组合结果。图6~图10 为主要部件的应力云图。

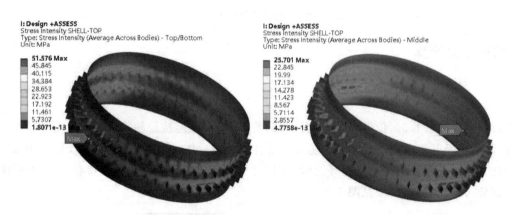

图6 设计+SL-2 上部接管应力云图(tresca)

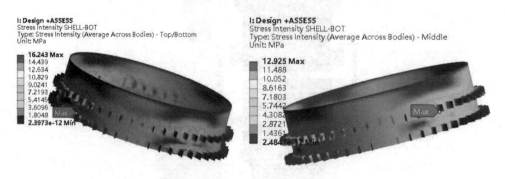

图7 设计+SL-2 下部接管应力云图(tresca)

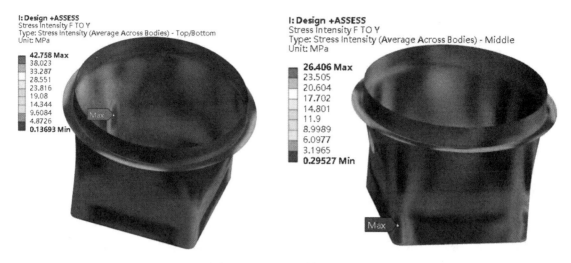

图 8　设计＋SL－2 过渡筒体应力云图（tresca）

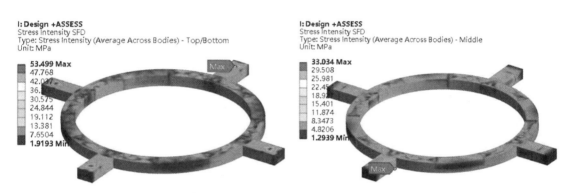

图 9　设计＋SL－2 上支撑环组件应力云图（tresca）

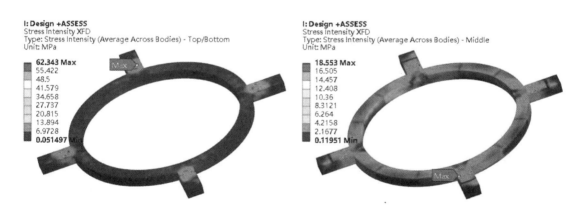

图 10　设计＋SL－2 下支撑环组件应力云图（tresca）

5.1.5　应力强度评定

由于事故工况高于设计工况的应力水平,事故工况的许用值高于设计工况,因此仅需用事故工况的计算结果,按设计工况的限制去评定,即可包络所有工况。

柔性连接段本体各部位总体应力水平较低,最大总应力为 51.576MPa（第三强度）,小于材料基本许用应力 $S_{mt}＝97$MPa@520℃,故薄膜应力、薄膜加弯曲应力均满足标准要求,支架各部位总体应力水平较低,最大总应力为 138.47MPa（最大主应力）,小于材料的基本许用应力 $S＝189$@100℃,薄膜应力、薄膜加弯曲应力均满足标准要求,表 5 给出典型位置的评定。

表 5　设计工况应力强度评定表(P＝0.1MPa)

位置	应力类型	应力组合	计算值/MPa	限制准则	限值/MPa	评定结论
锥体与圆筒连接处	局部薄膜应力	P_L	13.576	$min(1.5S,1.5Sm,St)$	110	合格
浮动挡板与上壳体连接处	局部薄膜应力	P_L	25.701	$min(1.5S,1.5Sm,St)$	110	合格
浮动挡板与下壳体连接处	局部薄膜应力	P_L	12.925	$min(1.5S,1.5Sm,St)$	110	合格
方变圆转角	局部薄膜应力	P_L	26.406	$min(1.5S,1.5Sm,St)$	110	合格
人孔开孔处	局部薄膜应力	P_L	10.363	$min(1.5S,1.5Sm,St)$	110	合格
浮动环	薄膜应力	P_L	33.034	1.0S	110	合格
	薄膜加弯曲应力	P_L+P_b	62.343	1.5S	165	合格
固定支架	局部薄膜应力	σ_L	33.034	1.0S	189	合格
	薄膜加弯曲应力	$\sigma_L+\sigma_b$	53.499	1.5S	284	合格
活动支架	局部薄膜应力	σ_L	18.553	1.0S	189	合格
	薄膜加弯曲应力	$\sigma_L+\sigma_b$	62.343	1.5S	284	合格

5.1.6　评定结论

通过以上计算评定标明,柔性连接段各部位在各载荷条件下,应力强度满足 ASME BPVC Ⅲ－1 ND/NF－2015[4][5]的相关规定。

5.2　外压稳定性

5.2.1　模型概述

柔性连接段在运行期间承受负压,需进行外压稳定性计算。本设备的运行参数满足 ASME BPVC Ⅲ－D5 标准规定,本部分采用特征值屈曲分析,考虑的屈曲载荷系数为3.0。

计算波纹管处截面惯性矩:

$$I_1=\frac{E_b^t}{E_P^t}Nn\delta_m\left[\frac{(2h-q)^3}{48}+0.4q\,(h-0.2q)^2\right]=1993093>I_2=123780=\frac{L_b\delta_P^{\,3}}{12(1-\mu^2)}$$

由于波纹管惯性矩大于对应长度圆筒的惯性矩,故计算时,将波纹管以相同厚度圆筒进行等效处理,以壳单元 SHELL181 建立模型。

5.2.2　边界条件

壳体外表面施加计算压力－0.01MPa;施加重力加速度;约束上支撑环挡板处环向和轴向位移;约束下支撑环挡板处环向位移;与热交换热接口约束环向位移,并施加热膨胀位移等效的轴向压缩载荷。

5.2.3　稳定性计算结果

本部分给出结构的失稳载荷系数,下图11为结构一阶失稳时的形态,锥体部分首先出现稳定性失效,失稳载荷系数为9.788＞3.0(安全系数)。

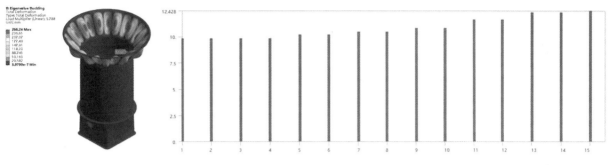

图 11　一阶失稳形态及各阶载荷系数

5.2.4　外压稳定性计算结论

由计算可知,整个结构的第一阶失稳载荷系数 9.788。外压作用下,失稳首先出现在顶部锥体部分,载荷系数大于规范要求的载荷系数 3.0,结构的外压稳定性校核合格。

6　温度场计算

采用有限元对柔性连接段的温度场分布以及各工况下的应力状况进行了分析计算,并采用 ASME BPVC Ⅲ－1 ND/NF－2015 规范相关要求进行评定。

6.1　温度场计算结果

分别给出整体及局部结构的传热计算结果。从云图可以看出,经过外部隔热层隔热后,温度急剧下降,外表面温度均低于 60℃,如图 12 所示。

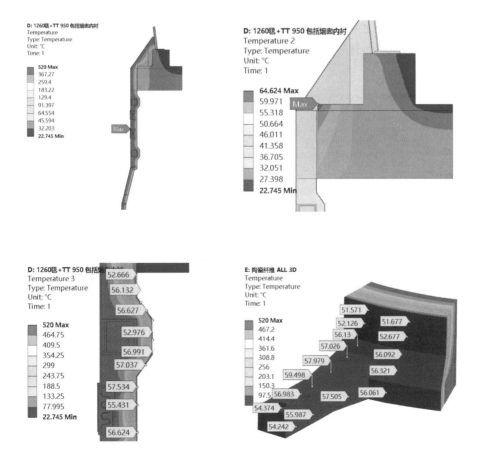

图 12　传热计算结果云图

6.2 温度场评定结论

设备外表面温度最高为 59℃＜60℃；混凝土及预埋件表面温度为 64.624℃＜65℃。满足设计要求。

7 结 论

通过以上对波纹管、预埋件、结构应力和温度场的分析计算，证明柔性连接段在规定的设计参数和载荷作用下，各工况的计算结果均符合标准的要求。产品在吸收热位移的同时，可以满足换热器管口受力及设备表面温度要求，产品结构满足设计要求。

参考文献

[1] Expansion Joint Manufacturers Association. Standards of the Expansion Joint Manufacturers Association：EJMA－2015[S].

[2] 国家能源局. 核安全相关结构预埋件设计技术规程：NB/T 20411－2017[S]. 北京：原子能出版社，2017：6－22.

[3] 中华人民共和国住房和城乡建设部. 混凝土结构设计规范(2015 版)：GB 50010－2010[S]. 北京：中国建筑工业出版社，2015：103－104.

[4] The American Society of Mechanical Engineers. Rules for Construction of Nuclear Facility Components Subsection ND Class 3 Components：ASME Ⅲ－1 ND－2015[S].

[5] The American Society of Mechanical Engineers. Rules for Construction of Nuclear Facility Components Subsection NF Supports：ASME Ⅲ－1 NF－2015[S].

作者简介

盛亮，(1982－)，男，高级工程师。长期从事波纹膨胀节的设计与研发工作。通信地址：南京市江宁区将军大道 199 号晨光东螺，邮编：211153。E－mail：122532820@qq.com。

12. 某化工装置用高温夹套衬里管系的设计

姚 蓉[1] 李宇平[2] 周玉洁[1]

（1. 南京晨光东螺波纹管有限公司，南京 211153，2. 中国昆仑工程有限公司沈阳分公司，沈阳 110000 ）

摘 要：本文主要论述了某平面Z形走向的高温夹套衬里管系的设计方案。为了满足耐磨蚀要求，介绍了常规90°直角平面Z型管系优化为折角斜坡平面Z形管系的设计；另外，为了减小热应力对管系的影响，在夹套管的内管及外管均设置了膨胀节。同时介绍所选用膨胀节的特殊结构设计。

关键词：固体颗粒介质；管道系统柔性设计；夹套弯头；膨胀节

The Design of a High Temperature Jacket Lined Pipe System For A Chemical Plant

YAO Rong[1] ， LI Yu Ping[2] ， ZHOU Yu Jie[1]

（1. Aerosun－Tola Expansion Joint Co. ，Ltd. ，Jiangsu Nanjing 211153，

2. China Kunlun Contracting & Engineering Corporation）

Abstract：In this paper，the flexible design scheme of high temperature jacket lined pipe system in a plane z－shape direction is discussed. In order to meet the requirements of abrasion resistance，the design of normal 90° z－shape pipe system in right Angle plane is optimized to plane Angle slope pipe system. In addition，in order to reduce the influence of thermal stress on pipe system，expansion joints are set in both inner and outer pipes. At the same time，the special structural design of the selected expansion joint is introduced.

Keywords：Solid granules medium；Piping flexible system design；Jacketed pipe bend；Expansion joint

0 前 言

某化工装置的两设备间输送含固体颗粒介质的高温夹套衬里管系，根据装置工艺原理及现场设备布置要求，将高温夹套管系布置为平面Z形竖直走向。由于固定在框架结构上管系两端设备的管口受力要求较小，为了防止管道热胀冷缩及设备本体附加位移对设备管口产生过大的力及力矩，同时为缓解夹套管内管与外管间由于材质、温度不同导致连接处热应力的增大，本文通过对高温夹套衬里管系的内管及外管均增设膨胀节的方式增加管道柔性，用以减小对设备管口的受力、及内外管间连接处的应力。且通过详细应力分析，也验证了增设膨胀节后的管口受力及内外管间连接处应力满足要求。同时为了减小含固体颗粒介质对管系弯头的冲击力及磨蚀，本文对常规90°直角平面Z形管系进行优化，改为折角斜坡Z形平面管系。同时对折角处的夹套弯头增设金属波纹管，形成一种新型的带金属波纹管的夹套法兰弯头膨胀节，达到减少内弯头与外弯头连接处的热应力。另外为保证高温夹套衬里管系衬里制作的可行性，

对内管增设的膨胀节内衬筒做了特殊结构设计。

1 高温夹套衬里管系的优化设计

常规管系布置中 90°直角平面 Z 形管系一般采用标准 90°弯头来改变管系走向(见图 1)。一方面保证管系横平竖直,整齐美观,便于管线的梳理、维护、管件的安装与维修、减少事故的发生。另一方面是标准 90°弯头柔性系数大,使用后能增加管系自身的柔性。但对于流速较高的含固体颗粒介质的带衬里管道来说,标准 90°弯头的使用会导致其衬里受到较大冲击力以至于磨蚀或脱落,使管系失效。为保证高温夹套衬里管系的长周期正常运行,将一件标准 90°弯头改为两件 45°弯头加一段直管段,使管系优化为折角斜坡 Z 形平面管系(见图 2),这样对于管系的柔性仅有微乎其微的影响,但却减小了含固体颗粒介质对弯头处的冲击力,也减轻了含固体颗粒介质对弯头内衬的磨蚀,有利用提高弯头及衬里的使用寿命,同时保证了介质流动平稳,使管系运行安全。

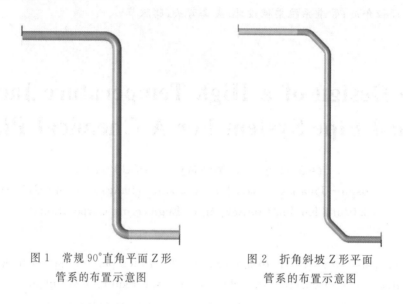

图 1　常规 90°直角平面 Z 形　　　　图 2　折角斜坡 Z 形平面
　　　管系的布置示意图　　　　　　　　　管系的布置示意图

2 管系应力分析

2.1 管系走向布置图

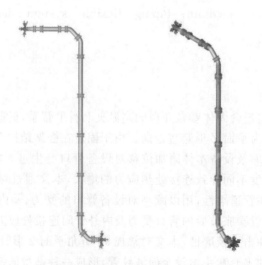

图 3　折角斜坡 Z 形平面夹套管管系的布置示意图

2.2 管系工况条件

表 1 管道工况设计参数

设计压力（MPa） 内管/外管	设计温度 （℃） 内管/外管	管口尺寸 （mm） 内管/外管	管道材料 内管/外管	介质 内管/外管
0.7/0.8	650/175	FLANGE 12" CL600 RF ASMEB16.5(φ323×9.53) /FLANGE/16" CL150 RF ASMEB16.5(φ406×6.35)	316H/20♯	固体颗粒介质 /热水

表 2 设备管口允许受力

管径	允许合力 F_r(N)	允许合力矩 M_r(N·m)
NPS 12	8500	7000

注:管口合力、合力矩校核公式:$F/F_r + M/M_r < 1$
本允许受力数据是由设备制造商提供。

2.3 管道应力评定标准

本管系按 ASME B31.3《Process Piping》标准规定[1]进行管道应力分析的安全评定。

2.4 管道柔性设计方案的确定

管系在运行工况下的热膨胀及设备端点附加位移等位移载荷在管系中产生的应力及对设备推力大小跟管系的柔性相关,管系刚性大,这种应力和推力就大,管系柔性大,这种应力和推力就小。根据图 3可以看出,高温夹套衬里管为典型的平面 Z 形管系,其自身柔性比一般直管的柔性好很多,但由于管系两端设备管口受力要求苛刻,因此为了减小位移载荷在管系中产生的应力以及对设备的推力,并使其满足标准规范或设备制造商的要求,需要通过在内管中设置适宜的膨胀节来增加管系的柔性。而外管由于与内管相对固定,所以需要在外管直管段及外管弯头段增设膨胀节来补偿内管与外管不同热胀引起的热位移差,保证高温夹套衬里管的内外管连接处应力满足标准要求。

2.4.1 管系固定支架的设置

选用膨胀节的第一步是先设定管道固定支架位置。管道固定支架是把管道划分成若干个形状比较简单,可以独立膨胀的管段[2]。在本文讨论的高温夹套衬里管系如图 3 所示:对于内管来说,折角斜坡 Z形平面管系上进口、下出口两台设备本体可作为有端点附加位移的固定支架点;由于管系内管内壁带衬里,而衬里制作有要求,带衬里的管段长度不能太长,所以管系被分为多段夹套法兰连接的直管段及非标夹套法兰 45°弯头段,这样对于每段夹套管及夹套弯头来说,内外管间或内外弯头间的焊接处可视为相对固定点。

2.4.2 膨胀节选用

由于 Z 形平面管系自身柔性较好,但有时管系两端固定点受力苛刻,为了减少固定点的受力,还需再增设膨胀节以使管系柔性更好。所以为了减小固定点的受力,Z 形平面管系一般不采用有压力推力的无约束型,而是选用自身承力件约束压力推力的约束型膨胀节类型。典型 Z 形平面管系一般会选用大拉杆横向型膨胀节、双铰链膨胀节系统、三铰链膨胀节系统三种方案,用来吸收横向位移以增加管系柔性。

大拉杆横向型膨胀节由于结构简单,经济适用,安装方便,一般作为约束型膨胀节吸收横向位移设计方案的第一首选。但由于本文讨论的高温夹套衬里管系如图 3 所示,设备管口有垂直于管系平面的附加位移,这时会有扭转产生,若扭矩大的话会使大拉杆型膨胀节的波纹管失效。所以为了阻挠扭转发生,防止波纹管失效,我们一般不采用大拉杆横向型膨胀节而是采用双铰链膨胀节系统、三铰链膨胀节系统。

双铰链膨胀节系统一般是将两件铰链型膨胀节安装在 Z 形平面管系的短管臂上,由于铰链型膨胀节

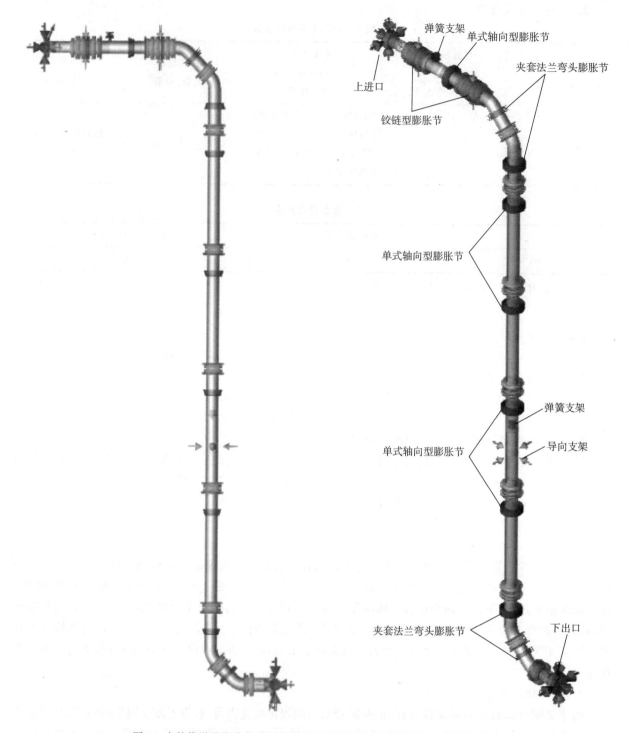

图 4　内外管增设膨胀节的折角斜坡 Z 形平面夹套管管系应力分析模型

受其铰链制约只能作纯角位移,不能伸缩,包含有铰链型膨胀节的管臂的热膨胀必须由与它垂直的长管臂发生弯曲来吸收。如果长管臂的柔度足够大,能够吸收短管臂的全部热伸长,同时又能保证设备管口受力满足要求,则直接采用双铰链膨胀节系统。

　　如果单平面管系的柔性不足以吸收双铰系统的弯曲挠度,或者由弯曲而产生的载荷超过了连接设备的许用极限,才可采用具有三个铰链式膨胀节的系统,即在原有双铰链膨胀节系统的长管臂上增设一台铰链型膨胀节,表示在单平面"Z"形弯管中的三铰系统。长管臂的热膨胀将由短管臂上的两个膨胀节的动作来吸收。而短管臂的热膨胀由长管臂上的一件铰链型膨胀节加上靠近长管臂的短管臂上的一件铰链型膨胀节组合来吸收。这样管系两端的设备管口受力更小。

本文讨论的高温夹套衬里管系通过 CAESARII 的详细应力分析,内管上设置双铰链系统方案完全可以满足设备管口的受力要求。从而不需要三铰链膨胀节系统,徒增成本。

对于法兰连接的夹套管段,由于内外管材料不同,设计温度不同,导致内管及外管热膨胀量不同,所以为了减少内管、外管不同热胀导致两管连接处的热应力,在夹套管直管段外管增设结构简单、成本低廉的单式轴向型膨胀节;在夹套弯头段的外弯头处增设一段波纹管形成一种新型的夹套法兰弯头膨胀节。经 CAESARII 的详细应力分析,夹套管段外管及外弯头增设单式轴向型膨胀节及新型的夹套法兰弯头膨胀节后,内外管连接处热应力完全满足标准要求。

2.4.3 管道详细应力及受力分析

选用 3.4.2 膨胀节方案-夹套管内管为双铰链膨胀节系统+夹套管外管加单式轴向型膨胀节+夹套法兰弯头膨胀节方案的管线应力分析模型如图 4 所示,同时为了减少管道自重对管口受力的影响及管系的稳定,在合适位置设置弹簧支架和导向支架。采用 CAESARII 对管系进行详细应力分析,结果表明,管系的一次应力、二次应力均满足标准要求;各节点处位移无异常,均在预期范围内;同时设备管口受力满足设备制造商提出的允许受力要求,见表 3。

表 3 设备管口受力分析结果

节点	FX N.	FY N.	FZ N.	合力 N.	MX N. m.	MY N. m.	MZ N. m.	合力矩 N. m.
上进口	−1226	1202	−120	1721	232	321	3989	4009
下出口	1226	−6423	354	6548	−1102	−386	−5898	6012

3 膨胀节的特殊结构设计

3.1 铰链型膨胀节的结构设计

本文讨论高温夹套衬里管系内管设置的铰链式膨胀节的结构为常规结构:由一个波纹管及铰链板、铰链销轴等结构件组成。但由于本夹套管系内管有衬里,衬里需分段制作,且管道衬里后无法再进行焊接,所以铰链式膨胀节为法兰连接,同时膨胀节内设置了可以拆卸的带有法兰的内衬筒,即内衬筒做成翻边伸缩式结构,如图 5 所示。另外需要提醒说明的一点是:带法兰内衬筒的膨胀节的端面与内衬筒法兰的背面之间需要额外装设一个密封垫,即一般法兰连接的膨胀节每台需要 2 个密封垫,而带法兰内衬筒的膨胀节每台则需要 3 个密封垫[1]。

3.2 夹套法兰弯头膨胀节的结构设计

当管系需用弯头来改变走向时,对于法兰连接的夹套管,在两者温差不大且热应力不超标的情况下:法兰连接的夹套管直接将内管弯头及外管弯头与法兰焊接成夹套法兰弯头,如图 6 所示。但本文所述管系的折角斜坡处是由两件带非标 45°夹套法兰弯头形成,如图 4 所示。当带法兰弯头的夹套管道内管工艺介质温度较高,超过 600 度,为了快速降低内管温度,外管介质温度须保证在 200

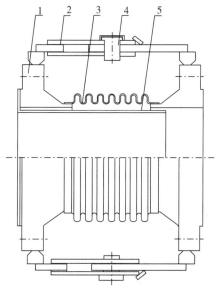

图 5 带翻边伸缩内衬筒的
法兰铰链式膨胀节

1—法兰;2—铰链;3—波纹管;
4—铰链销轴;5—翻边伸缩式内衬筒

度以下。此时的夹套法兰弯头内外管弯头温差较大,同时两者材质不同,导致两者单位长度内热膨胀差较大,若采用图6所示的夹套法兰弯头,夹套弯头内外弯头产生的热应力有可能导致连接处焊缝拉裂失效,影响管系的安全生产运行。所以在这里我们选用一种新型的带金属波纹管的夹套法兰弯头膨胀节(详见图7)。

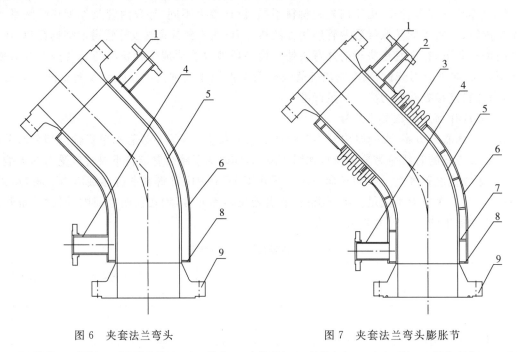

图6　夹套法兰弯头　　　　　　　　　图7　夹套法兰弯头膨胀节

1—出口管嘴;2—外管;3—金属波纹管;4—入口管嘴;5—内管弯头;6—外管弯头;7—盘弯环板;8—封头(端板);9—法兰

3.2.1　膨胀节外管结构设计

与常规夹套法兰弯头相比,在外管部分增加金属波纹管,使金属波纹管一端与外管弯头焊接,另一端与外管焊接。这样内管弯头与外管弯头的热膨胀差就可由金属波纹管的变形来吸收,从而减小了内外管及内外管弯头连接处的热应力,保证了连接处焊缝的可靠性。

3.2.2　膨胀节内管设计

夹套法兰弯头内弯头上焊接一定数量盘弯环板,使其间隔一定距离焊接,同时其外径与外管及外管弯头留一定距离,一方面可使夹套管内介质缓速流动,从而保证内外管热量能充分交换,减少能耗。另一方面保证了内外管热胀时不干涉。

4　结　论

本文对某化工装置的两设备间含固体颗粒介质输送的高温夹套衬里常规90°直角平面Z形管系进行优化设计,改为折角斜坡Z形平面管系,提高了弯头及衬里的使用寿命;同时对管系进行了内管增设双铰链膨胀节及外管增设单式轴向型膨胀节及夹套法兰弯头膨胀节的柔性方案设计,且通过CAESARII进行了详细应力分析,分析结果表明所选方案是合理的;再就是对铰链式膨胀节的内衬筒进行了特殊的结构设计,保证了衬里管段制作的可行性;同时对折角处的夹套法兰弯头膨胀节进行特殊的结构设计,达到了内外管弯头连接处焊缝的可靠性,同时保证内外管热量的充分交换,减少能耗。

至今为止,所设计、制造且经检验及试验合格的折角斜坡Z形平面管系的带膨胀节的各管段已在装置中成功运行3年以上。同时现场使用中,膨胀节波纹管变形正常、设备管口法兰无泄露。满足了业主对管道设备安全运行周期的期望要求。

参考文献

［1］Expansion Joint Manufacturers Association. Standards Of The Expansion Joint Manufacturers Association：EJMA－2015［S］.

［2］The American Society Of Mechanical Engineers. Process Piping. ASME Code For Pressure Piping，B31：ASME B31. 3－2020［S］.

作者简介

姚蓉，(1971－)，女，高级工程师，主要从事波纹管膨胀节设计及压力管道应力分析工作。通信地址：南京晨光东螺波纹管有限公司，邮编：211153。联系方式：电话：025－52826523　Email：yrwendy@sina.com

13. 一种高温膨胀节隔热结构的设计

武敬锋

（秦皇岛市泰德管业科技有限公司,河北 066004）

摘　要:膨胀节作为常应用的管道附件,内部流通的介质千差万别。在冶金行业中,热风管系膨胀节内部流通的是高温热空气(≈1250℃)。为了使热风管系膨胀节能够安全的运行,并尽量降低膨胀节表面温度,以便减小热量损失达到节能减排的目的,在膨胀节内部通常要设置隔热结构。本文将介绍一种送风支管高温膨胀节隔热结构的设计。

关键词:膨胀节;不定形耐火材料;陶瓷纤维棉

A Design Scheme of Heat Insulation Structure for High Temperature Expansion Joint

WuJingfeng

（Qinhuangdao Taidy Flex－Tech Co. ,Ltd. ,Hebei 066004）

Abstract:Expansion joints as the commonly used pipeline parts, the internal medium is very different. In the metallurgical industry,the internal medium of hot air pipeline Expansion joints is high temperature hot air(≈1250℃). In order to make the Expansion joint can run safely,and reduce the surface temperature of the Expansion joint,so as to reduce the hot loss,to achieve the purpose of energy saving and emission reduction, the heat insulation structure is usually set up inside the expansion joint . This article introduces a design scheme of heat insulation structure for high temperature expansion joint of Air Blowing Device.

Keywords:Expansion joint;unshaped refractory;Ceramic fiber cotton

1 引　言

送风支管高温膨胀节设置于热风管系末端,为送风装置(图 1,又称送风支管、进风装置)的重要组成部件。其内部流通介质为热风炉产生的高温热空气,温度可达 1250℃,工作压力约为 0.45MPa。[1]

2 结构设计

由于该膨胀节内部流通介质是温度高达 1250℃ 的热空气,为保证膨胀节波纹管和接管的表面温度处于一个较低的水平(行业内通常要求波纹管波峰处温度≤150℃,接

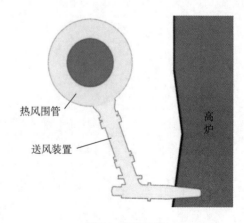

图 1　送风支管

管处≤240℃),其内部会浇注不定形耐火材料,且为了保证波纹管位移补偿功能的正常实现,还需考虑增加可以自由活动的隔热结构。

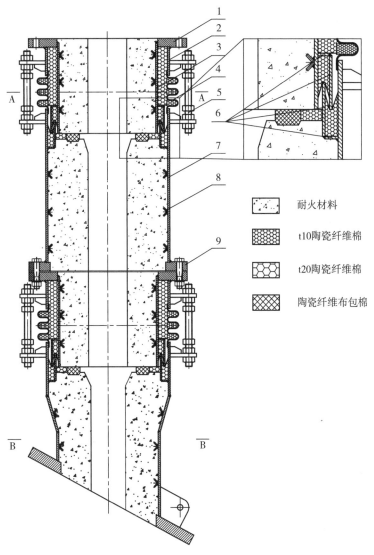

图 2　膨胀节结构图

1—上法兰;2—上接管;3—内衬筒;4—波纹管;5—调节螺杆组件;
6—迷宫管组件;7—下接管;8—锚固钉;9—下法兰

　　该膨胀节主体为复式自由型结构[2],但安装后拉杆不拆除,作为承力和限位拉杆使用。两段补偿器之间采用法兰连接,方便耐火材料的施工和现场备件的更换。上、下补偿器结构基本一致,但下补偿器出口端需进行缩颈并联结带有角度的异形法兰,以便同其他部件连接。

　　单个补偿器由 1—上法兰、2—上接管、3—内衬筒、4—波纹管、5—调节螺杆组件、6—迷宫管组件、7—下接管、8—锚固钉、9—下法兰等金属部件组成。下接管和内衬筒内部浇注不定形耐火材料,波纹管波内、波纹管和内衬筒之间、上下两部分耐火材料之间添加陶瓷纤维棉。且上下两部分耐火材料之间的陶瓷纤维棉因直接与介质接触,为防止被热风抽走,需采用陶瓷纤维布包覆后再填充。隔热迷宫组件采用截面为正、反 h 形的结构设计,h 形空挡中填满陶瓷纤维棉,完成装配后可进一步压紧,在波纹管产生位移补偿变形时,该部分结构可相对发生移位,且仍可保留一定的隔热能力。为增加耐火材料附着强度,下接管和内衬筒同耐火材料接触的内壁设置 V 形锚固钉。具体结构布置参见图 2 膨胀节结构图。

3 导热计算

3.1 计算原理

设定钢制壳体表面温度为一定值 $T_{壳体}$。

计算该温度条件下,单位时间内壳体向外界环境散失(对流和辐射)的热量 $Q_{散失}$ 和热风通过耐火材料、隔热填料和钢制壳体传递到壳体表面的热量 $Q_{传递}$。

当 $Q_{散失} > Q_{传递}$ 时,壳体表面温度将低于设定值 $T_{壳体}$。[3]

3.2 已知条件

选取图 2 中的 $A-A$、$B-B$ 截面对应计算波纹管波峰处温度和接管处温度,具体尺寸和相关数据见图 3 和表 1。

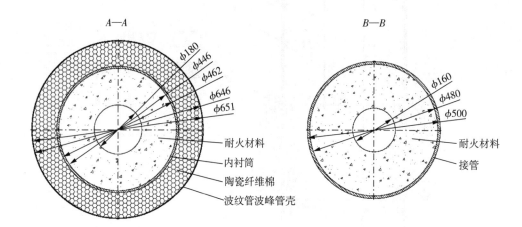

图 3 膨胀节 $A-A$ 截面和 $B-B$ 截面处材料分布和主要尺寸示意图

表 1 材料热导率、尺寸以及工况参数数据表

名称	符号	单位	数值		备注
			$A-A$	$B-B$	
耐材热导率	λ	W/(m·K)	0.7	0.7	
耐材外径	d_1	mm	446	480	
耐材内径	d	mm	180	160	
内衬筒热导率	λ_1	W/(m·K)	15.2	/	不锈钢[3]
内衬筒外径	d_2	mm	462	/	
内衬筒内径	d_1	mm	446	/	
陶瓷纤维棉热导率	λ_2	W/(m·K)	0.153	/	
陶瓷纤维棉外径	d_3	mm	646	/	
陶瓷纤维棉内径	d_2	mm	462	/	
管壳导热率	λ_3	W/(m·K)	15.2	48	不锈钢/碳钢[3]
管壳外径	d_4	mm	651	500	
管壳内径	d_3	mm	646	480	
热风温度	T_1	K	1523		热风温度设为1250℃
环境温度	T_2	K	313		环境温度设为40℃
钢壳黑度	A	无量纲量	0.8		

（续表）

名称	符号	单位	数值		备注
			$A-A$	$B-B$	
黑体辐射系数	C_0	kcal/m² · h · K⁴	4.96		
对流换热系数	h	W/(m² · K)	12		

3.3　计算过程：

3.3.1　设定 $A-A$ 截面处钢壳温度 $T_{壳体}=150℃=423K$

1）计算单位时间内、单位面积上壳体散失的热量。

对流热流密度

$$q_1 = h \cdot (T_{壳体} - T_{环境}) \qquad (牛顿冷却公式)$$

代入数值计算得

$$q_1 = 1320 \ W/m^2$$

辐射热流密度

$$q_2 = A \cdot C_0 \cdot \left[\left(\frac{T_{壳体}}{100} \right)^4 - \left(\frac{T_{环境}}{100} \right)^4 \right] \qquad (辐射换热公式)$$

代入数值计算得

$$q_2 = 890 \ W/m^2$$

钢壳散失的总热量

$$Q_{散失} = q_1 + q_2$$

代入数值计算得

$$Q_{散失} = 2210 \ W/m^2$$

2）计算单位时间内、单位面积上热风通过耐火材料、陶瓷纤维棉和钢制壳体传递到壳体表面的热量。

$$Q_{传递} = \frac{2\pi(T_{热风} - T_{壳体})}{\frac{1}{\lambda}\ln\frac{r_1}{r} + \frac{1}{\lambda_1}\ln\frac{r_2}{r_1} + \frac{1}{\lambda_2}\ln\frac{r_3}{r_2} + \frac{1}{\lambda_3}\ln\frac{r_4}{r_3}} \qquad (多层圆筒壁稳定热传导公式)$$

其中：$r = d/2, r_1 = d_1/2, r_2 = d_2/2, r_3 = d_3/2, r_4 = d_4/2$

代入数值计算得

$$Q_{传递} = 1980 \ W/m^2$$

比较

$$Q_{散失} > Q_{传递}$$

故 $A-A$ 截面处钢壳温度将低于150℃。

3.3.2　设定 $B-B$ 截面处钢壳温度 $T_{壳体}=240℃=513K$

1）同理，计算单位时间内、单位面积上钢壳散失的热量。

$$Q_{散失} = 4767 \ W/m^2$$

2）同理，计算单位时间内、单位面积上热风通过耐火材料和钢制壳体传递到壳体表面的热量。

$$Q_{传递}=4526 \ \mathrm{W/m^2}$$

比较

$$Q_{散失}>Q_{传递}$$

故 $B-B$ 截面处钢壳温度将低于 $240℃$。

4　总　结

本文结合实际工程的需求,叙述了一种高温膨胀节隔热结构的设计,并对该结构膨胀节的导热情况进行了分析和计算。通过该膨胀节现场运行过程中的红外成像照片显示,该膨胀节壳体表面的平均温度为 $241℃$,其中波纹管表面温度约为 $100℃$,满足现场使用要求。

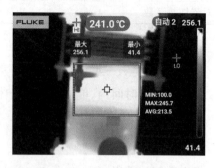

图 4　膨胀节运行过程中的红外成像照片

参考文献

［1］中华人民共和国工业和信息化部．高炉进风装置:YB/T4191－2009［S］．北京:中国标准出版社,2009.

［2］国家市场监督管理总局,中国国家标准化管理委员会．金属波纹管膨胀节通用技术条件:GB/T12777－2019［S］．北京:中国标准出版社,2019.

［3］许俊,胡显波,邹忠平．送风支管传热分析［J］．四川冶金,2008 年 6 月．

作者简介

武敬锋,1984 年出生,男,工程师,长期从事高炉送风装置的设计研发工作。通信地址:秦皇岛市经济开发区永定河道 5 号,邮编:066004,电话:0335－8587023,传真:0335－8586168,E－mail:wjf1112@163.com。

14. 恒力弹簧在膨胀节设计中的应用

宋志强　陈四平　齐金祥　张晓辉

（秦皇岛市泰德管业科技有限公司，河北，秦皇岛 066004）

摘　要：在膨胀节设计中，有时会遇到某些与膨胀节相连的管道或设备管口具有苛刻受力要求的情况，此时若按照常规膨胀节的设计方法来进行，往往无法满足其需求。这就需要我们改变传统思路，引入新的结构或设计理念。本文主要介绍将恒力弹簧应用到膨胀节结构设计中，以减少膨胀节对外力和力矩的输出，最终达到满足管道或设备承力需求的目的。

关键词：膨胀节设计；改变思路；恒力弹簧

Application of constant force spring in expansion joint design

Song Zhi－qiang、Chen Si－ping、Qi Jin－xiang、Zhang Xiao－hui

(QINHUANGDAO TAIDY FLEX－TECH CO. ,LTD. ,HEIBEI QINHUANGDAO 066004)

Abstract：In the design of expansion joint,sometimes some pipelines or equipment nozzles connected to expansion joint have severe stress requirements. At this time,if the design method of conventional expansion joint is followed, it is often unable to mcct its requirements. This requires us to change traditional thinking and introduce new structures or design concepts. This paper mainly introduces the application of constant force spring in the structural design of expansion joint to reduce the output of external force and torque of expansion joint,and finally to meet the demand of pipeline or equipment bearing force.

Keywords：Design of expansion joint；change of thinking；constant force spring

1　前　言

在膨胀节设计中，我们经常会遇到与其相连的设备管口具有受力限制的情况。通常情况下，我们可以通过选择约束型膨胀节和降低膨胀节整体刚度等方法来满足其需求。但在某些情况下，仅靠这些手段仍然无法满足设计需求。

例如在催化裂化装置中的烟机出口膨胀节的设计中，由于烟机须在 600～700℃ 高温及含有催化剂粉尘的条件下工作，操作条件极为苛刻，而且烟机的壳体为薄壁结构，整个烟机处于高速运转的状态。因此，烟机出口所受的外力和力矩要求就极为严格。任何偏差都可能影响烟机的正常运行。一般情况下，其管道布局如下：

根据管道走向及空间可以判断，该处膨胀节既需要吸收管道的轴向位移，还需要吸收一个或者多

个方向的横向位移,因此该处膨胀节通常
选用曲管压力平衡型膨胀节。[1,2]该选型,
可以成功解决管道热膨胀时的位移问题,
并且通过控制膨胀节的刚度还可降低膨胀
节对烟机管口的反作用力。

但是通过分析膨胀节结构,我们可以发
现,由于膨胀节是垂直安装的,烟机出口除
了承受膨胀节的刚度反力外,图中膨胀节
本体的序号1端接管组件、2中间接管组
件、3承力构件、4封头组件等构件自身的
重力以及烟机上方序号5天圆地方组件的
重力也会作用到烟机上。而且,由于该位
置管道通径一般较大,该部分重力已远远
超出管口可承受的范围。因此,仅仅通过
膨胀节自身参数的调整已经无法满足烟机
管口的受力要求。

2　寻求解决方案

为了减少膨胀节刚度反力的输出,膨胀
节设计时已尽量减少其刚度值。这就导致上
述构件的重量向下压缩波纹管时,波纹管产
生的刚度反力极其有限。其刚度反力远远小
于该部分构件的重力,从而导致该部分重力
作用到了烟机出口上。因此要想减小烟机出
口的受力就必须借助外力来抵消该部分重力。

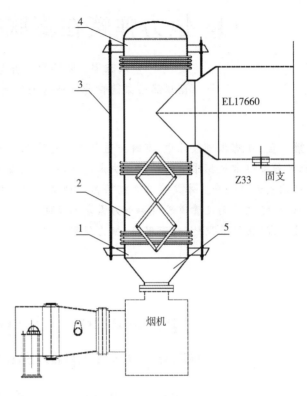

图1　烟机入口膨胀节布置图
1—端接管组件;2—中间接管组件;
3—承力构件;4—封头组件;5—天圆地方组件

分析膨胀节结构可以得出,除了膨胀节三通管进行了固定外,其余构件在工作时都将随着管道的热
膨胀而发生位移。因此要求其重力支撑件也须具有随着管道热膨胀前后均可以提供重力支撑的特性。
为了使烟机出口受力波动尽量小,还要求该重力支撑件既要随膨胀节构件发生位移,同时输出的力还要
始终与重力保持一致,因此恒力弹簧就成了首选目标。[3]

3　弹簧的选择

恒力弹簧主要的工作参数有两个:工作载荷和工作位移。恒力弹簧设置的目的是抵消烟机出口上方
膨胀节部分结构件及天圆地方组件的重力,因此恒力弹簧的工作载荷就需要等于需要抵消的重力。[4,5]由
于该重力也会受到波纹管刚度反力以及结构件之间摩擦的影响,因此恒力弹簧的工作载荷除了进行理
论计算外,还需要通过实际测量来最终确定。只有这样才能确保烟机管口所受的力最小。至于恒力弹簧
的工作位移,由于膨胀节结构件也会随着管道的热膨胀产生位移,因此,恒力弹簧的工作位移必须大于等
于膨胀节的工作位移。如此才能保证整个工作状态中烟机管口的受力最小且无波动。

4　实际应用

确定解决方案后,就是具体实施的问题。恒力弹簧如何设置才能确保达到理想的工作状态。目前有
两种方案来实现该功能:

4.1 恒力弹簧固定在膨胀节本体上,其结构如下

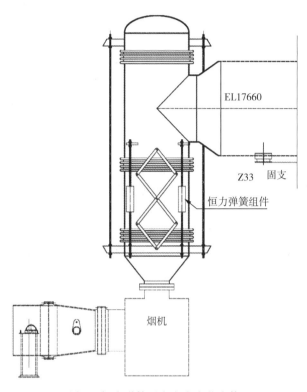

图 2 恒力弹簧固定在膨胀节本体

该结构中,恒力弹簧固定于膨胀节的三通管上,膨胀节所有的重量均需要三通管出口处的固定支座来承受。该结构优点是膨胀节作为整体安装,不与其他结构发生关系。但是固定支座设计时需要考虑膨胀节对支座造成的偏载和弯矩等问题。

4.2 恒力弹簧固定在单独设置的外部框架结构上,结构如下

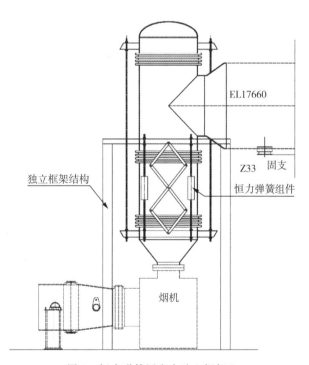

图 3 恒力弹簧固定在独立框架上

该结构中,恒力弹簧固定于膨胀节外部单独设置的框架结构上。安装时,膨胀节和恒力弹簧分别进行安装固定。其优点是膨胀节的所有重量由框架和三通处的固定支座共同承担,不会存在的偏载问题,系统整体运行会更加的平稳。

5 结束语

通过实际应用的检验,恒力弹簧与膨胀节结合使用是成功的,满足了烟机出口对于力和力矩的苛刻要求,确保了烟机安全平稳的运行。此应用对其他类似工况膨胀节的设计也具有一定的借鉴意义。

参考文献

[1] Standards of the Expansion Joint Manufactures Association[S],Inc. 9th 2008
[2] 国家市场监督管理总局,中国国家标准化管理委员会.GB/T 12777—2008 金属波纹管膨胀节通用技术条件[S].
[3] 成大先.机械设计手册[M].北京:化学工业出版社,2005。
[4] 傅天伦.关于弹簧支吊架在工程设计中的应用分析[J].科技展望,2015(15):154
[5] 包月霞.弹簧支吊架在管道设计中的应用[J].山东化工,2010,039(6):35—37

作者简介

宋志强,男,秦皇岛市泰德管业科技有限公司,从事波纹管膨胀节设计,秦皇岛市经济开发区永定河道 5 号,邮政编码:066004 电话:0335—8587009 传真:0335—8586168 电子邮箱:szqiang003@163.com

15. 抗沉降型球型补偿器在热网中的应用

吉堂盛

（大连益多管道有限公司，大连 116318）

摘　要：本文通过对抗沉降型球形补偿器结构、动作原理、在热网中的应用方式及其突出优点做了简要论述，又与常用球形补偿器进行了优势对比，给出了抗沉降型球形补偿器的使用建议，对实际工程有一定参考意义。

关键词：抗沉降；补偿器；热网；优势

Application of Anti—settling Spherical Compensator in Heating Network

Ji Tangsheng

（Dalian Yiduo Piping Co. Ltd. ，Dalian 116318）

Abstract：In this paper，the structure，operating principle，Application Mode and outstanding advantages of the anti—settlement spherical compensator are discussed briefly，and compared with the usual spherical compensator，the application suggestion of the anti—settlement spherical compensator is given，which has some reference significance to the practical engineering.

Keywords：Anti—subsidence；Compensator；Heat—supply network；Advantage

1　抗沉降型球型补偿器简介

1.1　适用环境

设计压力：$P{\leqslant}2.5\mathrm{MPa}$；

设计温度：$T{\leqslant}150℃$；

管道公称直径：$DN=50{\sim}1600\mathrm{mm}$；

介质：适用于非易燃、无毒、无腐蚀性的热力流体介质：如：热水；

工况：地基下沉或地震等原因易引起管道变形的特殊工况。

1.2　结构

抗沉降型球型补偿器是热网中的一种新型补偿器装置，该补偿器因其自身的结构特点，当被应用在一些特殊工况中时，有其不可替代性。其结构示意图如图 1 所示。

1.3　特点

抗沉降型球型补偿器的设计结构同时兼具了球型补偿器及套筒补偿器的优点，其突出特点简述

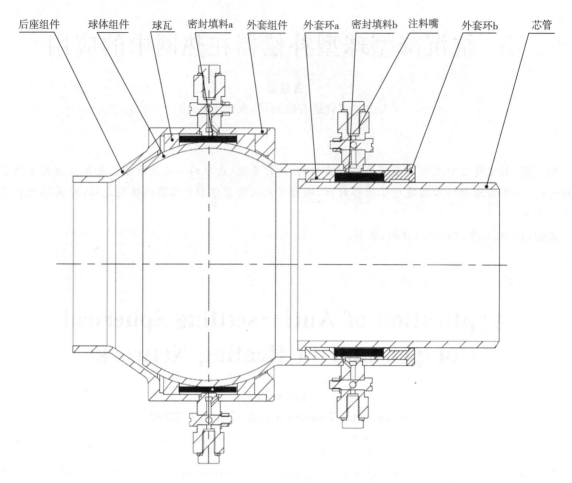

后座组件　球体组件　球瓦　密封填料a　外套组件　外套环a　密封填料b　注料嘴　外套环b　芯管

图 1　抗沉降型球型补偿器结构示意图

如下：

a)补偿能力大、占用空间小、流体阻力小,单向滑动伸缩式结构设计,球体可万向旋转,补偿器摆动角最大可达 15°,芯管最大轴向补偿量可到 400mm。

b)可绕球心任意旋转,可向任何方向摆动;内、外套筒间设计有导向轴瓦,提高了内、外套筒间的定位和导向性能;内套筒工作表面采用特种硬质保护涂层,不但具有高的抗磨损能力,又提高了补偿器抗酸、碱和海水等介质的腐蚀能力,大大提高了产品的工作可靠性和使用寿命。

c)补偿量大,可在 500 米左右布置一组抗沉降型球型补偿器,所需补偿器和固定支架数量少,投资费用低;防拉脱结构设计,提高了产品应付意外事故的能力,可确保管网安全运行。

d)采用注入式结构、性能优良的特种密封剂和先进的注入技术,保证产品可靠的密封,利用专用的注射枪将密封剂从外部注入,在外壳体和球头的球面间形成一个高压密封腔,该密封腔不但可以实现可靠密封而且可实现高压下不停产维护。

1.4　动作原理

抗沉降型球型补偿器不能单独使用,需要与球型补偿器[1]组合使用。其球体可沿轴线为中心任意角度旋转,还可在同一平面内作一定的摆动角,最大角度为 ±15°。同时芯管可沿球型补偿器的轴线方向进行补偿。见图 2,其动作原理大致如下:当在起始位置时,芯管伸长,球体摆动到预设角度位置;中间位置时,芯管压缩,球体摆角为 0°;当在终点位置时,球体反方向摆角,最大为 15°,同时芯管伸长。整个过程中,管网的轴向补偿量为球体的终点位置减去起始位置,芯管的补偿量为

$\Delta=H-h$。当管网发生沉降时,可根据已经计算好的沉降量,设计好芯管的补偿量,这样芯管就可以根据沉降量进行伸缩补偿(下文会详细叙述计算方法)。抗沉降型球型补偿器就是利用球体沿轴线摆动一定角度所产生的位移量,来补偿管网产生的轴向位移;同时利用芯管的伸缩量来补偿由于地形沉降产生的位移。

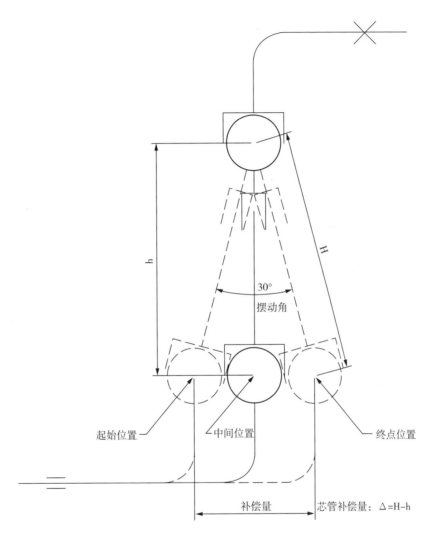

图 2 抗沉降型球型补偿器动作原理图

2 抗沉降型球型补偿器在管网中的布置方式

抗沉降型球形补偿器是以补偿地基沉降位移为目的,因此在热网中使用时,应垂直于地面布置,这样能够通过芯管的位移来吸收沉降位移。常用布置有以下两种形式,[2]图 3 是单向式补偿布置,图 4 是双向式补偿布置。

单向式补偿布置时,补偿器一端靠近固定支架,另一端则是被补偿管路,此种布置,固定支架 A 受力小,而固定支架 B 受水平推力较大,设计时要充分考虑固定支架的强度以满足使用需求。

双向式补偿布置应使补偿器设置在两个固定支架中间,尽量使补偿器两侧的管路长度相近甚至相等,因为固定支架受力与管路的摩擦力有关,当两侧管路长度相等时,这样补偿器两侧的固定支架受力也就相近或相等,同时补偿器所受到的弯矩也均衡,可有效延长补偿器寿命。

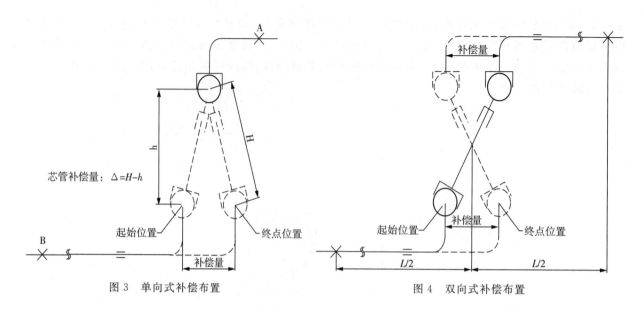

芯管补偿量：$\Delta = H - h$

图 3　单向式补偿布置　　　　　　　　图 4　双向式补偿布置

3　抗沉降型球型补偿器设计与使用

3.1　确定固定支架间距[3]

根据实际工况情况，一般可按照 400 米到 500 米布置一组抗沉降型球型补偿器，具体可参考表一。

表一

固定支架最大间距表	
规格 mm	间距 m
DN32～DN80	100～350
DN100～DN300	150～500
DN350～DN600	200～700
DN700～DN1000	250～800

当然在确定固定支架间距时，还应考虑管线的实际情况、补偿器布置的合理性以及经济性。

3.2　计算管网理论补偿量[4]

根据 3.1 已经确定的补偿段距离，再根据甲方提供冷热态温度，可计算管道因热膨胀产生的热伸长量，按式（1）计算：

$$\Delta L = L\alpha(t_2 - t_1) \tag{1}$$

式中：ΔL——管道的热伸长量，mm；

L——计算管段长度，m；

α——管材的线膨胀系数，mm/m·℃，钢材的线胀系数通常取 0.012 mm/m·℃；

t_2——管道设计计算时的热态计算温度，℃；

t_1——管道设计计算时的冷态计算温度，℃；

从式（1）可以看出：a）当管段长度一定时，冷热态温差越大，管道伸长量 ΔL 越大；

b）当冷热态温差一定时，管段长度越大，管道伸长量 ΔL 越大。

3.3　计算球心距

根据 3.2 计算的 ΔL——管道的热伸长量，参考图 5 沉降示意图，计算出抗沉降型球型补偿器球心与球型补偿器球心距离 h。

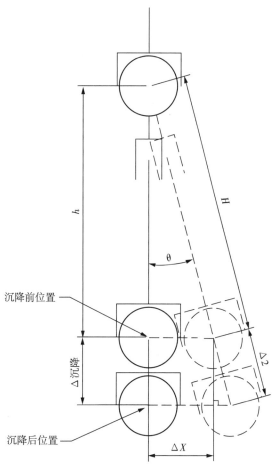

图 5　沉降示意图

过程如下:

$$\Delta X = h \times \tan\theta \tag{2}$$

假设布置方式为图 3 所示单向式补偿布置形式时:

$$\Delta L = 2 \times \Delta X \tag{3}$$

将式(2)、(3)联立解得:

$$h = \Delta L / 2\tan\theta \tag{4}$$

式中:ΔX——管道的横向位移,mm;

　　　h——球心距离,mm;

　　　θ——补偿器摆动角度,由制造厂家提供。

实际应用时结合工况的具体情况,应在理论计算的球心距基础上乘以一个安全系数 1.1 ～1.15,然后进行圆整来确定最终的球心距,这样可保证补偿器在使用过程中不会运行到极限角度。再根据实际布置位置,在满足实际补偿要求的基础上,球心距不宜过大,如果过大,占据空间较大不经济。

3.4　计算抗沉降型球形补偿器芯管补偿量

芯管补偿量分两个部分,现定义当没有沉降发生时(如图 5 沉降前位置),因补偿管段轴向位移,补偿器摆角到最大角度时,芯管所需要的补偿量为一次补偿量 $\Delta1$;

$$\Delta1 = H - h \tag{5}$$

$$H = h/\cos\theta \tag{6}$$

将式(5)、(6)联立解得：

$$\Delta 1 = h(1/\cos\theta - 1) \tag{7}$$

当发生沉降时(如图5沉降后位置)，因补偿管网沉降芯管所产生的位量为二次补偿量 $\Delta 2$。

$$\Delta 2 = \Delta_{沉降}/\cos\theta \tag{8}$$

芯管总补偿量计算按式(9)：

$$\Delta = \Delta 1 + \Delta 2 \tag{9}$$

将(7)、(8)、(9)联立解得：

$$\Delta = h(1/\cos\theta - 1) + \Delta_{沉降}/\cos\theta \tag{10}$$

式中：$\Delta 1$——芯管一次补偿量，mm；

$\quad\quad \Delta 2$——芯管二次补偿量，mm；

$\quad\quad \Delta_{沉降}$——管网沉降量(通常由甲方提供)，mm；

$\quad\quad h$——球心距离，mm；

$\quad\quad \theta$——补偿器摆动角度，由制造厂家提供。

因补偿器的最大摆角为 15°，所以当 θ 取 15°时，$\cos\theta = 0.966$，此时芯管补偿量取得最大值，代入式(10)整理得式(11)：

$$\Delta \approx 0.035h + 1.035\Delta_{沉降} \tag{11}$$

实际设计时，当确定了球心距以后，再根据甲方提供的管网沉降数据，便可计算出芯管补偿量。综合考虑管网运行复杂性，为了更安全，通常芯管补偿量按 1.1～1.2 倍理论值圆整计算。

4 与普通球型补偿器优势对比

抗沉降型球形补偿器在管网中应用时，有普通球形补偿器无法替代的优势，现就常见的两种使用情况做下简要对比。

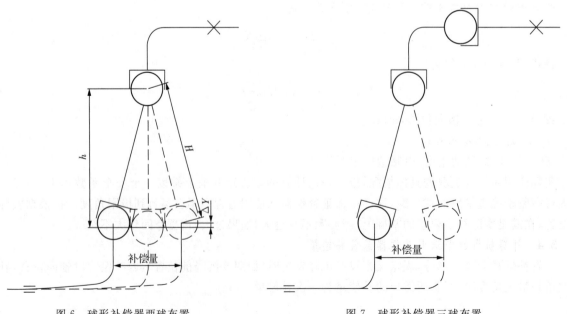

图 6 球形补偿器两球布置　　　　　　图 7 球形补偿器三球布置

情况一：当在即使没有沉降的场合，管网中使用两个球形补偿器布置方案时，如图6，由于球体产生摆动角度，而球心距是固定尺寸，因此球形补偿器工作是沿着弧线运动，这样管段将产生偏移量 ΔY，因此在设计时就要酌情考虑对其补偿。通常会在靠近补偿器处选用弹簧支架或者直接选用3球布置方案，如图7，这无疑都是增加成本。而此处若选用抗沉降型球形补偿器配合一个普通球形补偿器来布置，由于芯管处可以自由伸缩，因此球形补偿器在工作时是沿着直线运动，也就不会产生偏移量 ΔY，所以就不需要管网中增设弹簧支架，更不需要3球方案。

情况二：当管网处于沉降地段时，设计中需要对管网沉降带进行额外补偿，这时使用球形补偿器只能是3球布置方案，如图7，此方案虽然能够保证两管道始终平行，能够补偿由于管网沉降带来的垂直地面方向的位移，但是3球布置，需要空间很大，土建成本、施工成本、多购买一个球形补偿器的成本以及施工工期等都会增加，而有些工况由于所处的位置空间并不宽裕，甚至无法完成3球的布置方案，这时使用抗沉降型球形补偿器优点就尤为突出了，其两球布置方式占用空间小，且成本低、工期短等。

5 结 论

抗沉降型球形补偿器因其自身的突出优点，应被更多的应用在热网中。笔者认为当管网运行需要考虑管网沉降时，建议使用抗沉降型球形补偿器，这样比球形补偿器的3球布置方案更经济；当即使管网没有沉降发生，想布置成2个球形补偿器方案时，也可适当考虑使用抗沉降型球形补偿器带来的方便性。

参考文献

[1] 国家市场监督管理总局，中国国家标准化管理委员会．城镇供热管道用球型补偿器：GB/T37261—2018 [S]．北京：中国标准出版社，2019．

[2] 段玫，胡毅．膨胀节安全应用指南[M]．北京：机械工业出版社，2017．

[3] 中华人民共和国化学工业部．球形补偿器配置设计规定：HG/20550—1993[S]．北京：机械工业出版社，2008．

[4] 陆耀庆．实用供热空调设计手册[M]．第二版．北京：中国建筑工业出版社，2008．

作者简介

吉堂盛，男，工程师，主要从事供热管网补偿器设计工作。通信地址：辽宁省大连市长兴岛经济区宝岛路218号。联系电话：15242622672．E－mail：sh200704061052@126.com。

16. 膨胀节在热风主管端部的应用

张振花 陈四平 齐金祥 宋志强

（秦皇岛市泰德管业科技有限公司 河北 秦皇岛 066004）

摘 要：在高炉炼铁系统中，热风主管安装管道拉杆，在热风支管和热风主管的相交处设置固定支座，两固定支座之间安装单式轴向型膨胀节。在热风主管端部设置单式轴向膨胀节，单式轴向膨胀节的作用是吸收管道拉杆的热伸长产生的热膨胀。该处的膨胀节工作中波纹管处于伸长状态。如果不设置该膨胀节，管道拉杆和支座的受力就会很大，并超出正常的范围，在这种情况下固定支座和拉杆就容易失效，从而导致整个热风主管失效。热风管道内壁耐火材料的使用，增加了管道的重量给波纹管带来影响，导致拉杆受力不均，膨胀节增加刚性承重装置可以很好地避免由于耐火材料的重量对波纹管造成的影响。

关键词：热风主管；热风支管；固定支座；管道拉杆；单式轴向型膨胀节；压缩位移；拉伸位移。

Application of expansion joint in hot air main end

Zhang zhenhua Chen siping Qi Jinxiang Song Zhiqiang

(QINHUANGDAO TAIDY FLEX—TECH CO. ,LTD. ,Hebei 066004)

Abstract：In blast furnace ironmaking system, hot air main pipe installation rod, in the intersection of hot air branch pipe and hot air main pipe is set in the middle of two hot blast furnaces fixed support, fixed support between the installation of single axial expansion joint. The main end of the hot air is provided with an axial expansion joint. The role of the axial expansion joint is to absorb the thermal expansion generated by the thermal extension of the pipe tie rod. The bellows are extended during the operation of the expansion joint. If the expansion joint is not set, the force on the pipeline tie rod and support will be large and beyond the normal range, in which case the fixed support and tie rod will easily fail, resulting in the failure of the whole hot air main. The use of refractory materials on the inner wall of the hot air pipe increases the weight of the pipe to the bellows, resulting in uneven stress of the tie rod. The expansion joint increases the rigid bearing device to avoid the impact of the weight of refractory materials on the bellows.

Keywords：Hot air main pipe; Hot air branch pipe; Fixed support; Pipe tie rod; Single axial expansion joint; Compression displacement; Extend displacement

1 前 言

随着膨胀节的应用领域的不断扩大，膨胀节被应用在各个领域。其中在冶金行业的高炉炼铁系统中膨胀节被广泛地应用。高炉炼铁系统中热风支管的膨胀节吸收炉壳与管道随温度的上升而产生的热位移。热风主管上的膨胀节吸收各个热风炉之间管道膨胀而产生的热位移。同时在热风支管和热风主管上再配一套承力管道拉杆（通常称为拉杆）的设计方法。热风系统膨胀节及管道拉杆布置的典型结构如图1高炉炼铁工艺热风管道的典型布置。现场安装如图2热风主管的典型布置。[1]

热风系统管道布置图

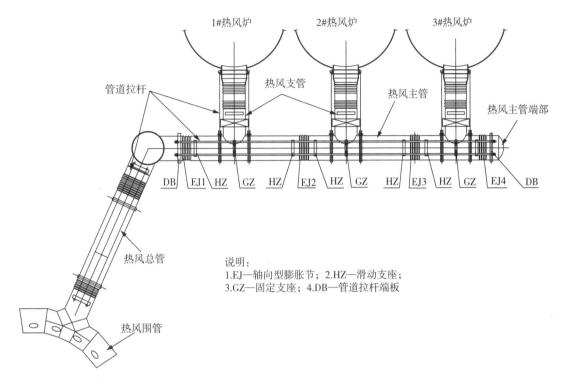

说明：
1.EJ—轴向型膨胀节；2.HZ—滑动支座；
3.GZ—固定支座；4.DB—管道拉杆端板

图 1　热风系统管道典型布置

图 2　热风主管的典型布置

2　问题提出

热风系统热风主管的布置一般情况是在两个热风炉之间设置单式轴向型膨胀节，在热风支管的连接的三通位置设置固定支座,单式轴向型膨胀节吸收两座热风炉之间热风主管因温度升高产生的位移。[2]整个热风主管设置管道拉杆,管道拉杆承受轴向力,同时也是对整个热风管道的保护。包括热风支管和热风总管也是类似的布置。热风系统管道布置见图1热风系统管道典型布置。从图1中热风主管由三个固定支座和左端的竖管(可以视为固定点)和轴向型膨胀节组成。从图1不难看出EJ1、EJ2和EJ3轴向型膨胀节能够吸收管道的伸长量,膨胀节被压缩,EJ4膨胀节的位移量如何确定呢?是否有安装的必要?

3　管道参数

某热风管道的参数如下:

(1)热风主管管道参数:2350×16mm;

(2)介质:热空气,温度1350℃,钢壳表面设计温度200℃;

(3)设计压力:0.45MPa;

(4)膨胀节型式:轴向型;

(5)接管材质 Q355－B;

(6)介质流向:单向;

(7)内衬:50mm喷涂料(现场喷涂)。喷涂料和耐火砖的重量约5.5t/m;

(8)热风主管管道拉杆总长30m,两热风炉间距10m;

(9)拉杆的温度按照30℃计算。

4　问题分析

单式轴向型膨胀节与拉杆可以看成约束型膨胀节。端板两侧拉杆两端都配有螺母并将螺母拧紧,端板和拉杆构成一个刚性构件,单式轴向型膨胀节EJ1吸收端板内侧的管段至固定支座GZ1管段的轴向位移;单式轴向型膨胀节EJ2吸收固定支座GZ1至固定支座GZ2管段的轴向位移;依次类推单式轴向型膨胀节EJ3吸收固定支座GZ2至固定支座GZ3管段的轴向位移;固定支座GZ3到热风主管端部没有固定支座,但是由于管道拉杆很长,受热风主管热辐射温差的影响拉杆的温度并不是一直不变的,EJ4膨胀节吸收拉杆产生的热位移。在布置管道时拉杆两端的端板外侧用螺母将拉杆和端板拧紧,端板内侧拉杆没有螺母与拉杆和端板固定。

5　利用CAESARⅡ对管道进行应力分析

CAESARⅡ是常用的对管道进行有限元分析非常有权威的软件之一。利用CAESARⅡ可进行一次应力(安装工况)分析和二次应力(工作工况)分析,同时应对两端的固定支架的受力进行计算分析以及波纹管的位移。应力分析模型如图3应力分析模型所示。[3]

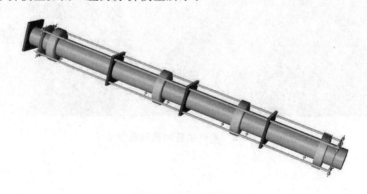

图3　应力分析模型

说明:X 方向:管道轴线方向;Y 方向:管道轴线上下垂直方向;Z 方向:管道轴线里外垂直方向。
拉杆1~拉杆4:分别为模拟的4根拉杆。

表 1　膨胀节在工作状态下的位移

名称	DX/mm	DY/mm	DZ/mm	RX/deg	RY/deg	RZ/deg	备注
EJ1	−40.978	−0.016	−0.000	0.0000	0.0000	−0.0002	膨胀节被压缩
EJ2	−33.300	−0.003	0.000	−0.0000	0.0000	0.0001	膨胀节被压缩
EJ3	−33.300	−0.003	0.000	−0.0000	0.0000	0.0001	膨胀节被压缩
EJ3	+22.020	−0.042	−0.000	−0.0000	0.0000	0.0001	膨胀节被拉伸

表 2　固定支座和拉杆在一次应力下的受力

名称	FX/N	FY/N	FZ/N	MX/N·m	MY/N·m	MZ/N·m	备注
GZ1	−0	−66914	−0	−0	−0	−100731	Rigid ANC
GZ2	−0	−272760	0	−0	0	95428	Rigid ANC
GZ3	−0	−155157	0	−0	−0	−72135	Rigid ANC
GZ4	−0	−131967	−0	−0	0	−66144	Rigid ANC
拉杆 1	−38494	0	0	0	0	0	Rigid X
拉杆 2	−38494	0	0	0	0	0	Rigid X
拉杆 3	−38494	0	0	0	0	0	Rigid X
拉杆 4	−38494	0	0	0	0	0	Rigid X

表 3　固定支座和拉杆在二次应力下的受力

名称	FX/N	FY/N	FZ/N	MX/N·m	MY/N·m	MZ/N·m	备注
GZ1	−210443	−66914	0	−0	0	−100731	Rigid ANC
GZ2	200665	−272760	−0	−0	−0	95428	Rigid ANC
GZ3	−0	−155157	0	−0	−0	−72135	Rigid ANC
GZ4	9778	−131967	−0	−0	0	−66144	Rigid ANC
拉杆 1	−40487	0	0	0	0	0	Rigid X
拉杆 2	−36501	0	0	0	0	0	Rigid X
拉杆 3	−19930	0	0	0	0	0	Rigid X
拉杆 4	−19930	0	0	0	0	0	Rigid X

表 4　不设置膨胀节 EJ5 的情况下固定支座和拉杆在一次应力下的受力

名称	FX/N	FY/N	FZ/N	MX/N·m	MY/N·m	MZ/N·m	备注
GZ1	−0	−62836	0	−0	0	−0	Rigid ANC
GZ2	−0	−273164	−0	−0	−0	−0	Rigid ANC
GZ3	−0	−155157	0	0	−0	−72135	Rigid ANC
GZ4	−0	−124782	−0	0	0	−64288	Rigid ANC
拉杆 1	−46131	0	0	0	0	0	Rigid X

（续表）

名称	FX/N	FY/N	FZ/N	MX/N·m	MY/N·m	MZ/N·m	备注
拉杆 2	−46131	0	0	0	0	0	Rigid X
拉杆 3	−46131	0	0	0	0	0	Rigid X
拉杆 4	−46131	0	0	0	0	0	Rigid X

表 5   不设置膨胀节 EJ5 的情况下固定支座和拉杆在二次应力下的受力

名称	FX/N	FY/N	FZ/N	MX/N·m	MY/N·m	MZ/N·m	备注
GZ1	6602438	1734300	−0	−0	0	−3396345	Rigid ANC
GZ2	203702	−451197	−0	−0	−0	203702	Rigid ANC
GZ3	−0	−155320	−0	−0	0	−72178	Rigid ANC
GZ4	−6806140	−437600	−0	−0	−0	11794456	Rigid ANC
拉杆 1	−967714	0	0	0	0	0	Rigid X
拉杆 2	−967714	0	0	0	0	0	Rigid X
拉杆 3	−958545	0	0	0	0	0	Rigid X
拉杆 4	−958545	0	0	0	0	0	Rigid X

从表 1 可以看出管道在工作状态温度升高，受温度的影响管道伸长，其中膨胀节 EJ1－膨胀节 EJ4 工作时被压缩，膨胀节 EJ5 工作时被拉伸，拉伸位移和压缩位移都在正常值范围内。膨胀节 EJ5 被拉伸，拉伸位移的来源为管道拉杆受环境温度的影响产生的。

从表 2 和表 3 可以看出，固定支座和拉杆分别在一次应力和二次应力作用下的受力结果。我们可以看出，图 2 所示的拉杆在安装工况和工作工况下都承受波纹管的压力推力的作用。拉杆不只有在固定支座失效时对单式轴向型膨胀节起到保护的作用。管道拉杆不能被替代或不设置。同时拉杆受力不均的情况是由于浇注料和砌砖等耐火材料的影响。在设计时应充分考虑拉杆的受力不均的情况。

从表 4 和表 5 的结果来看，不设置膨胀节 EJ5 的情况下，固定支座和拉杆在二次应力作用下的受力非常大并且超出正常值的范围。由于受力过大这种情况下固定支座和拉杆就容易失效，导致整个热风主管管道失效从而导致整个热风管道的失效。

从表 1 膨胀节在工作状态下的位移可以看出，膨胀节在 Y 方向有一定量的位移，Y 方向的位移是由管道的自重产生，管道的自重包括管道本身钢壳的重量和耐火材料的重量。每米管道的钢壳重量约 920kg，再加上耐火材料的重量 5.7t/m，管道的总重量约 6.4t/m。波纹管为柔性原件，较大的管道重量会对波纹管的强度和疲劳寿命造成一定的影响，在波纹管两端与端接管可以采用诸如四连杆机构等装置类似的刚性称重装置连接起来，减小因管道自重对波纹管造成的影响。[4]

5   结束语

在单式轴向型膨胀节的应用上，膨胀节在工作状态下波纹管被拉伸的情况相对来说比较少见。合理设置膨胀节使整个管系在工作状态下能够正常工作，提高整个管道的安全性、可靠性和使用寿命。目前热风主管端部膨胀的设置已经被广泛地应用。

参考文献

[1] 中华人民共和国住房和城乡建设部，中国冶金建设协会．高炉炼铁工程设计规范 GB 50427－2015[S]．北京：中国计划出版社 2015：9－20．

［2］国家市场监督管理总局,中国国家标准化管理委员会. 金属波纹管膨胀节通用技术条件 GB/T12777－2019［S］. 北京:中国标准出版社,2019:5.

［3］唐永进. 压力管道应力分析［M］. 北京:中国石化出版社,2003:154－165.

［4］STANDARDS OF THE EXPANSION JOINT MANUFACTURERS ASSOCIATION, INC. EJMA TENTH EDITION.［S］. 2016.4－5.

作者简介

张振花,女,秦皇岛市泰德管业科技有限公司,从事波纹管膨胀节的设计工作。通信地址:秦皇岛市经济开发区永定河道 5 号,邮政编码:066004,电话:Tel:0335－8587029,传真:Fax:0335－8586168;

17. 排气管路模态分析及疲劳寿命研究

卢衷正[1]　王　旭[2]　王　涛[1]　钟凤磊[3]

(1. 沈阳晨光弗泰波纹管有限公司,辽宁 沈阳 110020;

2. 辽宁石油化工大学机械工程学院,辽宁 抚顺 113001;3. 中国北方车辆研究所,北京 100072)

摘　要:本文以某动力设备排气管路作为研究对象,以 ANSYS Workbench 有限元分析软件为仿真工具,对排气管路进行有限元建模,并进行自由模态分析,得出排气管路模型各阶固有频率及其相应的振型图,进而确定引起疲劳破坏的最大激励频率,避免发生共振情况的发生。同时,利用有限元方法对排气管路中波纹管进行疲劳寿命计算,结合疲劳试验机下波纹管的真实疲劳寿命,证明有限元疲劳寿命分析方法的可行性。

关键词:排气管路;模态分析;波纹管;疲劳寿命

Modal Analysis and Fatigue life study of Exhaust Pipe

LU Zhong−zheng[1],Wang Xu[2],Wang Tao[1],Zhong Feng−lei[3],

(1. Shenyang Aerosun−Futai Expansion Joint co. ,LTD. ,Shenyang 110020,China;

2. School of Mechanical Engineering,Liaoning Petrochemical University,Fushun 113001,China;

3. China North Vehicle Institute,Beijing 100072,China)

Abstract:This papertook exhaust pipe of a Power equipment as the research object and ANSYS Workbench finite element analysis software was used to the simulation tool to carry out finite element modeling of exhaust pipe,the free mode analysis was carried out to obtain the natural frequencies of each order of the exhaust pipe model and the corresponding mode diagram,and then the maximum excitation frequency causing fatigue damage was determined to avoid the occurrence of resonance. At the same time,the finite element method was used to calculate the fatigue life of bellows in the exhaust pipe,and combined with the real fatigue life of bellows under the fatigue testing machine,the feasibility of the finite element fatigue life analysis method was proved.

Keywords:Exhaust pipe;Modal analysis;Bellows;Fatigue life

1 引　言

排气管路中的波纹管具有吸收轴向和横向位移、隔振、密封等优点,被广泛应用于各类设备。本文研究的排气管路是某动力设备重要组成部分之一,对设备的环保性和动力性有重大影响。随着工业技术不断优化和不断发展,人们对于设备的环保性、振动性以及使用寿命的要求越来越高。本文通过有限元方法对排气管路进行模态分析,不仅合理地预测此排气管路的性能,为后续设备安装和调试提供了共振频率参数,避免排气系统与设备激励频率产生共振或谐共振,为结构的改进提供科学的依据,提高其性能并延长其寿命,也对排气管路中波纹管进行疲劳寿命研究,通过有限元方法和疲劳试验方法进行结果对比,充分地证明了利用有限元方法进行疲劳寿命计算的准确性和可靠性。

2　模态分析的基本理论

模态是机械结构的固有振动特性,每一个模态都具有其特定的固有频率、阻尼比及模态振型。利用有限元方法对机械结构进行模态分析主要基于线性振动理论,研究其激励和响应之间的关系,对于机械设备而言,获得设备结构的模态参数对评价该设备结构的动态特性及其优化设计有着十分重要意义。模态分析根据使用方法分为两种,一种是理论模态分析,是通过有限元计算的方法进行分析,另一种是试验模态分析,是通过采集设备的系统输入和输出信号经过参数识别获得模态参数[1]。本文对某动力设备排气管理的模态分析是利用理论模态分析的方法。

3　排气管路有限元建模

排气管路有限元建模前需进行三维建模,利用 Soildworks 建立排气管路的几何模型,同时对排气管路的几何模型进行简化,尤其对重要部件的简化必须反映真实的结构特征。结构简化后倒入 ANSYS Workbench 软件中进行有限元建模,简化的有限元模型在网格划分时应减少网格划分数量,这样在不影响计算精度的前提下,能大大降低仿真计算时间。由于排气管路中各个部件大多由薄壁件组成,因此在 ANSYS Workbench 中可以采用壳单元进行分析计算,其主要优点包括:(1)相对于梁理论的计算精度而言,采用板壳理论的计算精度大大提高;(2)采用壳单元更能符合排气管路中波纹管与其他薄壁件的实际连接结构。(3)采用壳单元能提高有限元计算精度,降低误差;(4)采用壳单元计算分析直观明了,有利于快速发现结构设计中出现的问题,同时能更好地处理产品的细节问题。简化后的三维模型和有限元模型如图 1 和图 2 所示。

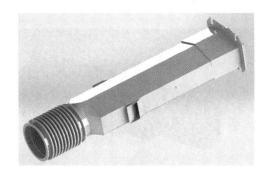

图 1　排气管路三维模型

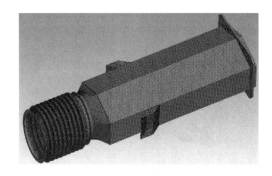

图 2　排气管路有限元模型

4　排气管路模态分析

在 ANSYS Workbench 中对排气管路整体进行约束模态分析,选择排气管路进气口的波纹管端面进行约束,采用 Block Lanczos 方法对图 2 中的有限元模型进行模态分析,得出排气管路的前 6 阶固有频率,如表 1 所示。

表 1　模态分析结果

阶数	1	2	3	4	5	6
频率/Hz	3.5	3.6	28	67.3	67.4	106.8

对于排气管路来说,最主要的激励是由于设备振动对排气管路的影响。由分析结果可见:前 6 阶为排气管路刚体模态,图 3-图 8 列出了前 6 阶模态振型结果图。

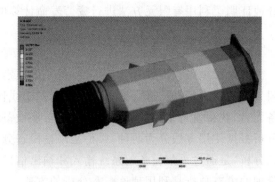

图3　第1阶模态　　　　　　　　　　　　图4　第2阶模态

图5　第3阶模态　　　　　　　　　　　　图6　第4阶模态

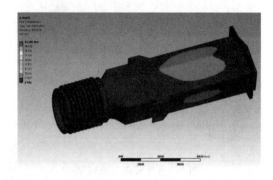

图7　第5阶模态　　　　　　　　　　　　图8　第6阶模态

　　将图3—图8中排气管路的前6阶约束模态与某动力设备的排气激励频率相对比,可以明确的判断该排气管路是否存在共振现象,共振现象的产生不仅会降低设备的寿命,还大大增加设备的噪音。因此,为了使设备的振动频率远离排气管路的1阶模态频率,需要尽可能优化设备结构,从而达到避免共振的目的。

5　排气管路中波纹管疲劳寿命研究

5.1　波纹管有限元疲劳寿命分析

　　排气管路中波纹管采用双层结构设计,由于波纹管是对称结构,因此采用plane82平面单元对波纹管进行有限元轴对称建模,在划分网格时,为了使得提高计算准确率,单层波纹管网格划分层数为3层[2]。波纹管尺寸参考表见表2,波纹管的工况条件为:常温下,轴向位移±5mm,内压0.15MPa。波纹管有限元模型及其网格划分见图9所示。

表 2　波纹管尺寸参考表

参数	外径 mm	层数	壁厚 mm	波数	波高 mm	波距 mm
数值	160	2	0.5	9	20	20

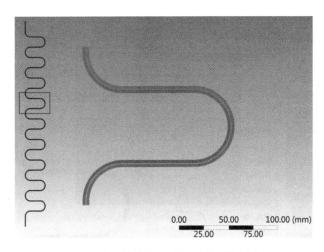

图 9　波纹管有限元模型及其网格划分

对波纹管进行疲劳分析计算前,需设定材料的弹性模量、泊松比与密度等参数,其数据见表 3。因双层波纹管在工作时受轴向载荷作用,所以每层波纹管之间会产生相对滑移,且每层波纹管之间会有一定的层间间隙,因此存在一定的摩擦力,需要设定层与层之间的接触模式为带摩擦力接触,设定摩擦系数为0.1[3]。此外,根据该产品的实际工作条件,给定边界条件为:其轴向一端施加固定约束、另一端施加位移变量,波纹管内壁受均布内压作用。

表 3　材料性能参数

参数	屈服强度(MPa)	抗拉强度(MPa)	许用应力(MPa)	弹性模量(MPa)	泊松比
数值	235	520	117	2.0×10^5	0.3

波纹管进行疲劳寿命计算前,需要进行模型的应力大小计算,从而得到模型的应力大小分布,得出的最大应力位置可以为后续计算疲劳寿命最大损伤位置作对比参考。为了提高应力计算精度,在应力计算前应打开大变形效应(进行非线性计算)。得出应力分布图及最大应力位置如图 10 所示。由图 10 可以得出在波纹管受轴向压缩时,其应力最大值在波纹管波谷的位置。

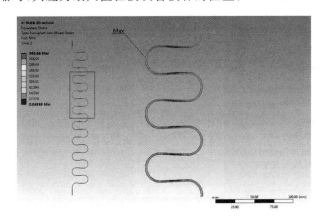

图 10　波纹管应力分布及最大应力位置

由于排气管路中波纹管的工作状态既有轴向载荷又有均布内压,并且两种载荷作用方式不同,因此在有限元中可以采用多轴疲劳进行计算,通过 ANSYS Workbench 中 Ncode Design Life 插件进对波纹管进行疲劳计算,计算方法采用 CriticalPlane 法[4]。得到波纹管的疲劳寿命为 450000 周次,疲劳寿命结果如图 11 所示,同时进行疲劳损失模拟,得到波纹管最容易发生疲劳破裂的地方位于波谷处,其疲劳损伤云图如图 12 所示。

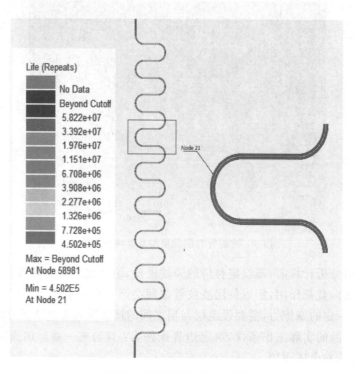

图 11　波纹管疲劳寿命云图

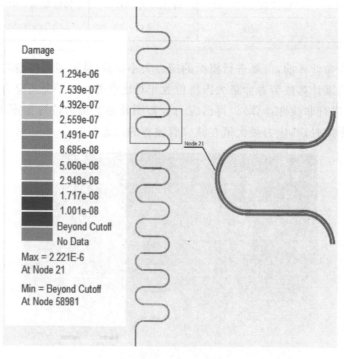

图 12　波纹管疲劳损伤云图

5.2 波纹管疲劳试验机试验验证

参考表 2 中波纹管的参数,制造 5 个波纹管试验件进行试验,厂内搭建疲劳试验平台如图 13 所示,试验波纹管两端均焊接盲板,上下盲板分别安装在疲劳试验机上下连接板上,上下连接板分别连接疲劳试验机的两个伺服作动器上,可以同时进行轴向和横向组合位移。疲劳试验机由计算机控制,可以实时显示波纹管的位移、压力参数和疲劳循环次数,并将实验数据保存到计算机中[5]。同时,如果发生气体泄漏时,计算机会自动报警,同时停止试验。本次试验的 5 个波纹管试验件试验工况均为常温,轴向位移±5mm,疲劳试验加载频率 10Hz,试验中,波纹管试验件按照要求进行竖直往复运动,当计算机报警停止试验时,观察波纹管表面出现的明显穿透性裂纹,以此判断波纹管失效,试验结束,一共进行 5 组试验,分别记录波纹管的疲劳循环次数见表 4 所示。

图 13 波纹管疲劳实验装置

表 4 五组试验疲劳试验结果

试验编号	疲劳寿命/周次
1	477836
2	505698
3	494521
4	526689
5	516688

由表 5 可以计算出波纹管 5 组疲劳试验的平均寿命约为 504286 周次。而上文通过有限元方法计算得出的疲劳寿命为 45000 周次,两者存在一定的误差,其原因是有限元法是基于材料基础数据进行收敛计算得到的近似结果。本次对比试验中,有限元模拟结果与疲劳试验结果对比误差相对较小,有限元模拟结果的误差范围在 15% 以内,并且计算结果比较保守,充分说明有限元模拟方法有一定的理论指导意义。5 组试验中波纹管裂纹均出现在波纹管波谷附近,原因可能为在位移作用下波纹管最大应力处于波谷位置,波谷处生产塑性应变,反复循环导致塑性疲劳损伤累积[6]。

6 结 论

本文利用有限元方法,对某动力设备排气管路进行模态分析,借用 ANSYS Workbench 平台仿真计算出排气管路的固有频率和振型,根据其固有频率可以优化设备结构避免发生共振现象,从而为设备的结构设计、安装和使用提供了具有使用价值的参考。同时也利用该仿真平台中的 Ncode Design Life 插件对排气管路中波纹管的疲劳寿命进行仿真计算和试验验证,通过对比得出,利用有限元方法对波纹管疲劳寿命预测比试验验证结果更为保守,具有一定的准确性和实用性,在设备制造周期内能大大降低产品的设计成本和设计周期[7]。此外,利用有限元方法研究波纹管疲劳寿命还适用于特殊材质波纹管,尤其是镍基合金和铝合金波纹管,同时对于特殊工况下(高温高频)的波纹管疲劳寿命计算也具有一定的参考性。

参考文献

[1] 孙慧,苏小平. 基于有限元方法的汽车排气系统模态分析[J]. 机电信息,2017(15):137-139.

[2] 于长波,王建军,李楚林,等. 多层 U 形波纹管的疲劳寿命有限元分析[J]. 压力容器,2008,25(2):23-27.

[3] 李上青. 基于有限元的波纹管疲劳寿命影响因素分析[J]. 管道技术与设备,2016,(3):34-37.

[4] 李中来,司志强,王树立,等. 影响 U 形波纹管疲劳寿命因素的分析[J]. 机械设计与制造工程,2015,44(10):52—56.

[5] 田坤,竺长安. U 形波纹管疲劳寿命研究[J]. 传感器与微系统,2011,30(2):17—19.

[6] 李杰,段玫. 多层波纹管接触分析及稳定性屈曲分析[J]. 材料开发与应用,2011,26(6):53—57.

[7] 张全厚,钱江,宋林红,等. 高温工况阀用波纹管疲劳寿命有限元分析及试验研究[J]. 流体机械,2021,49(4):23—27.

作者简介

卢衷正,男,工程师,从事膨胀节设计与开发工作。通信地址:沈阳经济技术开发区十五号街 4 号 沈阳晨光弗泰波纹管有限公司,邮编:110020;联系电话:13889157256;E—mail:13889157256@163.com

18. 厚壁膨胀节的有限元分析与理论计算比较

周　强

（南京工业大学波纹管研究中心，江苏 南京 ）

摘　要：有限元分析已成为膨胀节力学性能评定的重要手段。本文根据实际需要对大尺寸的超厚壁膨胀节进行了有限元应力分析，对其结构强度进行了校核，将有限元分析结果的应力、刚度、疲劳寿命与理论计算进行了对比。

关键词：膨胀节；有限元；对比

Finite Element Analysis And Evaluation of The Large and Thick WalledExpansion Joint

Zhou Qiang

（Bellows Research Center of Nanjing Tech University ，Nanjing 210009，China；）

Abstract：Finite element analysis has been an important evaluation on mechanical property of expansion joints. According to Actual Need，The FEA calculation and Strength evaluation of the Large and Thick Walled Expansion Joint

has been analyzed . The comparison between the FEA Results and the theoretical results is also simply discussed.

Keywords：expansion joints；FEA；comparison

0　引　言

波型膨胀节的应力和疲劳寿命等性能通常可以根据 EJMA 或 ASME 等标准的计算公式进行估算，理论计算的公式是把波纹管抽象成二维薄壁梁模型加以修正得到的，跟实际结果有较好的吻合性，得到普遍采用。但对于巨型超厚膨胀节的计算结果是否准确，还值得商榷。本文通过对某膨胀节的有限元分析，并将分析结果与理论计算进行了比较。

1　膨胀节的基本参数

膨胀节所用材料、工作温度、压力和补偿量见表1。

表 1　波纹管膨胀节的基本参数

接管通径 mm	DN4000
设计压力（MPa）	2. 65
设计温度（℃）	250
波纹管材料	S30408

（续表）

接管通径 mm	DN4000
接管材料	Q345R
补偿量	20mm

2 膨胀节的结构简图

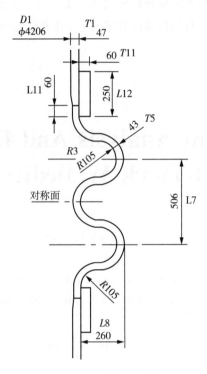

图1 膨胀节结构尺寸简图

3 有限元分析模型

有限元计算采用国际通用大型结构分析软件 ANSYS。网格划分后的实体模型如图2,单元选择 SOLID185,8 结点单元。实际分析时取 1/4 模型,图2 为带接管的膨胀节模型。

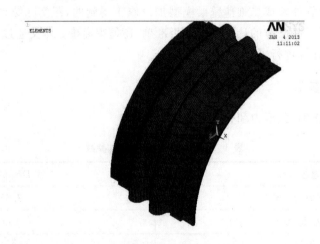

图2 膨胀节有限元网格模型

膨胀节材料参数见表2

表 2　材料参数

	许用应力 S_m（MPa）	弹性模量（MPa）	泊松比
S30408	122	1.81E5	0.3
Q345	147	1.80E5	0.3

4　应力分析

4.1　载荷与约束

载荷为介质的设计压力，$P = 2.65$MPa。加载情况为在膨胀节有限元模型一端面进行全约束，一端面施加轴向压缩的位移20mm。图3所示为施加了载荷和边界约束后的模型图。

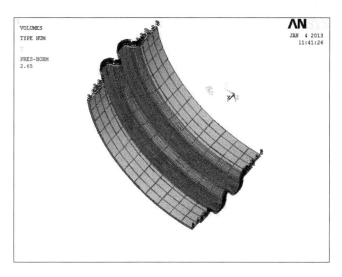

图 3　施加了载荷和边界条件的膨胀节模型（1/4）

4.2　膨胀节应力分析

总体应力最大位置出现在波纹管的波峰内侧和波谷外侧，云图见图4：

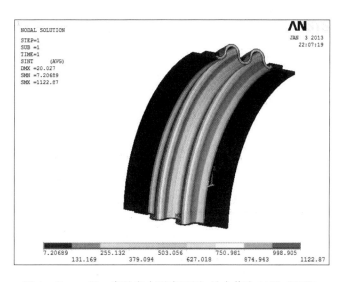

图 4　Stress Sint 当量应力强度云图，最大值为 1122.87MPa

分析结果显示波纹管的应力强度达到1122.87MPa。

表3 波纹管线性化结果

应力强度	有限元应力（MPa）	理论计算结果（MPa）
薄膜应力强度	82.45	87.08（S2）
薄膜应力＋弯曲应力	1112	846.4（St）

根据EJMA2016[1]标准或ASME2019[2]卷八附录26标准计算的应力结果如下：

压力引起的周向薄膜应力 $S2 = 87.08$ MPa

压力引起的经向（子午向）薄膜应力 $S3 = 8.01$ MPa

压力引起的经向（子午向）弯曲应力 $S4 = 27.54$ MPa

位移引起的经向（子午向）薄膜应力 $S5 = 38.62$ MPa

位移引起的经向（子午向）弯曲应力 $S6 = 782.96$ MPa

综合应力 $St = 0.7(S3 + S4) + S5 + S6 = 846.4$ MPa

由此可见：有限元分析得到应力强度明显比理论计算的值要大。

4.3 波纹管连接部件的应力分析

4.3.1 总体应力云图

波纹管连接部件的最大总体应力出现在与波纹管连接的加强套管的内侧，当量内应力强度最大值达到311MPa，如图5。

4.3.2 沿壁厚对外套管进行应力线性化分析，结果如图6。

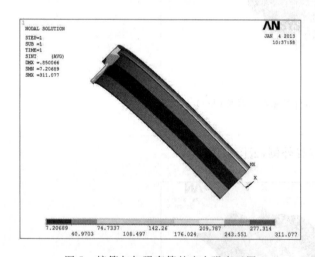

图5 接管与加强套管的应力强度云图

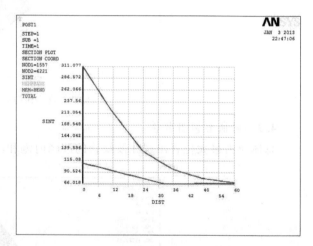

图6 加强套管的应力线性化图示

4.3.3 应力分析

对加强套管根据JB4732－1995《钢制压力容器——分析设计规范》[3]有关应力评定进行评判，见表4。

表4 加强套管线性化结果

应力强度	应力强度计算值（MPa）	应力许用极限（MPa）	评定结果
薄膜应力强度	66.2	$1.5S_m = 220.5$	通过
薄膜应力＋弯曲应力	109	$3S_m = 441$	通过

而经 EJMA 公式计算得到的加强套环的薄膜应力仅为 10.76MPa,两者相差巨大,此处可见有限元分析的必要性。

5 膨胀节刚度

根据 EJMA2016 计算得到的单波理论弹性刚度为 2463224.22N/mm,工作刚度 1642149.48N/mm。根据 ASME2019 计算得到的单波理论弹性刚度为 2276013.82N/mm。本文采用有限元分析刚度时,对波纹管一端固定,另一端加轴向力 25000KN 得到轴向位移 0.015883,见图 7。计算得到波纹管的单波刚度为 3148019N/mm。很明显与理论计算值相差较大。

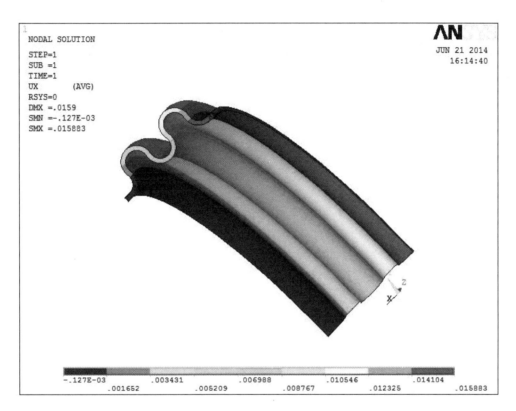

图 7 波纹管刚度分析

6 疲劳寿命

按 10 倍安全系数,EJAM 计算得到的疲劳寿命为 4749 次,ASME2019 计算公式中已隐含安全系数,不需要另外设置安全系数,根据公式得到疲劳寿命为 3061 次。

在波纹管应力分析基础上对波纹管进一步进行疲劳分析,其材料的 $S-N$ 曲线取之于 ASME2019,在 ANSYS 分析中,疲劳分析是对应力集中地区域或节点进行疲劳分析,分析方法为雨流计数法,得到波纹管的疲劳寿命为 10790 次,按 10 倍的安全系数,只有 1079 次。显然有限元分析要比理论计算得到疲劳寿命小很多。

7 结论与建议

对于常见尺寸的波纹管膨胀节,其理论计算的简化模型是薄壁二维结构,有限元分析的结果与理论计算的结果相近。对于大尺寸超厚壁的膨胀节,无论是波纹管还是其连接部件,受力情形都与标准计算的结果有较大出入,建议有实力单位多进行数值分析和有关试验研究,对于超大直径厚壁波纹管的设计与制造规范也应考虑进行单独的制定。

参考文献

[1] Standards of the Expansion Joint Manufacturers Association(EJMA)[S]. Ninth Edition,New ork:EJMA,INC,2016:4—32

[2] ASME 锅炉及压力容器规范国际性规范,VIII,第一册,压力容器建造规则,2019 版[S]. 北京:中国石化出版社,2020:438—440

[3] 钢制压力容器——分析设计标准. 中华人民共和国行业标准[S]. JB 4732—1995(2005 年确认). 北京:新华出版社,2005:19

作者简介

周强(1974—),男,副教授,研究方向为机械设计与波纹管技术,联系电话:13770768553,E—Mail:whitehall@126.com

19. Ω形膨胀节轴向刚度数值模拟

邹可欣　钱才富　吴志伟

北京化工大学机电工程学院，北京 100029

摘　要：本文采用有限元方法对单层双波、双层双波 Ω 形膨胀节的轴向刚度进行了数值模拟，并与 GB/T 12777—2019《金属波纹管膨胀节通用技术条件》中规定的 Ω 形膨胀节轴向刚度计算公式计算得出的结果进行对比。结果发现，GB/T 12777—2019 标准给出的 Ω 形膨胀节单波轴向刚度比数值模拟结果大 30%～40%，因此，应对 GB/T 12777—2019 标准中膨胀节的轴向刚度公式进行修正以便对含膨胀节工程结构进行精准设计。

关键词：Ω 形膨胀节；轴向刚度；数值模拟

Numerical simulation of axial stiffness of Ω—shaped expansion joints

ZOU Kexin，QIAN Caifu，WU Zhiwei

College of Mechanical and Electrical Engineering，

Beijing University of Chemical Technology，Beijing 100029

Abstract：In this paper, the axial stiffness of single — layer double — wave and double — layer double—wave Ω—shaped expansion joints is numerically simulated using finite element method，and compared with the calculation results obtained by the axial stiffness calculation formula of Ω—shaped expansion joints specified in GB/T 12777—2019 General Technical Specifications for Metal Bellows Expansion Joints. It is found that the axial stiffness calculated by the GB/T 12777—2019 is about 30%—40% larger than that obtained by the numerical simulation. Therefore, the axial stiffness formula specified in GB/T 12777—2019 should be modified for accurate design of engineering structures containing expansion joints.

Keywords：Ω—shaped expansion joint；axial stiffness；numerical simulation

1 引　言

膨胀节是一种弹性补偿元件，它能够通过伸缩变形来吸收管线、导管或容器由热胀冷缩等原因而产生的轴向、横向和角向位移[1]。由于具有良好的补偿能力，以及使用可靠、配管简单、占用空间小、不易泄漏等优点，已经在石油化工、核能、冶金、电力、造船、管道工程等部门得到了广泛的应用[2]。

刚度是膨胀节的重要参数，膨胀节轴向刚度是指膨胀节在沿轴中心线方向上抵抗变形的能力，通常用 K 表示，单位为 N/mm。李冈陵[3]通过"梁法""板法"计算 U 形膨胀节的轴向刚度，并将计算结果与实验结果相比较，发现刚度计算值都偏大。黎廷新[4]计算了波峰、波谷圆弧半径不同的 U 形膨胀节的轴向刚度，研究了在弹性范围内影响刚度的三个因素，分别为位移滞后、温度变化以及端波效应。姜宏春[5]

等人对一单层七波的 U 形膨胀节进行分析,发现有限元计算能够较为真实地反映波纹管的轴向刚度。姚琳[6]采用有限元方法进行分析,发现在相同轴向力的作用下,Ω 形膨胀节的轴向刚度值较小,轴向补偿量较大。李进楠[7]使用有限元方法对单层单波 U 形膨胀节的轴向刚度进行数值模拟,发现与膨胀节厂家给出的实际轴向刚度相比,GB/T16749 标准中膨胀节轴向刚度公式计算的结果偏大,误差超过了50%,使用有限元方法分析刚度更为准确。

GB/T 12777－2019《金属波纹管膨胀节通用技术条件》标准中规定了 Ω 形膨胀节的轴向刚度计算公式,本文根据标准设计一单层双波 Ω 形膨胀节和一双层双波 Ω 形膨胀节,通过有限元方法用 ANSYS Workbench 软件进行轴向刚度的数值模拟,并将模拟结果与公式计算结果进行对比。

2 Ω 形膨胀节轴向刚度公式计算

关于 Ω 形膨胀节的轴向刚度计算采用 GB/T 12777－2019《金属波纹管膨胀节通用技术条件》标准提供的公式,如式(1)所示:

单波轴向弹性刚度:

$$f_{it} = \frac{D_m E_b^t \delta_m^3 n B_3}{10.92 \, r^3} \tag{1}$$

其中,波纹管平均直径:

$$D_m = D_b + 2n\delta + 2r_0 + 2\sqrt{\left(r_0 + \frac{n\delta}{2} + r\right)^2 - \left(r_0 + n\delta + \frac{L_0}{2}\right)^2} \tag{2}$$

材料名义厚度:

$$\delta_m = \delta\sqrt{\frac{D_b}{D_m}} \tag{3}$$

式(1)～(3)中符号含义如下:

E_b^t——波纹管设计温度下的弹性模量,单位为 MPa;

n——厚度为 δ 波纹管材料层数;

B_3——Ω 形波纹管 f_{it} 的计算修正系数;

r——Ω 形波纹管波纹平均半径,单位为 mm;

D_b——波纹管直边段内径,单位为 mm;

δ——波纹管一层材料的名义厚度,单位为 mm;

r_0——Ω 形波纹管开口外壁曲率半径,单位为 mm;

L_0——Ω 形波纹管波纹开口距离,单位为 mm。

2.1 单层双波 Ω 形膨胀节轴向刚度计算

本文所用单层双波 Ω 形膨胀节材料及波形参数见表 1、2。

表 1 单层双波膨胀节材料参数

材料名称	密度/(kg/m³)	弹性模量/GPa	泊松比	屈服强度/MPa
Q345R	7850	232	0.3	398

表 2 单层双波膨胀节波形参数

公称直径 D/mm	波距 q/mm	波数 N	厚度 t/mm	开口圆弧半径 r_0/mm	波纹平均半径 r/mm	波纹开口距离 L_0/mm	焊接接头到第一个波中心长度 L_w/mm
570	90	2	4	14	28	15	51.5

将膨胀节的材料及波形参数代入式（1）至（3）计算可得：

$$D_m = D_b + 2n\delta + 2\,r_0 + 2\sqrt{\left(r_0 + \frac{n\delta}{2} + r\right)^2 - \left(r_0 + n\delta + \frac{L_0}{2}\right)^2} = 677.71\text{mm}$$

$$\delta_m = \delta\sqrt{\frac{D_b}{D_m}} = 4 \times \sqrt{\frac{570}{677.71}} = 3.66\text{mm}$$

查 GB/T 12777－2019 附录 A 中表 A.1 得 Ω 形波纹管 f_{it} 的计算修正系数 $B_3 = 1.316$

$$f_{it} = \frac{D_m E_b^t \delta_m^3 n\,B_3}{10.92\,r^3} = \frac{677.71 \times 232000 \times (3.66)^3 \times 1 \times 1.316}{10.92 \times 28^3} = 42318.89\text{N/mm}$$

2.2 双层双波 Ω 形膨胀节轴向刚度计算

本文所用双层双波 Ω 形膨胀节材料及波形参数见表 1、3。

表 3 双层双波膨胀节波形参数

公称直径 D/mm	波距 q/mm	波数 N	厚度 t/mm	开口圆弧 半径 r_0/mm	波纹平均 半径 r/mm	波纹开口 距离 L_0/mm	焊接接头到第一个波 中心长度 L_w/mm
570	90	2	2	14	28	15	51.5

将膨胀节的材料及波形参数代入式（1）至（3）计算可得：

$$D_m = D_b + 2n\delta + 2\,r_0 + 2\sqrt{\left(r_0 + \frac{n\delta}{2} + r\right)^2 - \left(r_0 + n\delta + \frac{L_0}{2}\right)^2} = 677.71\text{mm}$$

$$\delta_m = \delta\sqrt{\frac{D_b}{D_m}} = 2 \times \sqrt{\frac{570}{677.71}} = 1.83\text{mm}$$

查 GB/T 12777－2019 附录 A 中表 A.1 得 Ω 形波纹管 f_{it} 的计算修正系数 $B_3 = 1.972$

$$f_{it} = \frac{D_m E_b^t \delta_m^3 n\,B_3}{10.92\,r^3} = \frac{677.71 \times 232000 \times (1.83)^3 \times 2 \times 1.972}{10.92 \times 28^3} = 15853.51\text{N/mm}$$

3 Ω 形膨胀节轴向刚度数值模拟

本节应用 ANSYS Workbench 软件中的 Static Structural 模块，对前文设计的单层双波、双层双波 Ω 形膨胀节进行轴向刚度数值模拟。

Ω 形膨胀节整体轴向刚度：

$$K = \frac{F}{S} \tag{4}$$

Ω 形膨胀节单波轴向刚度：

$$f = KN \tag{5}$$

其中，F 为施加在膨胀节端面的轴向拉力，S 为膨胀节端面的轴向位移。

3.1 单层双波 Ω 形膨胀节轴向刚度数值模拟

本节所用单层双波 Ω 形膨胀节材料为 Q345R，在数值模拟时，采用双线性随动强化材料模型，其材料应力应变曲线如图 1 所示。采用实体单元建模，几何模型如图 2 所示。网格划分的质量对求解的精度和速度有很大的影响，因此适当的网格划分在数值模拟过程中十分重要。为了使计算结果准确，网格沿厚度方向划分为三层，如图 3 所示。在上端面施加 50kN 的轴向拉力，下端面设置为固定约束，如图 4 所示。

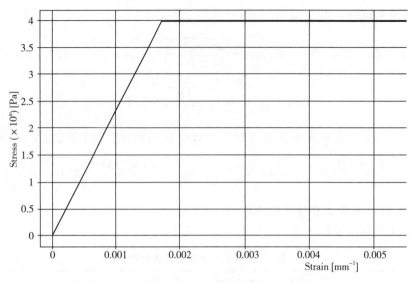

图 1   材料应力应变曲线

图 2   膨胀节几何模型

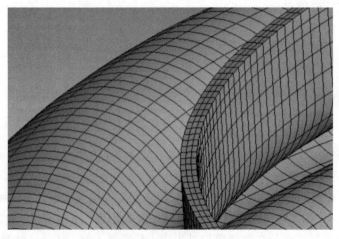

图 3   膨胀节网格模型

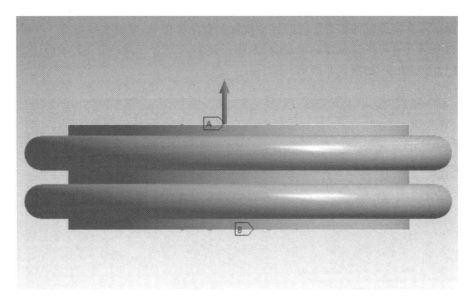

图 4　膨胀节载荷设置

有限元计算得出膨胀节上端面的轴向位移 S 为 4.3153mm,因此将轴向拉力 F、轴向位移 S、膨胀节波数 N 代入式(4)、(5)得:

膨胀节整体轴向刚度:

$$K = \frac{F}{S} = \frac{50000}{4.3153} = 11586.68\text{N/mm}$$

膨胀节单波轴向刚度:

$$f = KN = 11586.68 \times 2 = 23173.36\text{N/mm}$$

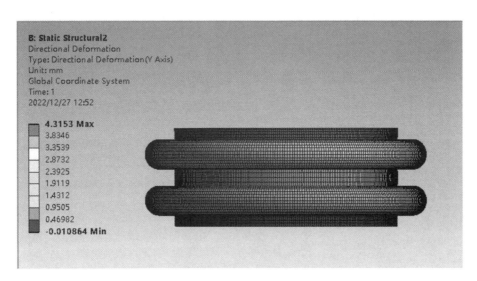

图 5　膨胀节有限元计算的轴向位移

3.2　双层双波 Ω 形膨胀节轴向刚度数值模拟

本节所用双层双波 Ω 形膨胀节材料与前节单层双波膨胀节相同,依然采用双线性随动强化材料模型。双层膨胀节计算量比单层大,且膨胀节本身为轴对称结构,受力也对称,因此选择 2D 模型来代替 3D 模型,减少计算时间,提高效率。建模时使用概念建模的方法生成表面,几何模型如图 6 所示。

在 ANSYS Workbench 软件中,接触主要分为五种类型:绑定接触、不分离接触、无摩擦接触、有摩擦接触和粗糙接触。本次模拟时两层管坯间的接触设置为有摩擦接触,摩擦系数取 0.1,如图 7 所示。

网格划分以及载荷边界条件设置和单层类似,沿厚度方向划分三层网格,上端面施加 50kN 的轴向拉力,下端面施加固定约束,如图 8、9 所示。

图 6 膨胀节几何模型

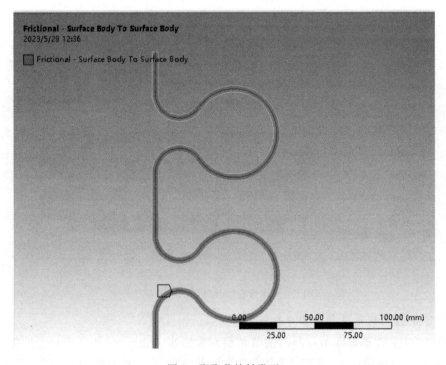

图 7 膨胀节接触类型

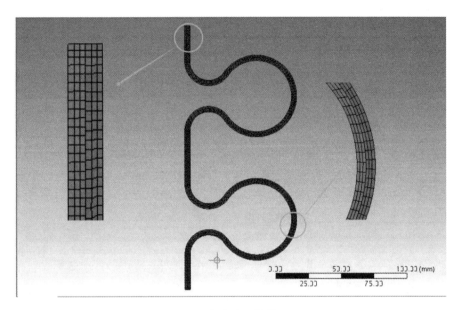

图 8　膨胀节网格模型

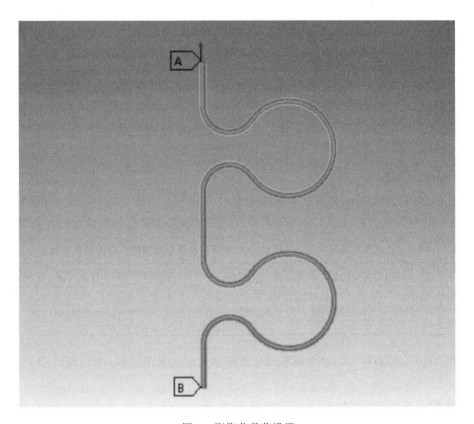

图 9　膨胀节载荷设置

　　有限元计算得出膨胀节上端面的轴向位移 S 为 9.257mm，因此将轴向拉力 F、轴向位移 S、膨胀节波数 N 代入式(4)、(5)得：

　　膨胀节整体轴向刚度：

$$K = \frac{F}{S} = \frac{50000}{9.257} = 5401.32\text{N/mm}$$

膨胀节单波轴向刚度:

$$f＝KN＝5401.32×2＝10802.64\text{N/mm}$$

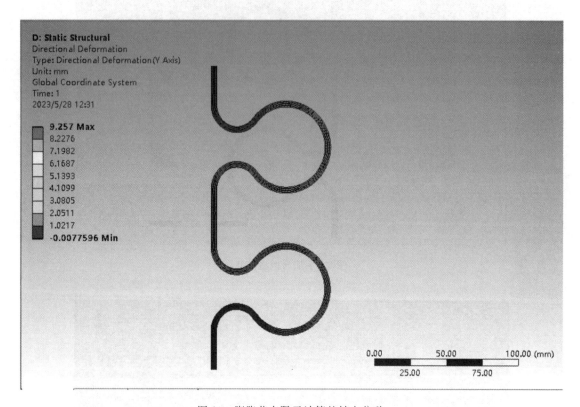

图 10　膨胀节有限元计算的轴向位移

4　数值模拟结果与公式计算结果比较

将单层双波、双层双波 Ω 形膨胀节单波轴向刚度的公式计算结果与有限元数值模拟计算结果进行对比,结果见表4,其中相对误差由公式计算结果与有限元计算结果的差值除以公式计算结果得出。

表 4　膨胀节单波轴向刚度的公式计算结果与有限元数值模拟计算结果对比

膨胀节类型	单波轴向刚度公式计算结果 N/mm	单波轴向刚度有限元计算结果 N/mm	相对误差
单层双波膨胀节	42318.89	23173.36	45.24%
双层双波膨胀节	15853.57	10802.64	31.86%

从上表得出,GB/T 12777－2019《金属波纹管膨胀节通用技术条件》标准给出的 Ω 形膨胀节单波轴向刚度偏大。

5　结　论

本文采用有限元方法对单层双波、双层双波 Ω 形膨胀节的轴向刚度进行了数值模拟,并与 GB/T 12777－2019《金属波纹管膨胀节通用技术条件》中规定的 Ω 形膨胀节轴向刚度计算公式计算得出的结果进行对比。结果发现,GB/T 12777－2019 标准给出的 Ω 形膨胀节单波轴向刚度比数值模拟结果大 30%－40%。由于 GB/T 12777－2019 中给出的单波轴向弹性刚度公式是将 Ω 形膨胀节简化为曲梁模型后推导得出的,而膨胀节结构复杂,和曲梁结构有很大差别,因此,应对 GB/T 12777－2019 标准中膨胀节的单波轴向刚度公式进行修正以便对含膨胀节工程结构进行精准设计。

参考文献

[1] 梁宏斌,曹岩,许学斌. 换热器 U 形波纹管膨胀节的设计[J]. 化工设计,2011,21(04):23－28＋33＋1.

[2] 宋延丽,罗志恒,李巍. 基于有限元方法分析 U 形金属波纹管膨胀节[A]. 中国金属学会能源与热工分会. 第八届全国能源与热工学术年会论文集[C]. 中国金属学会能源与热工分会:中国金属学会能源与热工分会,2015:6.

[3] 李冈陵. U 形膨胀节轴向刚度几种计算方法的比较[J]. 化工炼油机械通讯,1980(05):17－21.

[4] 黎廷新,胡坚,洪锡钢. U 形膨胀节的轴向位移应力和轴向刚度[J]. 炼油设备设计,1981(03):9－18.

[5] 姜宏春,蔡纪宁,张秋翔,李双喜. 机械密封用挤压成型金属波纹管应力及轴向刚度的有限元分析[J]. 化工设备与管道,2007(05):13－17.

[6] 姚琳,李宁,初起宝,房永刚. Ω 形膨胀节及 U 形膨胀节强度和刚度的比较[J]. 核安全,2013,12(02):50－55. DOI:10.16432/j.cnki.1672－5360.2013.02.006.

[7] 李进楠. 超大型 U 形膨胀节成形模拟及强度与刚度分析[D]. 北京化工大学,2021.

作者简介

邹可欣,1999 年生,女,北京化工大学在读研究生

通信地址:北京市朝阳区北三环东路 15 号北京化工大学,邮编:100029

联系电话:18801241123,电子邮箱:906789931@qq.com

20. 多层 U 形矩形波纹管 S_8 和 y_{bm} 的探讨

谢 月[1]　鲁明轩[2]　马 静[1]　李正良[1]　水鹏程[1]　盛 亮[1]　於 飞[1]

(1. 南京晨光东螺波纹管有限公司,江苏 南京 211153

2. 中国科学院合肥物质科学研究院,安徽 合肥 230000)

摘　要:美国膨胀节制造商协会(EJMA)给出了单层矩形波纹管的设计公式,未考虑拐角型式,只是将拐角处假设成固支,在某些情况下不够精确。而本文将拐角与直边的交界处看成简支,给出多层 U 形矩形波纹管 S8 和 y_{bm} 的计算公式,并与修正后的 EJMA 公式、FEA 结果和试验结果对比,给出合理建议。

关键词:多层;U 形;矩形;波纹管;膨胀节

Discussion S_8 & y_{bm} of
Multi－layer U－shaped Bellows

Xie Yue[1],Lu Ming－xuan[2],MaJing[1],Li Zheng－liang[1],ShuiPeng－cheng[1],Sheng Liang[1],YuFei[1]

(1. Aerosun－Tola Expansion Joint Co. Ltd,Jiangsu Nanjing 211153;

2. Hefei institutes of physical of physical science,Chinese academy of sciences)

Abstract:The American expansion joint Manufacturers Association （EJMA） gives the design formula of single－layer rectangular bellows. The corner was assumed to be a fixed support,without considering the corner type. So,the calculation was not accurate enough in some cases. In this paper, the junction of corner and straight edge was regarded as simply supported,and the calculation formulas of multi － layer U － shaped rectangular bellows S_8 and y_{bm} were given.　In addition,reasonable suggestions are given by comparing with the modified EJMA formula,FEA results and test results.

Keywords:Multi－layer;U－shaped;Rectangular;Bellows;Expansion joint

1 概 述

　　对于单层矩形波纹管,国内外通用的成型方式是先成型后焊接。而对于多层矩形波纹管,此种方法不适用,须采用先焊接后成型,即整体成型的方式。

　　EJMA[1] 中对于矩形波纹管的计算公式,是基于拐角处都假设为固支所得,如图 2(a)所示。公式计算并未考虑拐角的型式,对于拐角为圆角的多层矩形波纹管,公式不够精确。基于此原因,本文提出新的假设,假设矩形波纹管是以拐角与直边段交界处为支点的简支,探讨直边与圆角 R 的关系,给出简支梁模式下多层 U 形矩形波纹管 S_8 和 y_{bm} 的计算公式。

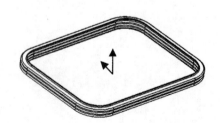

图 1　多层矩形波纹管示意图

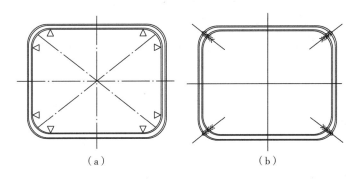

（a）　　　　　　　　　（b）

图 2　力学模型示意图

2　符号定义

F——集中载荷,单位为牛(N);

E——波纹管材料在设计温度下的弹性模量,单位为兆帕(MPa);

I——横截面对中心轴的惯性矩,单位为 m^4;

R——矩形波纹管圆角半径,单位为毫米(mm);

l——矩形波纹管直边段长度,单位为毫米(mm);

K_B——拐角处 B 点的刚度,单位为 N/mm;

K——矩形波纹管直边段中间位置的刚度,单位为 N/mm;

f_B——矩形波纹管拐角处 B 点的最大挠度,单位为毫米(mm);

f——矩形波纹管直边段中间位置的最大挠度,单位为毫米(mm);

P——均布载荷,单位为兆帕(MPa);

L——简支梁长度,单位为毫米(mm);

N——波数;

R——矩形波纹管圆角半径,单位为毫米(mm);

$W_波$——波高,单位为毫米(mm);

$q_波$——波距,单位为毫米(mm);

l_l——矩形波纹管长边内径,单位为毫米(mm);

ls——矩形波纹管短边内径,单位为毫米(mm);

P_g——设计压力,单位为兆帕(MPa);

M——实际弯矩,单位为 KN·m;

$\overline{M}$——虚设弯矩,单位为 KN·m;

I——横截面对中心轴的惯性矩,单位为 m^4;

I_z——矩形波纹管波纹段横截面的惯性矩,单位为 m^4;

X——变形量,单位为米(m);

x——某点的轴向位移,单位为米(m);

y——某点的横向位移,单位为米(m);

Y——横截面某个点到中心轴的距离,单位为毫米(mm);

θ——任意一点 C 与最大挠度点之间的夹角,单位为度(°);

ω——梁中心点的挠度,单位为毫米(mm);

E——波纹管材料在设计温度下的弹性模量,单位为兆帕(MPa);

S_{8l}——多层矩形波纹管,压力在波纹管长边所产生的纵向弯曲应力,单位为牛(N);

S_{8s}——多层矩形波纹管,压力在波纹管短边所产生的纵向弯曲应力,单位为牛(N);

y_{bml}——波纹管在压力作用下以梁模式的弯曲,其长边中心线在活动段中点的挠度,单位为毫米(mm);

y_{bms}——波纹管在压力作用下以梁模式的弯曲,其短边中心线在活动段中点的挠度,单位为毫米(mm)。

3 假设条件

当拐角处的刚度远大于直边刚度时(工程实践中我们认为大于 10 倍以上就可当作远大于),可将模型简化成简支梁模式(如图 2(b)所示),即以拐角与直边段交界处为支点的简支梁。根据圆角矩形的图形特点,拐角处可看作一端固定,一端自由的平面弯曲梁,如图 3(a)所示。

从结构力学可知,B 点的最大挠度为:$f_B = \dfrac{\pi F R^3}{4EI}$ (2)(弯矩 M 引起的位移)。求 f_B 时,我们在 B 点加单位竖向载荷,现分别求实际载荷和单位荷载作用下的内力。任意一点 C 的坐标为 (x,y),圆心角为 θ。

实际载荷:$M_曲 = -F_x$,

虚设载荷:$\overline{M}_曲 = -x$,

$f_B = \int \dfrac{M\overline{M}}{EI} d_s = \int \dfrac{F x^2}{EI} d_s$,其中 $x = R\sin\theta$,$d_s = R d_\theta$。

带入得 $f_B = \int\limits_0^{\frac{\pi}{2}} \dfrac{F R^3 \sin^2\theta}{EI} d_\theta = \dfrac{F R^3}{EI} \int\limits_0^{\frac{\pi}{2}} \sin^2\theta d_\theta = \dfrac{\pi F R^3}{4EI}$

对于直边段,简支梁模式下直边最大挠度在中间位置,如图 3(b)所示,数值 $f = \dfrac{F l^3}{48EI}$ (3)。求 f 时,我们在中点加单位竖向载荷,现分别求实际载荷和单位荷载作用下的内力。

实际载荷:$M_平 = \dfrac{F}{2} x$,

虚设载荷:$\overline{M}_平 = \dfrac{x}{2}$,

$f = \int \dfrac{M\overline{M}}{EI} d_s = \int \dfrac{F x^2}{4EI} d_x$,

带入得 $f = \int\limits_0^{\frac{L}{2}} \dfrac{F x^2}{4EI} d_x + \int\limits_{\frac{L}{2}}^{L} \dfrac{\frac{F}{2}x - \frac{F}{2}L}{EI} (\dfrac{X}{2} - \dfrac{L}{2}) d_x = \dfrac{F l^3}{48EI}$

根据广义胡克定律 $F = K \cdot X$ 可知,拐角处 B 点的刚度 $K_B = \dfrac{4EI}{\pi R^3}$,直边段中间位置的刚度 $K = \dfrac{48EI}{l^3}$。当 $|K_B/K| \geqslant 10$ 时,即 $l \geqslant 3.4R$ 时,拐角处可看作固定点,可将模型简化成简支梁模式。

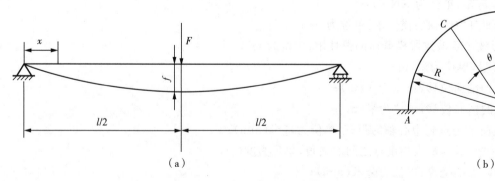

（a）　　　　　　　　　　　　　　　　　　　　（b）

图 3　平面弯曲梁的力学模型示意图

4　计　算

在结构静力计算中,两端简支的载荷和弯矩示意图如下图所示:

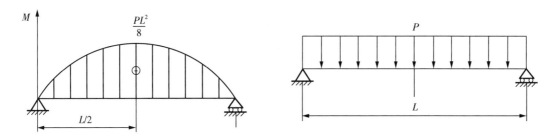

图 4　简支梁载荷和弯矩示意图

此模型的弯矩 $M_{max}=\dfrac{PL^2}{8}$,挠度 $\omega_{max}=\dfrac{5PL^4}{384EI_z}$

从图四和弯矩、挠度的公式可以看出,最大弯矩及挠度发生在简支梁的中点处。

梁发生纯弯曲时,横截面上某点处正应力计算公式为:

$$\sigma=\frac{M_{max}}{I_z}Y$$

从上面这个公式可分析出,最大应力发生在 Y 值最大的地方。而从波纹管横截面示意图可以看出,Y 最大值是 $\dfrac{w_{波}}{2}$,即波高顶端。

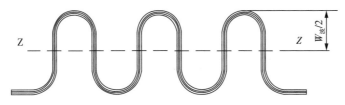

图 5　波纹管横截面示意图

因此,对于多层矩形波纹管,压力在波纹管中所产生的纵向弯曲应力(拐角为圆角):

$$S_{8l}=\frac{M_{max}}{I_z}y=\frac{M}{2I_Z}w_{波}=\frac{\dfrac{PL^2}{8}}{\dfrac{2I_z}{w_{波}}}\quad(长边)$$

$$S_{8s}=\frac{M_{max}}{I_z}y=\frac{M}{2I_Z}w_{波}=\frac{\dfrac{PL^2}{8}}{\dfrac{2I_z}{w_{波}}}\quad(短边)$$

对于多层矩形波纹管而言,以拐角与直边段交界处为支点的简支梁(图 2 所示),均布载荷 $P=P_g N q_{波}$,$L=l_l-2R$(长边),$L=l_s-2R$(短边),因此

$$S_{8l}=\frac{\dfrac{P_g N q_{波}(l_s-2R)^2}{8}}{\dfrac{2I_z}{w_{波}}}=\frac{P_g N q_{波} w_{波}(l_s-2R)^2}{16I_z}\quad(长边)$$

$$S_{8s} = \cfrac{\cfrac{P_g N q_{波} (l_s - 2R)^2}{8}}{\cfrac{2 I_z}{w_{波}}} = \frac{P_g N q_{波} w_{波} (l_s - 2R)^2}{16 I_z}(短边)$$

同理,多层矩形波纹管的最大挠度发生在每个直边段中心处,计算公式为:

$$y_{bml} = \frac{5 p L_l^4}{384 E I_z} = \frac{5 P_g N q_{波} (l_s - 2R)^4}{384 E I_z}(长边)$$

$$y_{bms} = \frac{5 p L_s^4}{384 E I_z} = \frac{5 P_g N q_{波} (l_s - 2R)^4}{384 E I_z}(短边)$$

5　公式计算、有限元分析和试验验证结果的对比

5.1　公式计算结果

(1)根据简支梁假设下的公式计算矩形波纹管中间位置的挠度:

$w_{波} = 140, q_{波} = 90, N = 3, n = 3, t = 1.5, R = 480, E = 186000$

$l_l = 3435$

$l_l - 2R = 2475 > 3.4R = 1632$

$I_Z =$ 矩形波纹管波纹段横截面的惯性矩(单位为 mm^4)

$$= N\left[\frac{nt(2w_{波} - q_{波})^3}{48} + 0.4q_{波} nt(w_{波} - 0.2q_{波})^2\right] = 9162718$$

$$y_{bml} = \frac{5 p L^4}{384 E I_z} = \frac{5 P_g N q_{波} (l_s - 2R)^4}{384 E I_z} = 7.74(长边,P = 0.1 时)$$

$$y_{bml} = \frac{5 p L^4}{384 E I_z} = \frac{5 P_g N q_{波} (l_s - 2R)^4}{384 E I_z} = 12.38 \quad (长边,P = 0.16 时)$$

$$y_{bml} = \frac{5 p L^4}{384 E I_z} = \frac{5 P_g N q_{波} (l_s - 2R)^4}{384 E I_z} = 15.48 \quad (长边,P = 0.2 时)$$

(2)根据 $EJMA$ 固支假设下的公式计算(加上层数修正后)矩形波纹管中间位置的挠度:

$w_{波} = 140, q_{波} = 90, N = 3, n = 3, t = 1.5, R = 480, E = 186000$

$l_l = 3435$

$l_l + h = 3575$

$I_Z =$ 矩形波纹管波纹段横截面的惯性矩(单位为 mm^4)

$$= N\left[\frac{nt(2w_{波} - q_{波})^3}{48} + 0.4q_{波} nt(w_{波} - 0.2q_{波})^2\right] = 9162718$$

$$y_{bml} = \frac{p(l_s + h)^4}{384 E I_z} = \frac{P_g N (l_s + h)^4}{384 E I_z} = 6.74(长边,P = 0.1 时)$$

$$y_{bml} = \frac{p(l_s + h)^4}{384 E I_z} = \frac{P_g N (l_s + h)^4}{384 E I_z} = 10.74 \quad (长边,P = 0.16 时)$$

$$y_{bml} = \frac{p(l_s + h)^4}{384 E I_z} = \frac{P_g N (l_s + h)^4}{384 E I_z} = 13.48 \quad (长边,P = 0.2 时)$$

5.2 有限元分析结果

利用有限元分析一倍设计压力（$P_g = 0.1$ MPa）、1.6 倍设计压力和 2 倍设计压力下（温度为室温），多层矩形波纹管长直边段的挠度，结果显示中间的挠度最大（见图 6），数值见表 1 所列：

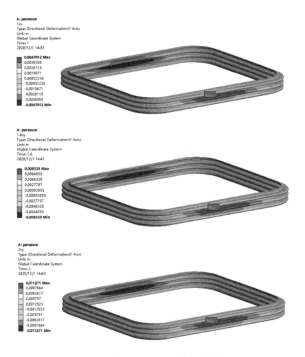

图 6 挠度的 FEA 分析结果

表 1 有限元分析的挠度结果

压力（MPa）	FEA 分析
0.1	4.7
0.16	8.3
0.2	11.2

5.3 试验验证结果

利用激光位移传感器（试验照片见图 7）记录室温下一倍设计压力（$P_g = 0.1$ MPa）、1.6 倍设计压力和 2 倍设计压力下，多层矩形波纹管长直边段中间的挠度，结果见表 2。

图 7 激光传感器测量波峰位移变化

表 2　试验验证的挠度结果

压力（MPa）	FEA 分析
0.1	4.1
0.16	7.1
0.2	10.1

5.4　结果对比分析

为了与实验结果和有限元分析结果进行比对,采用对比挠度的方式进行冗余度的评价。对比结果表明:新公式的计算结果和修正后 EJMA 公式的计算结果均有很大的安全裕度,而 FEA 分析与试验结果很接近,并略大于试验结果。因此,相比于公式计算,利用 FEA 计算多层矩形波纹管挠度可以获得较高的精度和一定的安全裕度。

表 3　挠度对比

压力（MPa）	FEA 分析	试验结果	简支梁公式计算结果	修正后 EJMA 公式计算结果
0.1	4.7	4.1	7.74	6.74
0.16	8.3	7.1	12.38	10.74
0.2	11.2	10.1	15.48	13.48

6　结　论

1. 多层 U 型矩形波纹管的短边内径大于等于 3.4 倍圆角半径时（即 $ls \geqslant 3.4R$ 时）,拐角处的刚度远大于直边刚度（大于等于 10 倍）,此时可将拐角与直边的交界处看成简支,得出多层 U 形矩形波纹管 S_8 和 y_{bm} 的计算公式:

$$S_{8l} = \frac{\dfrac{P_g N q_{波}(l_s - 2R)^2}{8}}{\dfrac{2 I_z}{w_{波}}} = \frac{P_g N q_{波} w_{波}(l_s - 2R)^2}{16 I_z}（长边）$$

$$S_{8s} = \frac{\dfrac{P_g N q_{波}(l_s - 2R)^2}{8}}{\dfrac{2 I_z}{w_{波}}} = \frac{P_g N q_{波} w_{波}(l_s - 2R)^2}{16 I_z}（短边）$$

$$y_{bml} = \frac{5 p L_l^4}{384 E I_z} = \frac{5 P_g N q_{波}(l_s - 2R)^4}{384 E I_z}（长边）$$

$$y_{bms} = \frac{5 p L_s^4}{384 E I_z} = \frac{5 P_g N q_{波}(l_s - 2R)^4}{384 E I_z}（短边）$$

2. 相比于公式计算,利用 FEA 计算多层矩形波纹管挠度可以获得较高的精度和一定的安全裕度。

参考文献

[1] Expansion Joint Manufactures Association. Standards OfThe Expansion Joint Manufacturers Association:EJMA－2015[S].

[2] 刘鸿文. 材料力学:第二版下册[M]. 北京:高等教育出版社,1982:30－31.

[3] 龙驭球,包世华. 结构力学教程:第 1 卷[M]. 北京:高等教育出版社,2000:254－256.

作者简介

谢月,(1986),女,硕士,高级工程师,长期在南京晨光东螺波纹管有限公司从事波纹膨胀节的设计工作,通信地址:南京晨光东螺波纹管有限公司,邮编:211153,

联系方式:025－52826568,email:335934697@qq.com。

21. 大直径弯管压力平衡型膨胀节导流栅的仿真分析研究

张璐杨　杨玉强

(中船双瑞(洛阳)特种装备股份有限公司,河南洛阳 471000)

摘　要:本文以计算流体力学为理论基础,建立了大直径弯管压力平衡型膨胀节的三维CFD模型,分别对15种模拟工况进行数值模拟研究,以判断介质流速与导流栅数量对膨胀节内部气流组织的影响。结果显示,加入导流栅后可在一定程度上减少介质的流动阻力,管道内的流速分布逐渐趋于均匀,管道出口处的速度分层现象明显减弱但也加剧了速度损耗。随着介质流速的增加,在内侧导流栅处的流速变化越剧烈,管道内部的速度差异越明显,这可为大直径弯管压力平衡型膨胀节的实际工程应用提供指导。

关键词:弯管压力平衡型膨胀节;气流组织;计算流体力学;数值模拟

Simulation and analysis of flow gate for pressure balanced expansion joint of large diameter elbow

Zhang Luyang,Yang Yuqiang

(CSSC Sunrui(Luoyang) Special Equipment Co. ,Ltd. ,Luoyang,Henan Province,471000)

Abstract:Based on computational fluid dynamics, a three − dimensional CFD model of the pressure−balanced expansion joint of large−diameter elbow was established in this paper,and 15 simulated working conditions were simulated to judge the influence of medium velocity and the number of flow barriers on the air distribution in the expansion joint. The results show that the flow resistance of air can be reduced to a certain extent after adding the flow guide grid,the velocity distribution in the pipeline tends to be uniform gradually,and the phenomenon of velocity stratification at the outlet of the pipeline is obviously weakened,but it also aggravates the resistance and velocity loss of air flow along the way. With the increase of medium velocity,the velocity change at the inner baffle is more drastic, and the velocity difference inside the pipeline is more obvious,which can provide guidance for practical engineering application.

Keywords:Elbow pressure balanced expansion joint;Air flow organization;Computational fluid dynamics;Numerical simulation

1 引　言

弯管压力平衡型膨胀节由一个工作波纹管或中间管所连接的两个工作波纹管和一个平衡波纹管及弯头或三通、封头、拉杆、端板和球面与锥面垫圈等结构件组成,主要用于吸收轴向与横向组合位移并能平衡波纹管压力推力的膨胀节。其常规结构如图 1 所示[1]。

弯管压力平衡型膨胀节一般用于泵、压缩机、涡轮机和汽轮机等敏感设备的有限空间,靠近与设备相连的"L"管段,用于补偿轴向与横向组合位移,隔离设备振动,满足设备管口受力要求[2]。随着工业装置规模的扩大,弯管压力平衡型膨胀节服役补偿的管道直径也越来越大,通过弯管压力平衡型膨胀节的大流量、高流速介质在膨胀节内部发生流向改变时,弯头或三通的受力变得更加复杂化、苛刻化[3]。

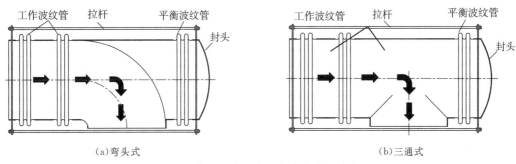

<table>
（a)弯头式　　　　　　　　　　　（b)三通式
</table>

图 1　弯管压力平衡型膨胀节常规结构

受限于安装空间,大直径弯管压力平衡型膨胀节流向改变处一般选用三通结构[4]。由于离心力与惯性力的作用,采用三通设计容易使得流体在流向改变后的内侧壁面形成较大的涡流区,管道中的微小杂质容易随介质在涡流区与管道壁面碰撞,久而久之,管道壁面磨损处易出现穿孔、破裂等损坏。同时,介质流速越大,膨胀节三通处受到的应力和形变量也越大,伴随着大量的旋涡必然将增加管道因振动而损坏的风险。

因此,本文基于计算流体力学,选择广泛应用于工业管道、航空航天、石油化工等工程领域的 ANSYS FLUENT 软件[5]来对大直径弯管压力平衡型膨胀节的气流组织进行数值模拟分析与设计,获得大直径弯管压力平衡型膨胀节的流动特性和湍流结构,研究其三通内部的流动和阻力情况,并探求分析不同的流速、不同的导流栅数量对大直径弯管压力平衡型膨胀节内部气流组织的影响,为大直径弯管压力平衡型膨胀节的结构安全与减阻设计提供理论依据。同时,开展此项工作对于减少装置能源消耗、降低管网系统运行费用以及管道安全运行等方面也具有重要的工程意义。

2　模型的建立

2.1　物理模型的建立

以某大直径弯管压力平衡型膨胀节为研究对象,公称直径为 DN2800。除了建立无导流栅的物理模型以外,在弯管压力平衡型膨胀节的介质流向变化处(三通)分别设置 3、5、7 片导流栅,探讨不同流速下导流栅数量对三通式大直径弯管压力平衡型膨胀节内部气流组织的影响。同时,为了方便后续判断不同导流形式的导流效果,忽略了膨胀节中导流筒的影响,并沿着介质流动方向分别在膨胀节的介质流入处和介质流出处增设 20m 的长直管道,以便介质在管道内能够得到充分地流动。利用 ANSYS ICEM 软件分别建立四种气流组织形式下的物理模型。不同形式下的物理模型如图 2 所示。

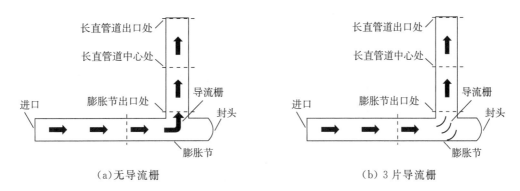

（a)无导流栅　　　　　　　　　　　（b）3 片导流栅

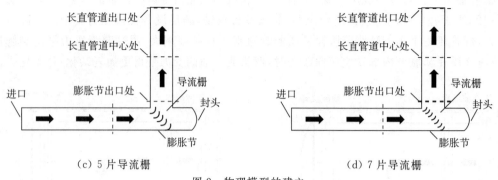

（c）5 片导流栅　　　　　　　　　　　　　（d）7 片导流栅

图 2　物理模型的建立

2.2　数学模型

2.2.1　基本控制方程

在管道内部,流体的流动需要遵循物理守恒定律,包括质量守恒定律、动量守恒定律、能量守恒定律。大直径弯管压力平衡型膨胀节内部的空气流动是以三大守恒方程（质量守恒方程、动量守恒方程、能量守恒方程）来实现的。本文将膨胀节及长直管道内的流动介质视作空气,并视其为不可压缩流体。三大方程可表述为式（1）形式[6]。

$$div(\rho \cdot \boldsymbol{u} \cdot \varphi - I_\phi \cdot grad(\varphi)) = S_\phi \tag{1}$$

式中:ρ 为密度,kg/m³;I_ϕ 为广义扩散系数;$\boldsymbol{u}$ 为速度矢量,m/s;φ 为通用变量,即速度、温度等;S_ϕ 为广义源项。

2.2.2　湍流模型

在工业管道以及许多工程设备中流体的流动常为湍流流动,大直径弯管压力平衡型膨胀节内部的气流将不可避免地发生湍流现象,因此将膨胀节与长直管道内的空气流动看作湍流流动。本文选择标准 $k-\varepsilon$ 模型来求解管道内的气流流动,与之对应的输运方程为[7]:

$$\frac{\partial(\rho \cdot k)}{\partial t} + \frac{\partial(\rho k u_i)}{\partial x_i} = \frac{\partial}{\partial x_j}\left[\left(\mu + \frac{\mu_t}{\sigma_k}\right)\frac{\partial k}{\partial x_j}\right] + G_k + G_b - \rho \cdot \varepsilon - Y_M + S_k \tag{2}$$

$$\frac{\partial(\rho \cdot \varepsilon)}{\partial t} + \frac{\partial(\rho \varepsilon u_i)}{\partial x_i} = \frac{\partial}{\partial x_j}\left[\left(\mu + \frac{\mu_t}{\sigma_\varepsilon}\right)\frac{\partial \varepsilon}{\partial x_j}\right] + G_{1\varepsilon} \cdot \frac{\varepsilon}{k}(G_k + G_{3\varepsilon} \cdot G_b) - G_{2\varepsilon} \cdot \rho \cdot \frac{\varepsilon^2}{k} + S_\varepsilon \tag{3}$$

式中:G_b 为由浮力引起的湍动能 k 的产生项;Y_M 为可压湍流中脉动扩张的贡献;S_k、S_ε 为源项;G_k 为由平均速度引起的湍动能 k 的产生项;σ_ε、σ_k、$G_{1\varepsilon}$、$G_{2\varepsilon}$、$G_{3\varepsilon}$ 为经验常数,通常 $\sigma_\varepsilon = 1.3$、$\sigma_k = 1.0$、$G_{1\varepsilon} = 1.44$、$G_{2\varepsilon} = 1.92$、$G_{3\varepsilon} = 0.09$。

3　数值模拟参数的设置

3.1　计算域的确定与网格的划分

根据大直径弯管压力平衡型膨胀节的结构特性与几何尺寸,本文未考虑膨胀节导流筒与波纹管之间的区域,建模时仅考虑导流筒与筒节相连区域所形成的空气流域,且焊缝等细小部位忽略不计。当在三通中加入导流栅时,气流在拐角处被分成若干个区域,很大程度上减少了惯性作用力的影响。管道内的速度分布逐渐趋于均匀,同时也降低了管道内的流动阻力,有效地减少了磨损的可能性。

整个弯管压力平衡型膨胀节和长直管道密封性良好,仅通过长直管道的一侧进行送风,因此将整个膨胀节与长直管道所形成的空气流域作为计算域,在 ANSYS ICEM 中划分网格模型,整个区域均采用非结构化网格,并对壁面和导流栅两侧表面等流速变化较大的区域的网格进行局部加密。图 3 为网格划分结果,四种模型的网格数控制在 71.1 万至 87.1 万之间,且网格质量均满足数值模拟要求。

3.2 边界条件的设定

长直管道、膨胀节的管壁以及导流片定义为壁面(Wall)模型,材料性能用薄钢板的物性参数进行定义,同时为了仿真能顺利进行,将所有壁面均设为无滑移壁面。将长直管道一侧定义为速度进口(Velocity−inlet)边界条件,另一侧长直管道的末端定义为自由流出口(Outflow)边界条件。为了探讨不同流速下三通式弯管压力平衡型膨胀节内部导流栅的导流效果,进口速度分别设为20m/s、40m/s、60m/s、80m/s和100m/s。

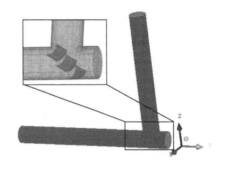

图3 网格划分结果

3.3 数值方法的确定

数值计算时采用三维稳态方法求解,湍流模型选用标准$k−\varepsilon$模型,近壁面区域采用标准壁面函数(Standard wall functions)进行计算。离散格式选择二阶迎风格式,压力−速度耦合项选用SIMPLEC半隐式算法求解。收敛残差设置为默认值,当各模型计算达到收敛时迭代停止。表1列出了在三通式大直径弯管压力平衡型膨胀节内部,不同流速、不同导流栅数量下的所有模拟工况,采用以上边界条件及数值模拟方法对各工况分别进行模拟研究。

表1 模拟工况的确定

方案	流速/m·s⁻¹	导流栅数量/个	方案	流速/m·s⁻¹	导流栅数量/个
A	20	无	6	40	7
B	40	无	7	60	3
C	60	无	8	60	5
D	80	无	9	60	7
E	100	无	10	80	3
1	20	3	11	80	5
2	20	5	12	80	7
3	20	7	13	100	3
4	40	3	14	100	5
5	40	5	15	100	7

4 模拟结果与分析

4.1 导流栅数量对气流组织的影响

当介质流速相同,不同导流栅数量下管道内气流组织的模拟结果如图4所示。从图4中可以发现,空气流经膨胀节进口的上游直管处,内壁流速增大。在未安装导流栅时,在膨胀节出口处的长直管道部分出现了涡流区,内外侧的流速差异较大,湍流现象明显,当空气沿着出口处的长直管道继续流动时,管道内部内外侧的流速差异逐渐减小。当在三通式弯管压力平衡型膨胀节中加入导流栅后,气流在流向改变处被分成了若干个区域,这在一定程度上减少了空气的流体阻力,管道内的流速分布逐渐趋于均匀,这有效地减少了管道磨损现象的发生,大大降低了因流速差异过大而造成的管道振动等现象发生的可能性。此外,加装导流栅使得管道速度最高处由管道内壁转移至导流栅两侧,因此在膨胀节安装工作进行时,应注意导流栅区域的加固。

为了研究导流栅数量对管道内部气流组织的影响,以不同导流栅数量下的管道模型作为研究对象,分别模拟了空气流过膨胀节时流速的变化,本文以进口速度 v＝60m/s 为例,不同导流栅数量下管道内部的流速计算结果如表 2 所示。

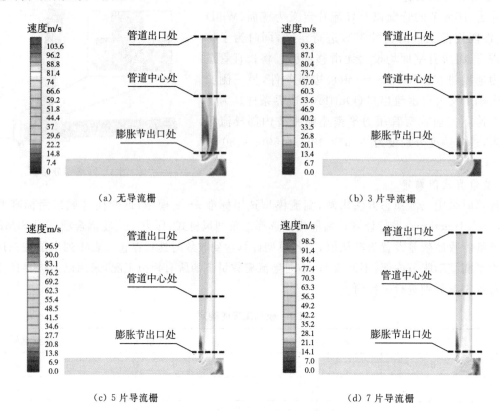

图 4　导流栅数量对气流组织的影响

表 2　不同导流栅数量下的模拟结果　　　　　　　　　　　　单位:m/s

进口速度	导流栅数量/个	膨胀节出口最高速度	膨胀节出口平均速度	管道中心处最高速度	管道中心处平均速度	管道出口处最高速度	管道出口处平均速度
60	0	103.2	68.3	86.8	59.5	78.2	58.8
	3	86.6	60.9	74	57.3	67.3	57
	5	84.5	59	72.7	56.3	65.8	56.2
	7	83.3	58.6	71.5	55.6	64.3	55.5

从模拟结果中可以得知,受管道阻力的影响,沿着介质流动方向,空气流速逐渐降低。未安装导流栅时管道内部速度水平较高且差异明显。当安装导流栅时,管道内部介质流速的差异逐渐降低,当安装 7 片导流栅、进口速度为 60m/s 时,管道中心处的最高速度降低 15.3m/s,膨胀节出口处的最高速度由未安装导流栅时的 68.3m/s 降至 58.6m/s,速度差降低幅度明显,表明导流栅的增加可以进一步提高分流后管道内部的气流均匀性。增加导流栅数量能起到更好的整流效果,表现为当导流栅数量增加时,管道出口处速度分层现象减弱。

此外,如图 5 所示,对比同一进口速度下不同导流栅数量的模拟结果可知,随着导流栅数量的增加,不同出口位置处的速度水平均呈现降低的趋势。但相比较而言,导流栅数量从 3 片加至 7 片时,管道出口处的最高速度降低了 4.4%,膨胀节出口处的最高速度仅降低了 3.8%。显而易见,当导流栅数量大于 3 片时,各位置处的速度降低的幅度变小,流阻减小的效果有限。因此,考虑到膨胀节导流栅的安装工艺与成本,对于大直径三通式弯管压力平衡型膨胀节而言,在介质流向改变出处加装 3 片导流栅是合理降低管道流阻的最优片数。

因此,在大直径弯管压力平衡型膨胀节内部沿着介质流向增设不同数量的导流栅,可以有效地调整

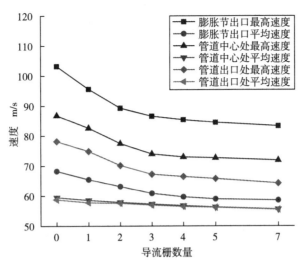

图 5　导流栅数量对速度水平的影响

管道内的气流组织,使介质的分布更加均匀,加剧了速度的损耗,减小了管道的局部阻力。

4.2　介质流速对气流组织的影响

未安装导流栅时不同介质流速下管道内气流组织的模拟结果如图 6 所示。从图中可以看出,管道内部的涡流现象明显,随着介质流速的增加,管道流速最高处逐渐转移至外侧的管壁处。并且,在高速介质的冲击下,在长直管道内侧出现了明显的涡流区,且当流速逐渐增大,涡流区域也随之增大,这增加了管线因压差所造成损坏的风险。

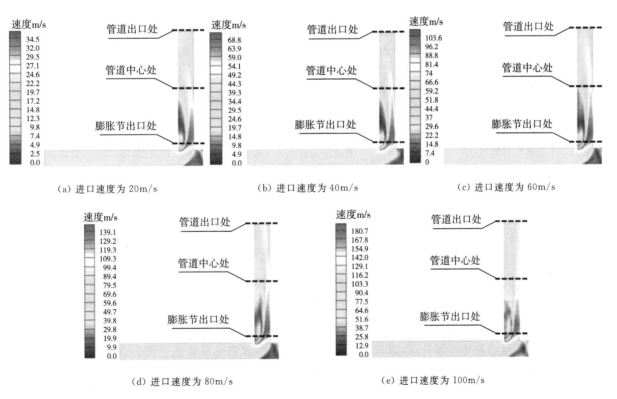

图 6　未安装导流栅时不同介质流速下管道内气流组织的模拟结果

当导流栅数量(以 3 片导流栅为例)相同,不同介质流速下管道内气流组织的模拟结果如图 7 所示。从图 7 中可以发现,安装导流栅后,不同介质流速下的出口侧长直管道的速度变化基本相同,且涡流现象明显改善。由于导流栅的存在,使得介质流通面积减小,因此,随着介质流速的增加,在内侧导流栅处的流速变化越剧烈。对于长直管道而言,流速最高处逐渐由管道的内壁转移至管道中央,这表明导流栅的设置虽然加剧了管道内速度的损耗,但提高了三通内流体均匀性并也在一定程度上降低了管道振动噪声带来的影响。

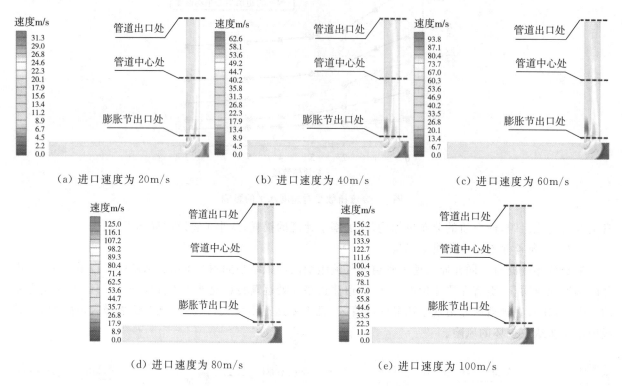

（a）进口速度为 20m/s　　　　（b）进口速度为 40m/s　　　　（c）进口速度为 60m/s

（d）进口速度为 80m/s　　　　（e）进口速度为 100m/s

图 7　安装导流栅时不同介质流速下管道内气流组织的模拟结果

介质流速对管道内部气流组织存在影响,表 3 以最优导流栅数量为(3 片)为例,以不同介质流速下的管道模型作为研究对象,模拟了空气流过膨胀节时速度水平的变化。

表 3　不同介质流速下的模拟结果　　　　　　　　　　单位:m/s

介质流速	膨胀节出口最高速度	膨胀节出口速度差	管道中心处最高速度	管道中心处速度差	管道出口处最高速度	管道出口处速度差
20	29	9	25.3	5.3	23.9	3.9
40	57.9	17.9	50.3	10.3	48.1	8.1
60	86.6	26.6	74	14	69.6	9.6
80	115.4	35.4	98.4	18.4	92.7	12.7
100	144.2	44.2	122.8	22.8	114.5	14.5

从模拟结果中可以得知,随着介质流速的增加,管道内部的速度差异越明显。当导流栅数量一定时,管道内部介质流速的差异逐渐升高,当进口速度为 20m/s 时,管道出口处的速度差仅为 3.9m/s,但当进口速度达到 100m/s 时,管道出口处的速度差高达 14.5m/s,这表明介质流速的增加可以使管道内部沿程阻力呈现逐渐增加的趋势。因此可以看出,降低管道内部的介质流速能够起到更好的降阻效果。

5　结　论

本文基于计算流体力学,利用 ANSYS FLUENT 软件对某大直径三通式弯管压力平衡型膨胀节内部的气流组织进行了数值模拟研究,根据不同的介质流速与导流栅数量,提出了 15 种不同的气流组织模拟工况,主要研究结论如下:

(1)当在三通式弯管压力平衡型膨胀节中加入导流栅后,可在一定程度上减少空气的流体阻力,管道内的流速分布逐渐趋于均匀,降低因流速差异过大而造成的管道振动等现象发生的可能性。

(2)随着导流栅数量的增加,管内气流更加均匀,管道出口处的速度分层现象明显减弱。

(3)对于三通式弯管压力平衡型膨胀节而言,在介质流向改变出处加装 3 片导流栅是合理降低管道流阻的最优片数。

(4)在高速介质的冲击下,在膨胀节出口侧的长直管道内侧出现了明显的涡流区,且当流速逐渐增大,涡流区域也随之增大。

(5)随着介质流速的增加,内侧导流栅处的流速变化越剧烈,管道内部速度差异越明显,适当降低管道内部的介质流速能够在一定程度上起到更好的降阻效果。

参考文献

[1] 中国国家标准化管理委员会. 金属波纹管膨胀节通用技术条件:GB/T 12777—2019[S]. 北京:中国标准出版社,2019.

[2] 张爱琴,张国锋,占丰朝,等. 弯管压力平衡型膨胀节的选型应用[J]. 化工设备与管道,2021,58(6):11—14.

[3] 彭方现. 三通管道冲蚀泄漏流场数值模拟分析研究[D]. 太原:中北大学,2020.

[4] 何锐裕,顾寅峰. 弯管式压力平衡膨胀节的选型计算与分析:第十三届全国膨胀节学术会议论文集[C]. 合肥:合肥工业大学出版社,2014.

[5] 孙瑞晨,王旭. Fluent 软件在膨胀节设计中的应用[J]. 管道技术与设备,2021(1):48—51.

[6] 龚波. 波纹管传热与流动阻力的数值模拟研究[D]. 哈尔滨:哈尔滨工业大学,2006.

[7] 陈致明,刘少峰. 基于 Fluent 对三通管件结构的优化设计[J]. 四川水泥,2019(5):72—73.

作者简介

张璐杨(1996—),男,助理工程师,研究方向压力管道设计及膨胀节设计应用研究。

联系方式:河南省洛阳市高新开发区滨河北路 88 号,邮编 471000

TEL:15896641927

EMAIL:15896641927@163.com

22. 热网外压波纹管位移循环安全性能研究

刘岩[1]   张爱琴[1]   钟玉平[2]

(1. 中船双瑞(洛阳)特种装备股份有限公司,河南洛阳   471000;

2. 中国船舶集团有限公司第七二五研究所,河南洛阳   471000)

摘   要:系统阐述了热网外压波纹管的工况条件、失效模式、应力分布特征,说明了控制波纹管单层壁厚、单波位移量、波侧壁倾角以及预变位量,对外压波纹管位移循环安全的必要性。初步建立了热水管网外压波纹管位移循环安全设计准则并进行了试验验证,分析了满足波纹管在位移循环安全设计准则条件下,外压多层波纹管单层厚壁对波纹管设计疲劳寿命的影响。

关键词:热网;外压波纹管;位移循环

Investigation on Securityof External Pressurized Bellows Cyclic Displacement for Heating Supply Network

Liu Yan[1], ZhangAiqin[1], Zhong Yuping[2]

(1. CSSC Sunrui (Luoyang) Special Equipment Co. ,Ltd. ,Luoyang 471000,China;

2. Luoyang Ship Material Institution,Luoyang 471000,China)

Abstract:The working conditions,failure modes and stress distribution characteristics of external pressurized bellows of heating supply network are systematically described. It is necessary to control the thickness of per ply,displacement of per convolution,angle of convolution sidewall,cold spring for cyclic displacement safety of external pressurized bellows. The cyclic displacement safety design criteria of external pressurized bellows in hot water are preliminarily established and verified by experiments. The influence of per ply thickness for external pressurized multi−layer bellows on the design fatigue life is analyzed under the condition of the cyclic displacement safety design criteria.

Keywords:heating supply network;external pressurized bellows;cyclic displacement

0 引 言

波纹管膨胀节(或称波形膨胀节、波形补偿器、挠性接管)是由一个或多个波纹管及相应附件组成的挠性部件,用以补偿因热胀冷缩、机械位移或振动引起的管线、设备等的尺寸变化或位移。波纹管工作过程中承受温度、压力、管道输送设备与附件操作变动、内部介质与外部环境的综合影响,作为膨胀节的核心元件,需要综合满足工况条件与服役过程中的强度、稳定性、疲劳寿命要求。

热水管网(以下简称热网)长直供热管道中外压轴向型膨胀节应用最多,根据对失效案例研究可知,除了腐蚀失效外,热网波纹管因单纯的疲劳破坏造成提前失效的情况较为罕见,在现场压力试验和运行过程中发生失稳的案例较多。针对该类型产品的安全性,目前业内大多数人认为,供热介质为热水的热网波纹管设计疲劳次数越高,波纹管越安全,使用寿命越长,因此倾向于采用提高波纹管设计疲劳次数的办法来延长波纹管寿命,但多年的应用与试验结果表明热网波纹管的设计疲劳寿命与其实际使用寿命之间没有必然联系,即单纯提高波纹管的设计疲劳次数并不能提高波纹管的使用寿命和安全性。

本文从分析外压波纹管的失效模式、受力特点、位移循环安全的影响因素等方面开展研究,揭示出了单层壁厚、单波位移量对外压波纹管安全性和疲劳性能的影响,通过试验验证,初步确立了热网外压波纹管位移循环安全设计评价准则,供大家参考。

1 波纹管的位移循环疲劳性能设计与压力、温度工况特点

波纹管的疲劳寿命是由压力引起沿子午向的应力变化范围与由位移引起的沿子午向总的应力变化范围之和的函数,其中位移引起的应力变化范围须根据总当量轴向位移的变化范围来确定,一般占主导因素。

根据 GB/T 12777[1] 材料为 300 系列不锈钢波纹管的疲劳寿命设计公式见式(1),波纹管的疲劳次数取决于波纹管所经历的子午向应力变化范围 σ_t。

$$[N_c] = \left(\frac{12827}{\sigma_t - 372}\right)^{3.4} / n_f \tag{1}$$

$[N_c]$——波纹管设计疲劳寿命的数值,单位为周次;

σ_t——子午向总应力范围,单位为兆帕(MPa);

n_f——设计疲劳寿命安全系数。

式(1)中:

$$\sigma_t = 0.7(\sigma_3 + \sigma_4) + \sigma_5 + \sigma_6 (无加强 U 形) \tag{2}$$

由式(1)、式(2)可知波纹管疲劳寿命的影响因素很多,例如工作压力、工作温度、介质条件、环境条件、波纹管材料、单波位移、波纹管厚度、波形参数、加工因素以及波纹管设计疲劳寿命安全系数等,这些因素的变化均对波纹管的寿命产生影响。

一般情况下集中供热的介质为热水,供暖期间,为保证热能的输送,供热管道中需要维持一定的压力,设计压力通常在 1.6MPa~2.5MPa,相比其他领域,热网的工作压力较高。运行压力与设计压力之间存在一定差异,并随水力调节发生一定变化,随着供暖负荷的加大,运行压力逐步接近设计压力。供暖期间供水温度为 100℃~140℃,停暖期间,供热管道中为常温水,保持微正压。鉴于热网管道中的介质的腐蚀成分有相应的标准要求,不作为本文考虑的重点。

下面针对外压波纹管的失效模式、受力特点、波纹管壁厚、单波设计位移量等因素对其位移循环安全进行分析。

2 热网外压波纹管的失效模式与应力分布特征

2.1 热网外压波纹管的失效模式与特点

热网外压波纹管失效模式,主要为腐蚀、失稳和疲劳开裂,除腐蚀之外表现较多的为失稳(包含外压周向失稳和平面失稳)。本文不考虑腐蚀环境的影响,腐蚀失效可以通过防腐和隔离等手段解决。

失稳分为两种情况,一种是出厂预变位(波纹管压缩)状态下的平面失稳,见图1;另一种失稳是发生在工作过程中,随着温度、压力的升高,波纹管在外压和最大拉伸位移组合条件下发生

图 1 外压波纹管压缩位移—
水压试验状态平面失稳

的外压周向失稳,见图2。外压波纹管工作过程受拉伸、压缩,波纹管的位移状态见图3。

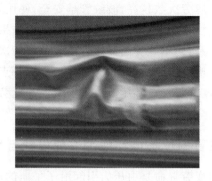

图2　波纹管外压周向失稳

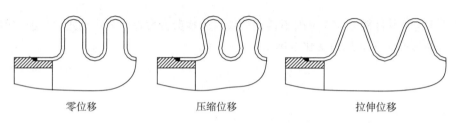

零位移　　　　　　　　压缩位移　　　　　　　　拉伸位移

图3　波纹管位移状态示意图

当波纹管选用薄壁多层,波纹管的单波位移量较大时,即使满足强度校核,在稳定性试验时容易发生外压周向失稳,即波纹管在拉伸位移及外压载荷作用下,位移和外压载荷引起的周向弯曲应力在波峰处实现应力状态的叠加,波纹管易产生周向失稳[2]。周向失稳的表现形式为侧壁屈服褶皱及波峰塌陷,外压周向失稳是瞬间发生的,且一旦发生波峰塌陷,波纹管将立刻失去承压和位移补偿能力,即疲劳性能丧失。

关于疲劳开裂失效,在波纹管平面稳定性和周向稳定性满足的前提下,波纹管的失效模式为疲劳失效,疲劳裂纹大多发生在波谷,少量发生在波峰焊缝。因为外压波纹管在进行位移补偿时,拉伸位移与外压产生的子午向应力在波峰方向相反,相互抵消;在波谷方向相同,相互迭加,波谷位置出现最大应力。

在服役寿命方面,热网波纹管存在如下特点:

(1)膨胀节的初始安装状态为预变位状态,部分波纹管在压缩位移状态下出厂或现场水压时发生平面失稳;

(2)膨胀节未到使用期限,发生拉伸位移状态下外压周向失稳失效;

(3)波纹管设计疲劳次数与实际使用寿命不成比例关系,也就是说设计疲劳寿命高的膨胀节其实际使用寿命不一定高,设计疲劳寿命次数少的其实际使用寿命并不总低。

2.2　外压波纹管的应力分布特征

当外压波纹管采用多层结构且承受拉伸位移时,往往在压力远低于按当量壁厚圆筒得到的外压失稳临界压力,波纹管就产生波峰塌陷,呈外压周向失稳状态。各国外压稳定性校核公式均未考虑拉伸位移的影响,外压波纹管从纵向剖面看,相当于一个拱梁,当波纹管处于拉伸位移时,拱梁降低了拱高,其抗失稳的能力有所降低。由于外压周向失稳是瞬间发生的,且一旦发生波峰塌陷,波纹材料将会产生皱褶,很快就会泄漏,影响波纹管的安全使用。为了解波纹管拉伸位移与外压稳定性的关系以及应力分布特征,分别对承受外压、拉伸位移和外压+拉伸位移三种工况下的波纹管进行了有限元分析[2]。

波纹管承受外压载荷时的有限元分析结果见图4。由压力引起的周向应力在波峰和波谷均为拉应力,在波纹侧壁的为压应力;由压力引起的子午向应力在波峰和波谷均为拉应力,在波纹侧壁为压应力。压力引起的最大子午向应力大于最大周向应力。

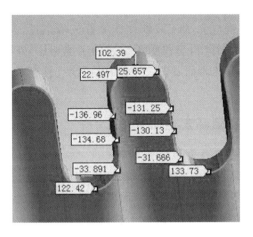 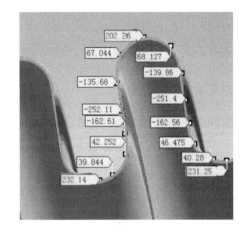

（a）周向应力　　　　　　　　　　　　　（b）子午向应力

图 4　外压引起的波纹管应力

波纹管承受拉伸位移时的有限元分析结果见图 5。由拉伸位移引起的最大周向应力出现在波峰和波谷，波峰为压应力，波谷为拉应力，应力值相当；由拉伸位移引起的最大子午向应力出现在波峰和波谷，波峰为压应力，波谷为拉应力，应力值相当。拉伸位移引起的最大周向应力大于最大子午向应力。

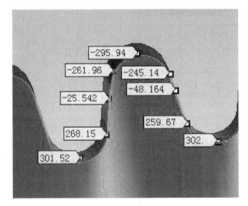 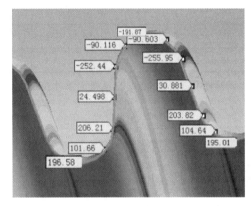

（a）周向应力　　　　　　　　　　　　　（b）子午向应力

图 5　拉伸位移引起的波纹管应力

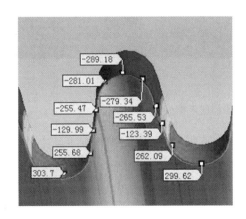 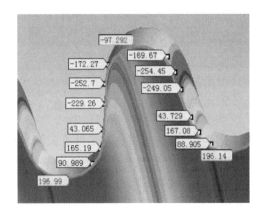

（a）周向应力　　　　　　　　　　　　　（b）子午向应力

图 6　外压＋拉伸位移引起的波纹管应力

波纹管既有外压又有拉伸位移时的有限元分析结果见图 6。该工况下最大周向应力处于波峰与波谷,波峰为压应力,波谷为拉应力,应力值相当;最大子午向应力处于波纹侧壁靠近波峰位置,为压应力。最大周向应力大于最大子午向应力。比较图 4 和图 6 可以看出,与仅承受外压的工况相比,外压＋拉伸位移的工况下,波峰周向应力由拉应力变为压应力,应力值约为前者的 2.8 倍,因而波纹管在承受外压＋拉伸位移时更易产生波峰塌陷。

3 拉伸位移-外压联合作用下外压波纹管位移循环安全研究

3.1 拉伸位移-外压联合作用下单层壁厚对波纹管稳定性的影响研究

满足 GB/T12777 标准设计条件即在强度和稳定性满足的情况下,波纹管失效应该为疲劳开裂,且失效位置应该发生在波谷位置,但实际结果是薄壁波纹管多次发生的是外压周向失稳,现有国内外设计规范中位移载荷对外压波纹管周向薄膜应力的考量还不足以反应真实的应力状态及承压性能。为此双瑞特装开展了外压波纹管稳定性研究,以通径 DN800 的 4 波不同壁厚波纹管开展试验,并引用文献数据[3],其强度余量对比见表 1。试验照片见图 7、图 8。

表 1 不同壁厚波纹管强度余量对比

序号	许用应力 MPa	设计压力 P/MPa	壁厚与层数 δ/mm	波距 q/mm	波高 h/mm	$\sigma_2/[\sigma]^t$	$\dfrac{(\sigma_3+\sigma_4)}{C_m[\sigma]^t}$	单波拉伸量/mm	设计疲劳寿命次	实测失稳压力/MPa	强度安全系数
01	138	0.4	1*1.0	64	52	0.77	0.92	20.8	500	0.5	1.25
02	138	1.6	1*2.5	67	64	0.98	0.95	10.8	500	3.7	2.31
03	138	1.6	1*2.5	67	64	1.01	0.95	13.3	250	3.6	2.25

注:因试验样本量较少,薄壁与厚壁的尺寸范围无法准确界定,通径 DN800 试验件,认为壁厚 1.0mm 的为薄壁,2.5mm 为厚壁。

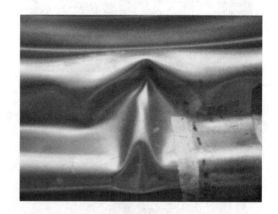

(a)失稳开始　　　　　　　　　　　　　　　　　(b)最终形态

图 7 试验件 01 薄壁波纹管外压周向失稳过程

通过对不同壁厚波纹管进行稳定性有限元模拟分析、试验验证和机理分析得出如下结论:

(1)厚壁与薄壁外压波纹管失效形式与失效原因的区别

拉伸位移降低了波纹管的外压承载能力,厚壁波纹管与薄壁波纹管的失效形式是不同的,厚壁波纹管为波纹侧壁鼓胀屈服失效,薄壁波纹管为外压周向失稳失效。

在拉伸位移和外压联合作用下,厚壁波纹管发生的侧壁鼓胀是由于波纹屈服变形造成的,属于强度破坏;薄壁波纹管发生的外压周向失稳即波峰塌陷并不是由于材料的强度不足造成的,不属于强度破坏,薄壁波纹管发生的波峰塌陷是由于变形协调的需要和结构的刚度不足而发生的周向失稳。

（a)失稳开始

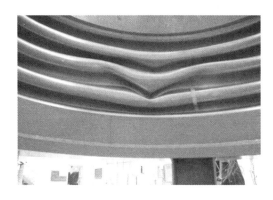
(b)失稳持续一段时间后的形态

图8　试验件02厚壁波纹管侧壁鼓胀失稳过程

（2）承压能力的区别

对于厚壁波纹管,尽管拉伸位移降低了波纹管发生侧壁鼓胀的压力,但这一压力仍然远大于按强度条件得到的极限设计压力。也就是说,只要波纹管满足强度条件,即使处于拉伸状态,它也不会在极限设计压力下破坏,并且还有约2倍的安全系数。

拉伸位移是导致波纹管外压周向失稳的主要原因。由于薄壁波纹管发生的外压周向失稳不属于强度破坏,因此强度校核并不能避免这种失效形式。薄壁波纹管在拉伸条件下的失稳压力低于极限设计压力。即相同总壁厚的情况下薄壁波纹管的承压能力低于厚壁波纹管。

（3）试验结果表明,厚壁波纹管处于拉伸位移和外压联合作用下可以仍按GB/T12777标准进行设计校核,也就是说在满足强度和外压稳定性要求的前提下,选取较低的设计疲劳寿命,即可保证其运行期间的工作可靠性。

因此,强度校核并不能避免薄壁波纹管的周向失稳。拉伸位移是导致波纹管外压周向失稳的主要原因,也就是说,即使波纹管满足强度条件,当处于设计疲劳寿命低于500次的拉伸位移条件下时也是不安全的。

3.2　单波位移量对热网外压多层波纹管稳定性的影响研究

根据3.1不同壁厚波纹管的稳定性试验研究得出的结论,以及表2所示的单波设计位移量、波侧壁倾角对多层波纹管稳定性影响试验结果,可以推断薄壁波纹管之所以在强度和平面稳定性设计满足的条件下发生平面失稳和周向失稳,是因为大位移条件下多层波纹管抵御变形与外压的刚性不足,具体表征体现如下:

表2　单波设计位移量、波侧壁倾角对多层波纹管稳定性影响试验结果

序号	波根直径 D/ mm	设计温度 T/ ℃	设计压力 P/ MPa	壁厚与层数 δ/ mm	设计疲劳寿命 $[Nc]$ 次	单波位移量 e 与半波距的占比 $2e/q$	无预变位时侧壁最大倾角 β°	30%预变位水压试验状态波侧壁倾角 $\beta1$°	ΔX	稳定性试验结果
01	1500	20	1.6	6＊1.0	200	103.7%	37.2	12.8	197	30％预变位2.4MPa水压试验平面失稳,不合格

(续表)

序号	波根直径 D/mm	设计温度 T/℃	设计压力 P/MPa	壁厚与层数 δ/mm	设计疲劳寿命 [Nc]次	单波位移量 e 与半波距的占比 2e/q	无预变位时侧壁最大倾角 β°	30%预变位水压试验状态波侧壁倾角 β1°	ΔX	稳定性试验结果
02	1500	20	1.6	6*1.0	500	81.5%	30.8	10.1	154	30%预变位 2.4MPa 水压试验合格
03	1500	150	2.5	6*1.5	250	70.60%	28.8	9.4	178	30%预变位 3.75MPa 水压试验合格
04	1500	150	2.5	8*1.2	1000	58.50%	25.1	8	177.5	30%预变位 3.75MPa 水压试验合格
05	1700	150	2.5	7*1.5	500	71.90%	25.1	8	200	30%预变位 3.75MPa 水压试验合格

（1）波纹管的单波设计位移量 e 过大。

（2）外压波纹管最大位移条件下波侧壁倾角 β 过大,见图 9,不满足 GB/T 12777 的规定。

由表 2 可以看出,外压波纹管预变位状态下水压试验发生平面失稳的主要原因是,波纹管壁厚较薄,单波位移量 e 过大,30%预变位状态时波侧壁倾角较大,在水压试验压力下产生平面失稳;试验结果同时显示,外压波纹管预压缩状态下承压能力与波纹管的单层壁厚有较大关系。平面失稳对波纹管的承压能力和疲劳寿命均有一定的影响。

拉伸位移条件下薄壁多层波纹管子午向截面惯性矩减小显著。薄壁波纹管外压周向失稳机理分析,图 7 所示的试验件 1 在

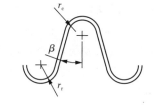

图 9　波纹管波侧壁倾角示意图

仅有拉伸位移的作用下,波峰区域的平均压应力在 300MPa 以上,其中波峰上半部分的平均压应力超过了 400MPa;而在仅有外压的作用下,波峰区域的平均压应力在 150MPa 以下,其中波峰上半部分的平均压应力低于 70MPa。由此可见,拉伸位移在波峰区域产生的压缩力远大于外压在波峰区域产生的压缩力。同时,由有限元分析结果可知,薄壁波纹管发生失稳时的屈服区域很小,并且沿波纹管壁厚方向没有发生完全屈服由于薄壁波纹管发生的外压周向失稳不属于强度破坏,因此强度校核并不能避免这种失效形式。在位移作用下,应考虑位移对周向稳定性的影响。由于外压圆筒中没有记及位移引起的周向压应力,对于直径较大、薄壁多层、承受拉伸位移的波纹管,《金属波纹管膨胀节安全应用指南》[2]指出,采用上述方法核算的外压稳定性极限压力可能是不安全的,建议通过试验验证后使用。同时因为外压波纹管多数为多层结构,层间尤其是波峰可能存在间隙,虽然波纹管截面对 1—1 轴的惯性矩 I_1 按标准公式计算,均能满足 $\frac{E_b^t}{E_p^t}I_1 \geqslant I_2$ 的要求,但是按照标准计算所得惯性矩与真实的惯性矩存在偏差,波纹管的层数越多,其刚性差距越大,这也是 EJMA 等国外标准要求波纹管层数不大于 5 层的初衷。

3.3　热网外压波纹管位移循环安全设计准则的建立

对于波纹管而言,存在两种危险工况,一是水压试验工况,在此工况下,波纹管承受的压力最高,为设计压力的 1.5 倍并乘以温度修正系数,但位移量较小(只有预变位位移)。二是满负荷运行工况,在此工

况下,波纹管的位移量最大,温度最高,压力为最高工作压力。压缩位移降低了波纹管的平面失稳压力,拉伸位移则降低了波纹管的外压周向失稳压力。

基于对外压波纹管周向失稳原因分析,保证外压波纹管在工作和预变位水压试验条件下的强度安全、稳定性和整个位移循环过程中的波形完整性,从工程应用的角度提出如下热水管网外压波纹管的位移循环安全设计准则:

波纹管设计需要在满足 GB/T12777 标准规定的强度、平面稳定性和疲劳寿命的基础上,同时满足以下两个条件:

(1)波纹管的单波位移量 e 须小于半波距的 80%。

(2)原始设计(不考虑预变位)时,拉伸位移条件引起波纹管的波侧壁倾角须小于 30°,并且膨胀节出厂前需进行位移量 30%~50% 的预变位,以保证波纹管水压试验和工作时其波侧壁倾角都小于或接近 15°。

3.4 位移循环安全设计准则对外压波纹管稳定性和疲劳性能影响的试验验证

为了验证热网外压波纹管位移循环安全设计准则的正确性,我们对不同直径的波纹管进行了稳定性和疲劳性能试验验证,具体结果见表 3。

表 3　外压波纹管位移循环安全设计准则试验验证结果汇总表

试验件编号	波根直径 D/mm	设计压力 P/MPa	层数*单层壁厚 δ/mm	设计疲劳寿命 $[N_c]$ 次	全位移条件下惯性矩 I'_1/I_1 的变化率	单波位移量与半波距占比	无预变位时波侧壁倾角度 β	$\triangle X$/mm	稳定性试验	试验疲劳次数	疲劳寿命安全系数
01	1500	1.6	6*1.0	200	76%	103.7%	37.2	197	预变位水压不合格	/	/
02	1500	1.6	6*1.0	500	84.3%	81.5%	30.8	154	合格	/	/
03	806	1.6	1*2.5	500	97.2%	33%	10.2	43	合格	/	/
04	806	1.6	1*2.5	200	96.4	42%	13	53	合格	/	/
05	1500	2.5	6*1.5	250	86.2%	70.6%	28.8	178	合格	1978	7.9
06	1500	2.5	8*1.2	1000	89.8%	58.5%	25.1	178	合格	3320	3.3
07	1700	2.5	7*1.5	500	90.1%	71.9%	25.1	200	合格	2068	4.1
08	190	1.6	1*1.0	150	90%	43%	19.7	25.6	合格	630	4.2
09	159	1.6	1*1.0	200	92.5%	42.7%	14.2	22.2	合格	830	4.2
10	159	1.6	1*1.0	97	91.3%	52%	17.1	27	合格	620	6.4

表 3 的试验结果验证了热网外压波纹管位移循环安全设计准则的正确性,设计时满足该准则,可保证热网外压波纹管不会发生失稳,能够实现位移循环疲劳安全。

3.5 关于波纹管补偿器预变位量的补充说明

针对热网外压轴向型膨胀节,按照标准要求,膨胀节出厂前的试验压力为经温度修正的 1.5 倍设计压力,并进行预变位。膨胀节安装在管系中后需要在预变位状态下再次与管道一起进行水压试验。对于外压轴向型膨胀节,波纹管的预变位状态为压缩位移,相当于压缩位移下做承压强度和稳定性试验。不同的厂家,出厂预变位量不一致,甚至有人认为预变位量越大越好,并对产品进行预变位量 100% 的预变位。过大的预变位量容易引起水压试验状态下波纹管平面失稳。波纹管发生平面失稳后,膨胀节虽然仍可继续使用,但寿命会降低,其寿命与波纹管的失稳程度有一定的关系,波纹管失稳越严重,产品的寿命降低越多。

为了保证波纹管的波形完整性,GB/T12777—2019 附录 A 规定了三个条件:

(1)波侧壁倾角 $-15° \leqslant \beta \leqslant 15°$;

(2)U 形波纹管水压试验状态下波纹管波距变化率低于 15%;

(3)GB/T12777—2019 附录 A.3.2.3 由几何形状确定的波纹管单波最大允许压缩位移见式(3)。

$$e_{cmax} = q - 2r_m - n\delta \tag{3}$$

式中:

e_{cmax}——允许最大单波当量轴向压缩位移的数值,单位为毫米(mm);

e_{emax}——允许最大单波当量轴向拉伸位移的数值,单位为毫米(mm);

q——波距,单位为毫米(mm);

n——波纹管层数;

δ——波纹管一层材料的名义厚度的数值,单位为毫米(mm);

r_m——U 形波纹管波峰(波谷)平均曲率半径的数值,单位为毫米(mm)。

预变位量与波侧壁倾角的核算结果见表 4,当波纹管预变位量超过 50% 时,根据前面制定的波纹管位移循环安全设计准则,波纹管的波侧壁倾角超过 15°,这时进行水压试验压力,容易引起波纹管水压试验状态下的平面失稳,影响产品的安全,因此基于以上三个条件和波纹管位移循环安全设计准则,建议外压轴向型膨胀节的预变位量不应超过其补偿量的 50%,并应满足式(3)的规定。

表 4 热网外压波纹管不同预变位时的波侧壁倾角 β 对比表

序号	波根直径 D/ mm	设计压力 P/ MPa	壁厚与层数 δ/ mm	设计疲劳寿命 [Nc]次	单波位移量 e 与半波距的占比 2e/q	30%预变位水压试验状态波侧壁倾角 β°	40%预变位水压试验状态波侧壁倾角 β°	50%预变位水压试验状态波侧壁倾角 β°	无预变位/全预变位时侧壁最大倾角 β°	ΔX/ mm	备注
01	1500	1.6	6×1.0	500	81.5%	10.1	13.4	15.4	30.8	154	临界
02	1500	2.5	6×1.5	250	70.60%	9.4	12.4	14.4	28.8	178	合格
03	1500	2.5	8×1.2	1000	58.50%	8	10.6	12.6	25.1	177.5	合格
04	1700	2.5	7×1.5	500	71.90%	8	10.6	12.6	25.1	200	合格

4 位移循环安全准则下波纹管单层壁厚与设计疲劳寿命的关系

根据前面的试验结果,基于热网波纹管的位移循环安全设计准则,本文又对 2.5MPa 热网波纹管进行了大、中、小通径补偿量和波形参数一致条件下,不同壁厚对应设计疲劳次数的示例计算,见表 5。

表 5 位移循环安全设计准则下外压波纹管单层壁厚与设计疲劳寿命关系计算示例

公称直径/ mm	波根直径/ mm	压力/ MPa	温度/ ℃	补偿量/ mm	单层壁厚/ mm	层数层	总壁厚/ mm	波数个	对应的疲劳寿命次	无预变位时波侧壁倾角°	单波位移量与半波距占比%	全位移条件下惯性矩 I'_1/I_1 的变化率
200	273	2.5	150	100	0.5	6	3	12	900	22.9	44.4	88.5
				100	0.8	3	2.4	12	500	20.7	43.8	89.9
				100	1	2	2	12	230	22.9	44.4	88.7

（续表）

公称直径/mm	波根直径/mm	压力/MPa	温度/℃	补偿量/mm	单层壁厚/mm	层数层	总壁厚/mm	波数个	对应的疲劳寿命次	无预变位时波侧壁倾角°	单波位移量与半波距占比%	全位移条件下惯性矩 I'_1/I_1 的变化率
800	890	2.5	150	150	1	7	7	7	970	29.5	55	85.3
				150	1.2	5	6	7	550	29.8	55.8	85.1
				150	1.5	4	6	6	220	28.8	64.8	85.4
1400	1500	2.5	150	180	1	10	10	6	950	29.7	73.5	85.3
				180	1.2	8	9.6	6	500	29.7	73.2	85.4
				180	1.5	6	9	6	238	29.1	71.5	85.9
1600	1700	2.5	150	220	1.2	11	13.2	6	850	27.4	79.5	87.4
				220	1.5	7	10.5	6	340	27.5	79.6	87.4
				220	2	5	10	6	100	27.1	78.5	87.8

根据表 5 计算结果和前面的试验结果，可以得出针对 150℃ 的热网波纹管，厚壁（指相同公称直径下，壁厚相对厚）多层结构容易满足位移循环设计准则，并具有较好的疲劳性能，相反波纹管单层壁厚越薄需要的设计疲劳次数越大，才能满足位移循环设计准则。同时，波纹管设计疲劳寿命通常与其输送的工作介质（场合）相关。承受循环位移载荷的波纹管在有腐蚀介质的环境中工作，有发生点蚀破坏的可能，从而影响波纹管的寿命。同等应力条件下，选择厚壁多层波纹管有利于提高其抗点蚀穿透能力，延长波纹管的寿命。

5 结 论

本文分析了热网外压波纹管的工况环境特点、失效模式、应力分布特征，揭示了波纹管的单层壁厚、单波位移量、波侧壁倾角以及预变位量的控制对保证外压波纹管位移循环安全的必要性，初步建立了热水管网外压波纹管位移循环安全设计准则并进行了试验验证，同时分析结果表明波纹管的层数应尽量不多于 5 层。并分析了满足波纹管在位移循环安全设计准则条件下外压多层波纹管单层厚壁对波纹管设计疲劳寿命的影响。

参考文献

[1]国家市场监督管理总局,中国国家标准化管理委员会.金属波纹管膨胀节通用技术条件:GB/T 12777—2019[S].北京:中国标准出版社,2019.

[2]段玫,胡毅.金属波纹管膨胀节安全应用指南[M].北京:机械工业出版社,2017.

[3]张玉田.薄壁波纹管拉伸位移条件下周向稳定性研究[D].西北工业大学,2007.

作者简介

刘岩(1979 年),女(汉),高级工程师,工作方向波纹管膨胀节技术研发,通信地址:(471000)河南省洛阳市高新开发区滨河北路 88 号,E－mail:12641779@qq.com,手机或电话:0379－64829011.

23. 不同疲劳状态下波纹膨胀节稳定性试验研究

李中宇 张文博 付明东 时会强 洪 戈 王 健

(沈阳国仪检测技术有限公司,辽宁沈阳 110043)

摘 要:文中主要研究某型号波纹膨胀节在试验压力下进行疲劳试验后,进行压力试验、稳定性试验,研究三者之间的联系。通过设计疲劳试验装置和专用夹具,解决了该型号波纹膨胀节稳定性试验和疲劳试验交替进行试验的问题,完成了5个阶段的疲劳试验、稳定性试验、压力试验。随着疲劳次数的增加,稳定性试验和压力试验的结果变差,波纹膨胀节的性能变差。

关键词:波纹膨胀节;稳定性试验;疲劳试验;波距变化量

Experimental study on stability of corrugated expansion joint under different fatigue conditions

LI Zhong－yu,ZHANG Wen－bo,FU Ming－dong,SHI Hui－qiang,Hong Ge,WANG Jian

(Guoyi Testing Technology(Shengyang)Co. ,Ltd. ,Shenyang 110043,China)

Abstract:This paper mainly studies the relationship between pressure test and stability test of expansion joint after fatigue test, Through the design of fatigue test device and special fixture, the stability test and fatigue test of the corrugated expansion joint are solved. After fatigue tests、pressure test and stability test,With the increase of fatigue times,the results of stability test and pressure test become worse,and the performance of corrugated expansion joint becomes worse.

Keywords:Corrugated expansion joint;Stability test;fatigue test;Wave distance change amount

0 引 言

波纹膨胀节习惯上也叫伸缩节,是利用波纹管弹性元件的有效伸缩变形来吸收管线、导管或容器由热胀冷缩等原因而产生的尺寸变化的一种补偿装置。它还可用作消除机械振动、降低噪声等使用现场,具有装配简单、气密性好、占地面积小、工作可靠、补偿量大等优点。

波纹膨胀节试验项目通常有外观检查、焊接接头、刚度试验、压力试验、稳定性试验、应力应变、气密性、疲劳试验、爆破试验。本次试验研究选取某型号波纹膨胀节,并分别进行三者之间的内在联系,为后续其他型号膨胀节试验提供借鉴。[1]

1 疲劳试验可行性研究

本次疲劳试验装置分为两部分。一部分是施加循环位置载荷的驱动部分;另一部分是在位移过程中对压力载荷起缓冲作用的壳体。

1.1 疲劳试验装置研制

疲劳试验装置由电脑、驱动机构、油缸、位移传感器、导向柱等组成。通过在电脑中的控制软件输入位移参数和疲劳次数等相关指令,油缸接收其发出的指令后做出位移动作,沿导向柱做垂直往复动作。在导向柱上的位移传感器将测得油缸的位移量反馈至上位机,形成闭环控制。同时,对疲劳次数和位移数据记录,如图1所示。

1.2 气压稳定用壳体算例分析

壳体的作用是为了减少膨胀节在疲劳试验中的压力波动。在 GB/T 12777−2019 中要求:在疲劳试验过程中压力波动小于试验压力的10％。[2]

本次选取的膨胀节内径 $DN＝400mm$,膨胀节原长 $L_0＝800mm$,位移量 $L_1＝\pm80mm$。

理想气体公式为:

$$PV＝nRT \tag{1}$$

式中:P 为压强(Pa),V 为气体体积(m^3),n 为气体的物质量(mol),R 为摩尔气体常数(J/(mol・K)),T 为温度(K)。

已知疲劳试验中膨胀节压强的变化主要由位移量的变化造成。除位移量 L 外其它量不变时,由公式(1)可知,当位移为 80mm 时,膨胀节疲劳试验时压力最大波动为:

初始长度时:
$$P_0V_0＝nRT \tag{2}$$
$$V_0＝S_0L_0$$

压缩80mm长度时:
$$P_1V_1＝nRT \tag{3}$$
$$V_1＝S_1(L_0-80)$$

由公式(2)和公式(3)可计算出:

压力最大变化为:

$$\Delta P＝+11.11\％$$

同理可计算出拉伸80mm长度时压力最大变化为:
$$\Delta P＝-9.09\％$$

压力波动过大,因此需要外接壳体,减少压力波动对试验的影响。

膨胀节连接的壳体内径 $DN＝400mm$,长 $L＝3200mm$,疲劳过程中无位移。此时疲劳试验压力波动区间为+2.20％至−1.81％,符合标准中疲劳试验的要求。

1.3 疲劳试验用试件的选型

试验选用某型号 DN400 膨胀节,使用专用夹具与疲劳试验装置连接。膨胀节末端与壳体相连,并固定在水平底座上,上端夹具与疲劳试验装置缸体相连接,如图2。[3]

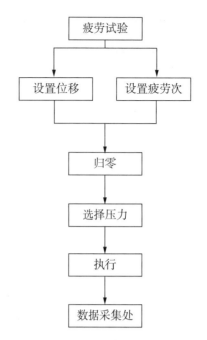

图1 疲劳试验装置流程示意图

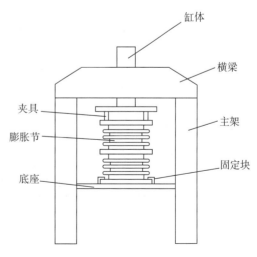

图2 疲劳试验装置示意图

2 不同状态下的疲劳试验研究

2.1 疲劳试验前性能检查

疲劳试验前进行外观检查,压力试验[4],气密性和稳定性试验,试验结果见表1。

表1 初始检查结果

项目		波距变化/mm		试验结果
外观				符合
气密性				符合
压力		最大 4.1%		符合
稳定性	位置	拉伸	压缩	
	1#位	3.78%	7.34%	符合
	2#位	2.01%	5.99%	符合
	3#位	2.36%	5.90%	符合
	4#位	3.88%	5.35%	符合

由表1可得出,该膨胀节的初始外观检查、气密试验无异常现象,初始压力试验、稳定性试验的波距变化量符合标准及试验大纲中的小于15%的要求,所以该膨胀节符合接下来疲劳试验的要求。[5]

2.2 疲劳试验过程及现象

将初始检查后波纹膨胀节安装在疲劳试验装置上,如图3所示,调整横梁上下位置,使膨胀节处于初始长度800mm,并冲入压缩空气至0.8MPa,在电脑制界面处设置疲劳位移量±80mm,运行速度10mm/s,设置疲劳次数1000,检查膨胀节各项环节无误后,点击开始按钮,进行试验。

1000次疲劳试验完成后,进行压力试验和稳定性试验。

调整膨胀节至初始长度800mm,两端用螺杆固定,冲入压缩空气至1.2MPa(设计压力的1.5倍),保持压力15min,记录压降及波距变化情况。

图3 疲劳试验运行图

表2 10^3 次疲劳后压力试验

位置	1#位	2#位	3#位	4#位	Max
波距%	2.30	2.59	2.56	2.29	2.59
压降 MPa			0		

调整膨胀节至初始长度800mm,设置拉伸位移80mm,冲入压缩空气至1.2MPa,保压15min,记录波距变化量。同理设置压缩位移80mm,冲入压缩空气至1.2MPa,保压15min,记录波距变化量,并观察波纹管状态。试验结果如表3所示。

表3 10^3 次疲劳后最大波距变化量

位置	1#位	2#位	3#位	4#位	Max
拉伸%	4.45	2.40	2.38	4.30	4.45
压缩%	4.29	2.88	2.68	3.98	4.29

由表 2 中可以看出 1000 次疲劳试验后,该产品进行压力试验时,在 1.2 MPa 试验压力下,最大波距变化量为 2.59%,且无压降现象。由表 3 可以看出,进行稳定性试验时,拉伸状态和压缩状态下,充入 1.2MPa 气体后,波距变化量与初始状态相比变小。现场观察波纹管状态无异常。

按照相同试验参数和操作过程分别在疲劳试验 3000、5000、7000、9000 次后,进行压力及稳定性试验,并记录数据。

表 4 疲劳后压力试验最大波距变化量

次 数 ×10³	波距%					压降 MPa
	1# 位	2# 位	3# 位	4# 位	Max	
1	2.30	3.59	4.56	2.29	4.56	0
3	3.26	3.52	4.78	4.62	4.78	0
5	5.28	4.77	5.64	5.42	5.64	0.01
7	5.58	4.26	6.30	7.62	7.62	0.02
9	5.10	5.65	6.93	7.91	7.91	0.02

膨胀节经疲劳寿命试验后,试验压力对膨胀节的稳定性影响趋势图如图 4 所示。

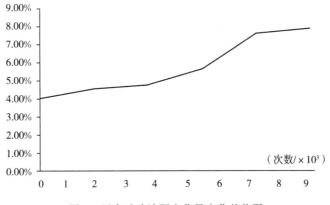

图 4 压力试验波距变化量变化趋势图

由图 4 可以看出,在保持膨胀节原始长度时,充入压缩空气至 1.2MPa(设计压力的 1.5 倍),进行 ±80mm 位移量的疲劳试验时,随着疲劳试验次数的增加,膨胀节压力试验中的波距变化量变大,其稳定性能变差,由表 4 可以得出,在其稳定性变差的同时会出现少量的压降的现象。[6]

疲劳过程中,对膨胀节进行稳定性试验其结果记录下表中。

表 5 疲劳后稳定性最大波距变化

次 数 ×10³		波距%				Max
		1# 位	2# 位	3# 位	4# 位	
拉伸	1	4.45	2.40	2.38	4.30	4.45
	3	3.14	4.74	4.02	4.62	4.74
	5	3.24	4.77	5.64	5.24	5.64
	7	3.34	5.86	4.77	5.51	5.86
	9	3.10	6.85	5.93	4.01	6.85

（续表）

次　数 ×10³		波距%				Max
		1#位	2#位	3#位	4#位	
压缩	1	4.29	2.88	2.68	3.98	4.29
	3	5.00	5.43	3.81	7.08	7.08
	5	5.62	4.52	5.43	7.31	7.31
	7	5.95	4.49	5.61	7.34	7.34
	9	9.04	8.39	6.38	7.63	9.04

　　膨胀节经疲劳寿命试验后，在相同试验压力下，对膨胀节施加位移时，对其稳定性影响变化如图5所示。

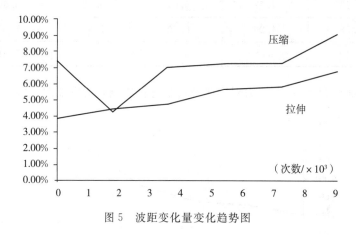

图5　波距变化量变化趋势图

　　由图5可以看出，在压缩状态时，第1000次疲劳试验后，该波纹管的最大波距变化量由7.34％下降至4.29％，并随着疲劳次数的增加至9000次，其波距变化量增加至9.04％。在拉伸状态时该波纹管的最大波距变化量由3.88％上升至6.85％，并随着疲劳次数的增加而稳定上升，但其波距变化量要小于压缩状态的变化。

　　由表5可以看出，无论压缩状态还是拉伸状态4个方向的波距变化均是随着疲劳次数的增加而增大。[7]

　　该膨胀节的疲劳过程中未发生泄漏及失稳现象，压力试验、稳定性试验的最大波距变化量符合GB/T30092—2013、GB/T12777—2019以及《试验大纲》中的波距变化小于15％的要求，整体试验结果符合测试标准要求。

3　结　论

　　应用试验、数理统计等综合设计方法，对金属波纹膨胀节的疲劳寿命和可靠性进行探究：

　　（1）不同工作状态下，波纹膨胀节的稳定性差异较大。压缩状态的波纹膨胀节波距变化率要高于拉伸状态的波距变化率，这也解释了波纹膨胀节在压缩状态下长时间工作，面临失稳的风险要高于处于拉伸状态下的波纹膨胀节。

　　（2）压力试验，稳定性试验，疲劳试验存在密切的联系。随着疲劳试验的进行，压力试验、稳定性试验的结果均会向变差的方向发展，产品性能变差。

　　例如本次试验的1000次，膨胀节进行稳定试验时，波距变化量会暂时趋于良性，膨胀节稳定性能会变好。然后疲劳次数继续增加，波距变化量数值变大，而导致稳定性能变差，尤其是压缩状态下，其波距变化强烈,稳定性能较差。

(3)研究金属波纹膨胀节疲劳和稳定性,对提高膨胀节在额定安全寿命下的可靠性有着重要的意义,对提高系统的可靠性、预防故障和事故的发生有着深远的影响。

参考文献

[1]沈阳仪表科学研究院(沈阳汇博热能设备有限公司).高压组合电器用金属波纹管补偿器:GB/T 30092—2013[S].北京:中国标准出版社,2013.

[2]国家市场监督管理总局.金属波纹管膨胀节通用技术条件:GB/T 12777—2019[S].北京:中国标准出版社,2019:4—51.

[3]于振毅,吴虹等.高压组合电器用波纹补偿器的型式检验[J].管道技术与设备,2008(1):52—56.

[4]国家质量监督检验检疫总局.压力管道元件型式试验规则:TSG7002—2006[S],2007.

[5]杨敬霞,吕建祥.波纹管膨胀节型式试验[J].第十六届全国膨胀节学术会议论文集:2021年卷.北京:中国科学技术大学出版社,2021.

[6]宋林红,黄乃宁.金属波纹管低周疲劳寿命及可靠性研究[J].压力容器.2011(3).40—43.

[7]方明宇,朱惠红.膨胀节疲劳测试和计算说明[J].第十三届全国膨胀节学术会议论文集:2014年卷.合肥:合肥工业大学出版社,2014.

作者简介

李中宇(1991—),男,辽宁朝阳,汉族,本科,沈阳国仪检测技术有限公司,工程师,主要从事电子元器件检测研究及压力管道元件检测工作。电话:18102438920。E—mail:810523487@qq.com。

24. 不同初始缺陷下直埋供热管道屈曲分析

黄诗雯　张小文

(中船双瑞(洛阳)特种装备股份有限公司,河南洛阳,471000)

摘　要:管道屈曲临界载荷的计算对保障直埋供热管道安全稳定的运行具有重要意义。本文针对 DN1000 和 DN1400 的直埋管道在不同初始缺陷下的屈曲变形进行了计算,结果表明,随着折角度数的增大,管道变形量逐渐增大,屈曲临界载荷呈现出先增大后减小的趋势;当错边和折角同时存在时,管道变形量变化不大,但屈曲临界载荷明显降低。基于我国热力管道的制造水平和现场施工质量,该分析结果也表明了防止管道屈曲对管道安全运行十分必要。

关键词:屈曲;变形;临界载荷;初始缺陷;数值模拟

BucklingAnalysis of Directly Buried Heating Pipes under Different Initial Imperfections

HUANG Shi－wen,ZHANG Xiao－wen

(CSSC Sunrui(Luoyang) Special Equipment Co. ,Ltd. ,Luoyang,Henan Province,471000)

Abstract:The calculation of pipeline buckling criticalload of great significance for ensuring the safe and stable operation of directly buried heating pipelines. In this paper,the buckling deformation of DN1000 and DN1400 directly buried pipelines under different initial imperfections has been calculated. The results show that with the increase of the degree of bending,the deformation of the pipe gradually increases,and the buckling critical load presents a trend of increasing first and then decreasing;When misalignment and angle of curvature exist simultaneously,the deformation of the pipe does not change much,but the critical buckling load decreases significantly. Based on the manufacturing level and on－site construction quality of heat supply pipelines in China,the analysis results also prove the necessity of reducing pipeline stress by using expansion joint compensation for large diameter directly buried heat supply pipelines.

Keywords:Buckling;Deformation;Critical load;Initial imperfection;Numerical simulation

1 引　言

随着我国经济和集中供热的发展,大管径、高温、高压直埋热水预制保温管道日益普及,对管道安全性要求也逐步提高。近年来,直埋热水管道无补偿冷安装方式带来的局部屈曲问题也引起了广泛关注。管道在运行过程中,在流体介质传递的热量及其内部压力的共同作用下,将产生轴向膨胀,管道受到端部约束或土壤的摩擦约束将会产生轴向的压缩应力,这种轴向压缩应力是导致管道出现屈曲的主要原因[1]。而在管道建设的过程中,复杂的地形、施工技术和生产运输等问题不可避免的会导致管道局部产生缺陷,从而进一步增加了屈曲发生的可能性[2]。赵冬岩等[3]采用有限元软件对包含几种常见缺陷形式的管道进行屈曲稳定性分析,并通过拟合得到了含缺陷海底管道临界载荷的计算公式。刘羽霄等[4]采用ANSYS软件进行屈曲计算,研究缺陷幅度及缺陷长度对管道前屈曲及后屈曲的影响,结果表明,缺陷幅度及缺陷段长度对管道后屈曲变形、弯矩及轴向应变的影响不大。康习锋等[5]采用ANSYS软件分析初始横向位移对管道屈曲临界载荷的影响,结果表明,初始横向位移与管道屈曲临界载荷呈负相关。

为了保证直埋管道安全稳定的运行,部分管道已采用膨胀节来补偿管道的热膨胀。若要进一步研究发生屈曲时直埋管道的变形,则需要对存在初始缺陷的管道屈曲进行计算分析和试验验证。因此本文通过计算 DN1000 和 DN1400 的管在轴向压力作用下的屈曲变形,分析不同初始缺陷对管道屈曲变形和临界载荷的影响,为实际工程中直埋管道敷设、补偿方式的选择提供一定参考。

2 有限元模型

2.1 几何模型

采用 workbench 有限元软件进行数值模拟,管道模型全长 $L=2000mm$,选择 $\Phi1020\times8mm$ 和 $\Phi1420\times16mm$ 这两种结构尺寸的管道模型进行计算。然后对该管道在折角度数为 1°~5° 时的变形进行分析,并对存在错边量的管道及同时存在错边量和折角时的管道屈曲变形进行计算,几何模型如图 1 所示。

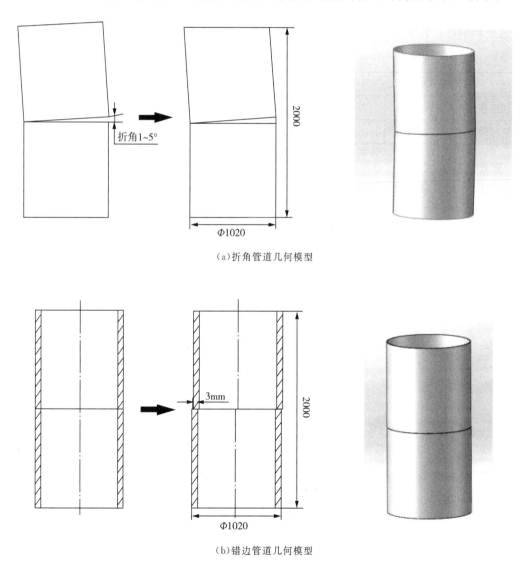

(a)折角管道几何模型

(b)错边管道几何模型

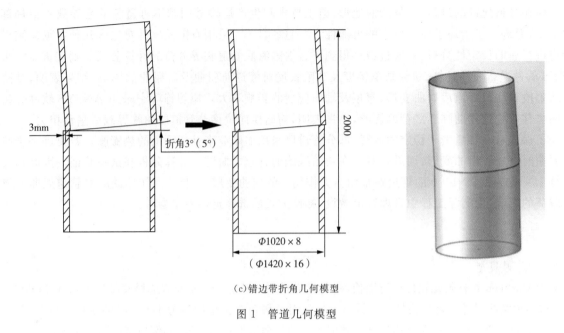

(c)错边带折角几何模型

图 1　管道几何模型

管道模型采用 Q235B 和 Q355B 钢材,材料标准符合 GB/T 3274－2017《碳素结构钢和低合金结构钢热轧后钢板和钢带》,其主要参数如表 1 所示。

表 1　Q235B 和 Q355B 钢材主要参数

Q235B		Q355B	
屈服强度/MPa	316	屈服强度/MPa	335
抗拉强度/MPa	419	抗拉强度/MPa	490

2.2　网格划分

计算所用的几何模型结构相对较为规则,为了提高计算精度和计算结果的准确性,采用了六面体网格划分,如图 2 所示。

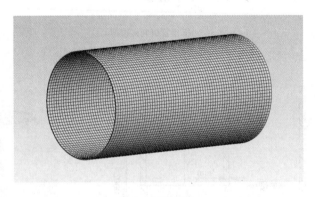

图 2　网格划分

2.3　计算方法

由于管道线性屈曲的计算结果偏大,为了获得更为准确的计算结果,本文在计算时采取了非线性屈曲计算,计算方法如下:

(1)进行圆筒静力学计算:对圆筒两端的轴向和环向位移进行约束,并对圆筒施加一个 0.1℃的温度边界,进行静力学计算;

（2）进行圆筒线性屈曲计算；

（3）进行非线性屈曲计算：引入初始缺陷，初始缺陷一般取 0.2t~0.6t（其中 t 为厚度），根据圆筒厚度选取缺陷因子，确定初始缺陷，随后进行非线性屈曲分析。对圆筒一端的轴向和环向位移进行约束，另一端的环向位移进行约束，并在这一端施加线载荷进行计算，得到圆筒发生屈曲的临界载荷。屈曲计算边界条件及收敛情况如图 3 所示。

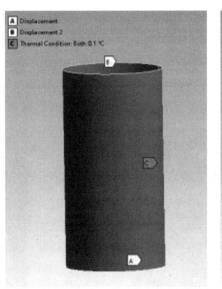
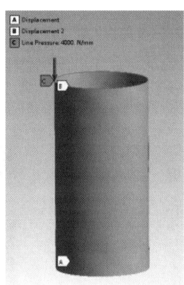

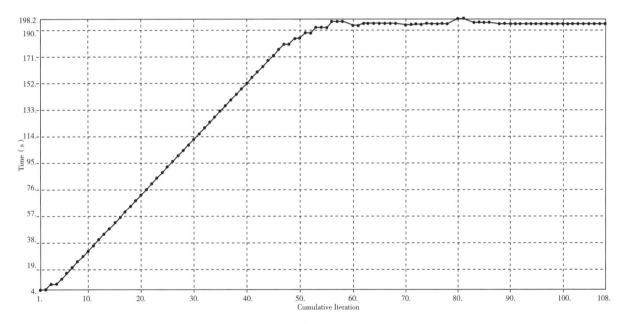

图 3　计算边界条件设置及收敛情况

3　计算结果分析

3.1　不同折角管道屈曲计算

在实际的施工安装中，两个管道在进行焊接时可能出现一定折角，因此，需要对存在折角的管道的屈曲进行计算，得到其在屈曲临界载荷下的管道变形情况。由于标准中规定的折角度数较小，不大于 3°，因此计算模型的折角度数控制在 1~5°。首先对 DN1000 的管道在不同折角度数下的屈曲变形进行计算，然后再对不同折角度数下 DN1400 的管道屈曲进行计算。通过计算不同管径下不同折角的管道在屈曲临界载荷作用下的变形情况,分析不同折角度数对管道屈曲临界载荷的影响。

3.1.1　DN1000 不同折角管道屈曲计算

对 DN1000 不同折角的管道进行屈曲计算,在屈曲临界载荷的作用下管道变形如图 4 所示。从图中可以看出,当管道不存在折角时,在屈曲临界载荷的作用下变形出现在管道端口的位置处,呈现出鼓包的状态,变形较为明显;而当管道存在折角时,折角处在临界载荷的作用下开始出现变形。当折角度数不大于 2°时,管道变形主要集中在管道端口处,折角的部分位置也出现变形,而当折角度数大于 2°时,管道变形主要出现在折角处。

随着管道折角度数的增大,屈曲临界载荷呈现出先增大后减小的趋势,折角从 0°增大到 5°时,屈曲临界载荷从 631.2t 减小到 577.2t,减小了 8.6%。管道的最大变形量随折角度数的增大则呈现出增大的趋势。折角大于 2°后,管道将在较小的载荷作用下出现较大的变形。

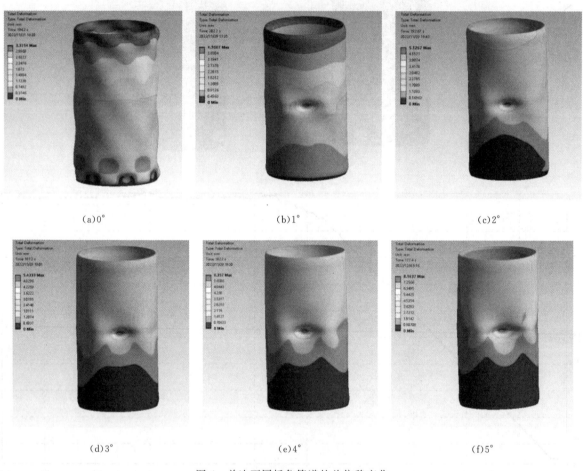

(a)0°　　　　　　　　　　(b)1°　　　　　　　　　　(c)2°

(d)3°　　　　　　　　　　(e)4°　　　　　　　　　　(f)5°

图 4　单边不同折角管道的总位移变化

3.1.2　DN1400 不同折角管道屈曲计算

为了进一步验证折角度数对管道屈曲变形的影响规律,得到不同径厚比下不同折角管道的变形情况和屈曲临界载荷值,对 DN1400 的管道在不同折角度数下的屈曲变形进行计算。图 5 为 DN1400 管道在不同折角度数下的变形情况。从图中可看出,管道在临界载荷的作用下屈曲发生的位置与 DN1000 的管道基本一致。当折角度数不大于 3°时,在临界载荷的作用下管道产生的变形较小,当折角度数达到 3°以上时,在临界载荷的作用下折角处的变形量出现明显的增大,且此时的临界载荷值也开始减小。对于 DN1400 的管道,当折角度数从 1°增大到 5°时,管道屈曲临界载荷从 1793.5t 减小到 1720.4t,减小了 4.1%。

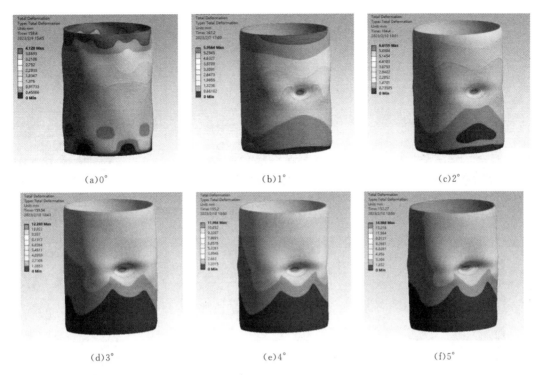

(a)0°   (b)1°   (c)2°

(d)3°   (e)4°   (f)5°

图 5　DN4000 不同折角管道的总位移变化

从上述计算可以看出，管道径厚比的增大将会引起屈曲临界载荷的大幅度减小，但不同管径下不同折角管道在屈曲临界载荷的作用下变形趋势基本一致，且随着管道径厚比的增加，折角度数对屈曲临界载荷的影响愈发明显。

3.2　有错边和折角的管道屈曲计算

由于现场施工误差，管道可能既存在折角又存在错边现象，下面将对两种缺陷同时存在时的屈曲变形进行计算，分别计算错边量为 3mm 无折角和错边量为 3mm 存在折角这几种工况，图 6 和图 7 分别为有错边且不同折角下管道屈曲变形情况。从图中可以看出，对于不同管径的管道，当管道存在错边时，错边处首先产生变形，局部出现较为明显的变形，当错边和折角同时存在时，由于错边和折角所在位置相同，此处在较小的临界载荷就会产生变形。

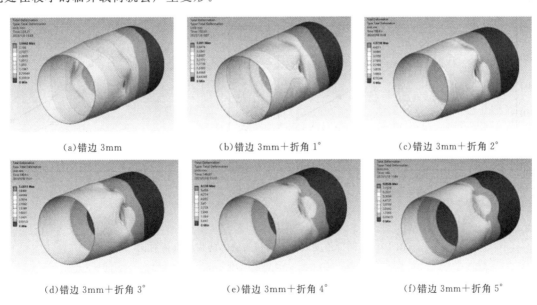

(a)错边 3mm   (b)错边 3mm＋折角 1°   (c)错边 3mm＋折角 2°

(d)错边 3mm＋折角 3°   (e)错边 3mm＋折角 4°   (f)错边 3mm＋折角 5°

图 6　DN1000 有错边和折角管道的总位移变化

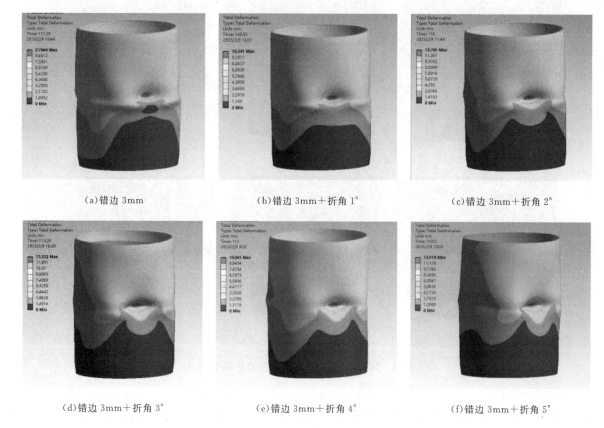

(a)错边 3mm 　　　　　(b)错边 3mm＋折角 1° 　　　　(c)错边 3mm＋折角 2°

(d)错边 3mm＋折角 3° 　　　(e)错边 3mm＋折角 4° 　　　(f)错边 3mm＋折角 5°

图 7　DN1400 有错边和折角管道的总位移变化

　　DN1000 和 DN1400 管道在错边和折角同时存在时的屈曲临界载荷值如图 8 所示。当存在 3mm 的错边量时,对于 DN1000 的管道其屈曲临界载荷能够减小 5.5%,而对于 DN1400 的管道其屈曲临界载荷减小的并不明显。但当两种缺陷同时存在时,管道的承压能力均出现明显的减小,最大能够减小 12.5%。

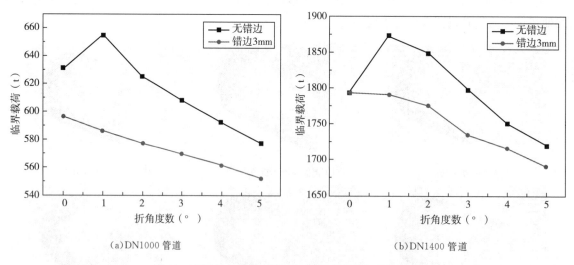

(a)DN1000 管道 　　　　　　　　　(b)DN1400 管道

图 10　不同折角度数下不同初始缺陷的临界载荷对比

4　结论与展望

　　本文对 DN1000 和 DN1400 的管道在不同初始缺陷下的屈曲变形进行计算,其中初始缺陷包括折角、错边以及错边和折角同时存在等工况。主要得到以下结论：

（1）管道存在折角时，随着折角度数的增大，管道变形量逐渐增大，屈曲临界载荷均呈现出先增大后减小的趋势，管道折角度数从0°增加至5°时，DN1000和DN1400的管道屈曲临界载荷分别减小了8.6％和4.1％。

（2）随着管道管径比的增大，管道屈曲临界载荷明显减小，且管径比越大的管道，折角的存在对其临界载荷的影响越大。

（3）当错边和折角同时存在时，管道变形量的变化不大，但管道的屈曲临界载荷降低的较为明显。当错边量为3mm，折角为5°时，DN1000和DN1400的管道屈曲临界载荷降低12.5％和5.8％。

分析结果说明了初始缺陷对大口径高压无补偿冷安装直埋热水管道的承载能力具有较大影响，基于我国热力管道的制造水平和现场施工质量，以及我国大口径供热直埋管道敷设距离长、地形与地质条件的复杂多变的特点，为保障直埋供热管道的长期安全可靠运行，该分析结果也表明了防止管道屈曲对管道安全运行十分必要。

参考文献

[1] 张宏,崔红升.基于应变的管道强度设计方法的适用性[J].油气储运,2012,31(12):952－954.

[2] 刘啸奔,张宏,李勍等.断层作用下埋地管道应变分析方法研究进展[J].油气储运,2016,35(8):799－807.

[3] 赵冬岩,余建星,岳志勇等.含缺陷海底管道屈曲稳定性的数值模拟[J].天津大学学报,2009,42(12):1067－1071.

[4] 刘羽霄,葛涛,李昕等.初始几何缺陷对海底管道横向屈曲的影响[J].大庆石油学院学报,2011,35(3):76－80.

[5] 康习锋,张宏.基于ANSYS的管道屈曲临界载荷分析[J].油气储运,2017,36(3):262－266.

作者简介

黄诗雯(1996－),女(汉),助理工程师,工学硕士,主要从事压力管道设计及膨胀节设计应用研究工作。

通信地址:河南省洛阳市高新开发区滨河北路88号,邮编:471000

TEL:18337694807

EMAIL:18337694807@163.com

25. 管坯应变强化波纹管耐压和疲劳性能研究

李瑞琴　史牧云　闫廷来

（中船双瑞(洛阳)特种装备股份有限公司,河南 洛阳 471000）

摘　要：本文基于 GB/T12777－2019 标准中波纹管两端固支时的平面失稳极限设计压力 Psi 的公式,理论推导了管坯应变强化与波纹管耐压及疲劳性能的关系。采用液压法对 φ517mm 波纹管管坯进行 0％、5％、10％、20％ 的应变强化,多波一次液压成形后得到了 5％ 的管坯应变强化波纹管。试验结果表明少量的管坯应变强化能同时提高波纹管的平面失稳压力和设计压力,同时疲劳寿命仍能满足国标要求。

关键词：管坯应变强化；波纹管；耐压；疲劳

Research onPressure Resistance and Fatigue Performance of Bellows with Strain Strengthened Tube Blank

LI Ruiqin SHI Muyun YAN Tinglai

（CSSC Sunrui (Luoyang) Special Equipment co. ,Ltd. ,Luoyang 471000,China）

Abstract：In this paper,based on the formula in GB/T12777－2019 of the Psi (planar instability limit design pressure) when both ends of the bellows are fixed,the relationship between the strain strengthening of the tube blank and the pressure resistance and the fatigue performance of the bellows is theoretically deduced. The φ517mm tube blank was 0％,5％,10％,20％ strain strengthened by hydraulic method,then the tube blank 5％ strain strengthened bellows was obtained after multi－wave one－time hydraulic forming. The test results shows that a small amount of strain strengthening of the tube blank can increase the planar instability pressure and design pressure of the bellows. At the same time,the fatigue life can still meet the national standard requirements.

Keywords ：Strain strengthened tube blank；Bellow；Pressure resistance；Fatigue

1 引　言

奥氏体不锈钢具有良好的塑性、韧性、低屈强比,在达到屈服应变之后还拥有相当长的应变强化段,是制造金属波纹管的重要材料。金属波纹管在成形过程中沿子午向及周向发生了不同程度的塑性变形,产生了成形应变强化。随着直径的增加,波纹管的成形变形率 Fs 逐渐减小如图 1 所示,当波根直径大于 2000mm 时的成形变形率 Fs 仅为 5％～10％,致使大直径波纹管的有效加工硬化程度降低。在相同的平面失稳极限设计压力下,波纹管的直径越大壁厚也越大。

为了提高产品的安全性,本文通过采用液压法对波纹管管坯进行应变强化,使波纹管在成形应变强化前增加了管坯的强化应变。基于 Psi 的理论计算公式[1],得到了管坯应变强化 0%、5%、10% 的 φ517mm 波纹管的 Psi 结果并与试验得到的实际平面失稳压力 Psi' 进行了对比。

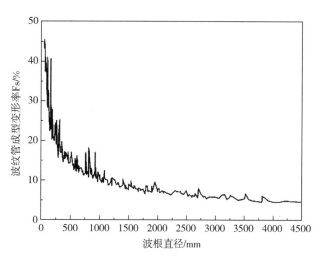

图 1　波纹管的成形变形率随波根直径的变化

2　管坯应变强化对平面失稳极限设计压力 Psi 的影响

2.1　316L 薄板应变强化试验

对厚度为 1.2mm 的 316L 带焊缝和不带焊缝的板材进行对不同程度的单向拉伸强化(5% 应变强化的塑性变形很小,强化后会回弹,无法获得相应试样),拉伸强化方向与轧制方向平行。根据 GB/T228.1-2010《金属材料拉伸试验第一部分:室温试验方法》,测得不同应变强化板材的屈服强度、减薄率和断后延伸率,测试方向与轧制方向垂直。试验中 316L 板材的实测厚度为 1.185mm,屈服强度为 287MPa,抗拉强度为 625MPa,延伸率 56%。316L 应变强化后的屈服强度和断后延伸率如表 1 所示。应变强化 20% 时的 316L 板材,其屈服强度提高了 0.96 倍,总延展性降低了 15%(包含应变强化量及断后延伸率)。

表 1　316L 应变强化试验数据

强化应变(%)	0	10	20
板材厚度(mm)	1.185	1.113	1.063
减薄率(%)	0	6	10
屈服强度(MPa)	286	465	560
断后延伸率(%)	55.0	36.7	26.8

2.2　波纹管成形应变有限元模拟分析

建立波根直径为 φ517mm,波高 47mm,波距 61mm,厚度为 1.0mm 单层波纹管多波一次液压成形有限元模型,波纹管成形应变分布如图 2 所示。波峰处的应变包括圆周方向的拉伸应变 $1+\frac{2h}{D_b}1$ 和弯曲应变 $1+\frac{n\delta_m}{2r_m}$,在整个波纹管中变形最大达到了 18%,侧壁的应变最小为 6%,波根处应变为 10%。根据 GB/T12777-2019 标准中成形应变 Fs 公式计算为 17.05%,接近波纹管波峰处的应变。

h——波高的数值,单位为毫米(mm);

D_b——波纹管直边段内径,单位为毫米(mm);

n——厚度为"δ"波纹管材料层数;

δ_m——波纹管成形后一层材料的名义厚度,单位为毫米(mm);

r_m——U型波纹管波峰(波谷)平均曲率半径,单位为毫米(mm);

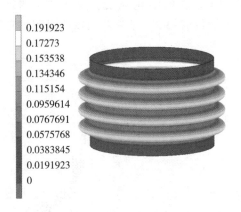

图 2　φ517mm 波纹管成形应变分布

2.3　液压法管坯应变强化波纹管成形试验

液压法管坯应变强化工艺过程如图 3 所示。在上下模盖中间增加套箍,强化后管坯外径和套箍内径相同。应变强化后管坯变形成对称"凸"字形,强化部位在套箍直段处,强化方向为圆周方向,剪边后得到应变强化管坯。管坯变形过程均匀一致,没有刚性接触,不会产生应力集中,得到的应变强化管坯材料组织均匀。

分别采用强化 0%、5%、10%、20%的管坯进行 φ517mm 波纹管(波形参数见表 2)成形,在成形过程中管坯强化 10%和 20%的波纹管波峰焊缝处发生了撕裂,如图 4 所示。管坯应变强化波纹管的变形率 Fs' 是由管坯强化应变 ε 和波纹管成形变形率 Fs 的总和。根据试验结果,Fs' 的极限范围在应在 21%~25%之间(21%和 25%分别为计算求得的管坯应变强化 5%和 10%的波纹管的 Fs' 值)。

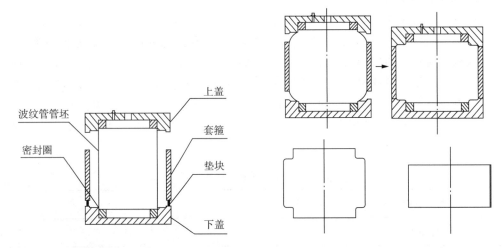

图 3 液压法管坯应变强化工艺(左:工装模具;右上:成形原理;又下:成品及切边后管坯)

图 4　液压法管坯应变强化波纹管(左:管坯强化管坯;中:管坯强化波纹管;右:焊缝撕裂位置)

表2 平面失稳极限设计压力 Psi 计算波纹管参数

材质	波根直径	$n \times t$	h	q	波数	成形变形率 F_s
316L	517mm	2×1.0mm	47mm	61mm	4	17.89%

2.4 管坯应变强化对波纹管平面失稳极限设计压力 Psi 的影响

计算选用的波纹管波形参数见表2所列。

GB/T12777-2019标准中波纹管两端固支时的平面失稳极限设计压力 Psi 公式如(1),由5个变量控制,其中周向应力系数 Kr 取1。随着管坯应变强化的增加,波纹管成形后一层材料名义厚度 δ_m 减小,波纹管平均直径 Dm 增加,一个 U 形波纹管的金属横截面积 Acu 减小,见表3所示。

$$P_{si} = \frac{1.3 A_{cu} R_{p0.2y}^t}{K_r D_m q \sqrt{\alpha}} \tag{1}$$

P_{si}——波纹管两端固支时平面失稳的极限设计压力,单位为兆帕(MPa);

A_{cu}——一个 U 形波纹的金属横截面积,单位为平方毫米(mm²);

$R_{p0.2y}^t$——成形态或热处理态的波纹管材料在设计温度下的屈服强度,单位为兆帕(MPa);

Kr——周向应力系数;

D_m——波纹管平均直径,单位为毫米(mm);

q——波距,单位为毫米(mm);

α——平面失稳应力相互作用系数;

$$A_{cu} = n \delta_m \left[2\pi r_m + 2\sqrt{\left(\frac{q}{2} - 2 r_m\right)^2 + (h - 2 r_m)^2} \right] \tag{2}$$

$$D_m = D_b + h + n\delta \tag{3}$$

δ——波纹管一层材料的名义厚度,单位为毫米(mm);

$$r_m = \frac{r_c + r_r + n\delta}{2} \tag{4}$$

r_c——U 形波纹管波峰内壁曲率半径,单位为毫米(mm);

r_r——U 形波纹管波谷外壁曲率半径,单位为毫米(mm);

$$\delta_m = \delta \sqrt{\frac{D_b}{D_m}} \tag{5}$$

表3 管坯应变强化对 U 形波纹管的金属横截面积 Acu 的影响

应变强化(%)	波根直径(mm)	波纹管直边段内径 D_b(mm)	波纹管平均直径 D_m(mm)	波纹管一层材料名义厚度 δ(mm)	波纹管成形后一层材料名义厚度 δ_m(mm)	一个 U 形波纹管的金属横截面积 A_{cu}(mm²)
0	517	513	562	1.00	0.955411633	246.0567
5	517	513.12	562.06	0.97	0.926808197	238.6902

波纹管材料质保书中的屈服强度 $R_{p0.2m}$ 取值波纹管的实际测试值,管坯应变强化波纹管使用温度远低于蠕变温度,因此设计温度取室温。室温下波纹管材料的屈服强度 $R_{p0.2}$ 和设计温度下材料的屈服强度 $R_{p0.2}^t$ 相等。随着管坯应变强化的增加,波纹管成形前管坯的厚度减少,波纹管成形变形率 F_s 缓慢减少。管坯应变强化波纹管的变形率 F_s' 是由管坯强化应变 ε 和波纹管成形变形率 F_s 的总和。采用液压法强

化管坯时，强化方向仅为圆周方向，因此管坯应变强化波纹管的变形率为 $F'_s = 100$ $\sqrt{\left[ln\left(1+\dfrac{2h}{D_b}+\varepsilon\right)\right]^2 + \left[ln\left(1+\dfrac{n\delta_m}{2\,r_m}\right)\right]^2}$。当管坯应变强化为 0％时，波纹管的平面失稳极限设计压力 P_{si} 为 1.80MPa，当管坯应变强化至 5％，平面失稳极限设计压力 P_{si} 提高了约 29％，如表4所示。

$$\alpha = 1 + 2\,\eta^2 + \sqrt{1 - 2\,\eta^2 + 4\,\eta^4} \tag{6}$$

η——平面失稳应力比；

$$\eta = \frac{K_4}{3\,K_2} \tag{7}$$

K_4——平面失稳系数；
K_2——平面失稳系数；

$$K_4 = \frac{h^2 C_p}{2n\,\delta_m^2} \tag{8}$$

C_p——U形波纹管 σ_4 的计算修正系数；

$$K_2 = \frac{\sigma_2}{p} = \frac{K_r q\,D_m}{2\,A_{cu}} \tag{9}$$

σ_2——压力引起的波纹管周向薄膜应力，单位为兆帕（MPa）；
P——设计压力，单位为兆帕（MPa）；

$$R_{p0.2y}^t = \frac{0.67\,C_m R_{p0.2m} R_{p0.2}^t}{R_{p0.2}} \tag{10}$$

C_m——低于蠕变温度的材料强度系数；

$$C_m = 1.5\,Y_{sm}\,[\text{用于成形态波纹管}(1.5 \leqslant Cm \leqslant 3.0)] \tag{11}$$

Y_{sm}——屈服强度系数，对于奥氏体不锈钢 Y_{sm} 按式（12）计算；

$$Y_{sm} = 1 + 9.94 \times 10^{-2}(K_f F_s) - 7.59 \times 10^{-4}(K_f F_s)^2 - 2.4 \times 10^{-6}(K_f F_s)^3 +$$
$$2.21 \times 10^{-8}(K_f F_s)^4 \tag{12}$$

K_f——成形方法系数，对于液压成型 K_f 为 0.6；

$$F_s = 100\sqrt{\left[ln\left(1+\frac{2h}{D_b}\right)\right]^2 + \left[ln\left(1+\frac{n\delta_m}{2\,r_m}\right)\right]^2} \tag{13}$$

F_s——波纹管变形率，％；

表4 管坯应变强化对平面失稳极限设计压力 Psi 的影响

应变强化（％）	波根直径（mm）	平面失稳应力相互作用系数 α	波纹管成形变形率 Fs（％）	管坯强化波纹管变形率 Fs'（％）	波纹管材料的屈服强度 $R_{p0.2m}$（MPa）	成形态波纹管材料在设计温度下的屈服强度 $R_{p0.2y}^t$（MPa）	平面失稳极限设计压力 P_{si}（MPa）
0	517	8.901073	17.89	17.89	286	568.19	1.776979
5	517	9.244068	17.83	21.78	390	773.59	2.302726

2.5 管坯应变强化波纹管应力校核[1]

根据 σ_2、σ_3、σ_4 应力校核公式（14）、（15）将设计压力取值1计算得到三个应力的数值如表5所示。管

坯应变强化后 D_m 增大，δ_m 减小，三个应力均增大。板材 316L 的许用应力为 118MPa 是屈服应力 286MPa 的 40%，应变强化板材的许用应力按照强化后材料屈服强度的 40% 计算得到。最大设计压力按照公式 (14)、(15)计算得到的较小值，表 5 显示设计压力随着管坯应变强化的增大而增大，出现了大于平面失稳极限设计压力 Psi 的数值。分析表明，虽然随着管坯应变强化的增大，波纹管的应力增大，但是仍然低于许用应力的增加幅度。

$$\sigma_2 = \frac{K_r q p\, D_m}{2\, A_{cu}} \leqslant C_{ub} W_b [\sigma]_b^t \tag{14}$$

C_{ub} ——波纹管的焊接接头系数；

W_b ——波纹管的高温焊接接头强度降低系数；

$$\sigma_3 = \frac{ph}{2n\delta_m}; \quad \sigma_4 = \frac{p\,h^2 c_p}{2n\delta_m^2}; \quad \sigma_3 + \sigma_4 \leqslant C_m [\sigma]_b^t \tag{15}$$

σ_3 ——压力引起的波纹管子午向薄膜应力，单位为兆帕（MPa）；

σ_4 ——压力引起的波纹管子午向弯曲应力，单位为兆帕（MPa）；

$[\sigma]_b^t$ ——设计温度下波纹管材料的许用应力，单位为兆帕（MPa）；

表 5 管坯应变强化对波纹管应力校核的影响

应变强化 (%)	波根直径 (mm)	σ_2 (MPa)	σ_3 (MPa)	σ_4 (MPa)	许用应力 $[\sigma]$(MPa)	$\sigma_3+\sigma_4$ (MPa)	$C_m \times [\sigma]$	最大极限设计压力 p(MPa)
0	517	69.66	12.30	287.62	117.99	299.92	353.96	1.69<Psi
5	517	72.57	12.81	295.66	171.20	308.47	513.61	2.36>Psi

3 应变强化波纹管性能试验

3.1 管坯应变强化波纹管耐压性能试验

管坯应变强化 0%，5% 的波纹管（波形参数见表 2）两端固支后进行耐压试验（见图 4），测得波纹管平面失稳压力。测试结果为，管坯应变强化 0%，5% 的波纹管平面失稳压力分别为 1.8MPa 和 2.2MPa。结果表明波纹管实测平面失稳压力 Psi' 与平面失稳极限设计压力 Psi 一致，管坯应变强化 5% 的波纹管平面失稳压力提高了 22%。

3.2 管坯应变强化波纹管疲劳性能试验

管坯应变强化 0%，5% 的波纹管（波形参数见表 2）进行疲劳试验，测得波纹管的疲劳寿命。测试结果为，管坯应变强化 0%，5% 的波纹管设计疲劳寿命 6000 次，在完成 12000 次疲劳试验后均未发生疲劳破坏，达到设计疲劳寿命的 2 倍，满足国标要求。

图 4 管坯应变强化耐压性能试验

4 结 论

本文根据真实测得的材料试验数据，基于 GB/T12777－2019 标准中波纹管两端固支时的平面失稳极限设计压力 Psi 的公式，理论推导了管坯应变强化与波纹管耐压及疲劳性能的关系。采用液压法对 φ517mm 波纹管管坯进行 0%、5%、10%、20% 的应变强化,并多波一次液压成形后得到了 5%的管坯应变强化波纹管。试验测得了管坯应变强化波纹管的平面极限失稳压力和疲劳寿命。结果表明,少量的管坯应变强化能同时提高波纹管的平面失稳压力和设计压力,管坯应变强化 5%的波纹管的平面失稳压力 Psi′提高了 22%,同时疲劳寿命仍能满足国标要求。

参考文献

[1] 国家市场监督管理总局,中国国家标准化管理委员会. 金属波纹管膨胀节通用技术条件[S]. GB/T12777-2019. 北京:中国标准出版社,2019.

[2] 奇心、孟奇、王运宝. 对"金属波纹管膨胀节通用技术条件"GB/T12777-2008 附录 A 的若干探讨[J]. 第十一届全国膨胀节学术会议膨胀节设计、制造和应用技术论文选集,2010:6-8.

[3] 杨耀田、江耀宗、刘助柏. 汽轮发电机护环液压胀形强化新工艺的研究[J]. 大型铸锻件,1980,02:6-9.

[4] 汤岚清. 应变强化装置及应变强化对 06Cr19Ni10 焊接接头中疲劳裂纹扩展影响的研究[D]. 北京:北京化工大学博士学位论文,2017.

[5] 王艳芬. 高强镍基合金超薄壁筒胀形机理与工艺研究[D]. 长沙:中南大学硕士学位论文,2011.

[6] 李添祥、胡坚、黎廷新. 受压膨胀节平面失稳的机理及其计算[J]. 石油化工设备,1992,21(5):19-22.

作者简介

李瑞琴,男,工程师,从事波纹管膨胀节研发工作。通信地址:河南省洛阳市高新技术开发区滨河北路 88 号;邮编:471000;联系电话:15194415434;

26. 基于 ANSYS 的金属波纹管振动特性分析

张家铭　杨玉强

(中船双瑞(洛阳)特种装备股份有限公司,河南 洛阳 471000)

摘　要:本文将理论与仿真分析相结合,通过对金属波纹管进行模态以及谐响应分析,确定了金属波纹管振动分析模型的有效性,并对该模型进行瞬态分析确定了其减振效果。

关键词:金属波纹管;模态分析;谐响应分析;瞬态分析

VibrationCharacteristic Analysis of Metal Bellows Based on ANSYS

Zhang jiaming　Yang yuqiang

(Luoyang Sunrui Special Equipment Co. ,LTD. ,Luoyang 471000,China)

Abstract:In this paper, the theory and simulation analysis are combined to determine the effectiveness of the metal bellows model through the modal and harmonic response analysis of the metal bellows,and the transient analysis of the model is carried out to determine its damping effect.

Keywords:Metal Bellows;Modal Analysis;Harmonic Response Analysis;Transient Analysis

1 引　言

波纹管膨胀节的使用极为广泛,在管道连接中除了进行位移补偿外还能起到减振的作用,但当其固有频率与管系中任一激振频率相同或相近时会诱发共振,缩短波纹管膨胀节寿命[1]。因此研究波纹管膨胀节的固有频率,使之与管系中的激振频率分开是很有必要的[2]。

2 波纹管模态理论分析

膨胀节可用于高频低幅振动系统,为了避免膨胀节与系统发生共振,膨胀节自振频率应低于 2/3 的系统频率或至少大于 2 倍的系统频率[3]。膨胀节波纹管是一种外表面呈波纹状的薄壁管件,薄壁波纹管具有较大的轴向弹性。图 1 所示为波纹管示意图,表 1 为本文模型相对应的波形参数。

图 1　波纹管示意图

表 1　波形参数

波根直径/mm	直边段长/mm	层数壁厚/mm	波距/mm	波高/mm	波数/个	材料
1540	55	1×2	80	66	8	304

按照 GB/T 12777—2019《金属波纹管膨胀节通用技术条件》中所定义的单式膨胀节轴向振动自振频率[4] f_n 按式(1)计算：

$$f_n = C_i \sqrt{\frac{K_x}{W_l}} \tag{1}$$

式中：

K_x 表示膨胀节整体轴向弹性刚度；

W_l 表示包括加强件的波纹管质量，介质为液体时 W_l 还应包括仅波纹管间的液体质量，单位为 kg；

C_i 值对于前五阶振型，可通过查表得到。

将波形参数代入进行计算得到波纹管前三阶轴向固有频率：

一阶模态轴向固有频率：

$$f_n = 15.79 \times \sqrt{\frac{971.99}{189.6}} = 35.75 \, \text{Hz}$$

二阶模态轴向固有频率：

$$f_n = 31.39 \times \sqrt{\frac{971.99}{189.6}} = 71.07 \, \text{Hz}$$

三阶模态轴向固有频率：

$$f_n = 49.69 \times \sqrt{\frac{971.99}{189.6}} = 112.5 \, \text{Hz}$$

3 对比仿真分析

3.1 三维建模

在仿真分析时，考虑到波纹管结构的对称性，可以建立四分之一的轴对称模型来减少计算时间，如图 2 所示。

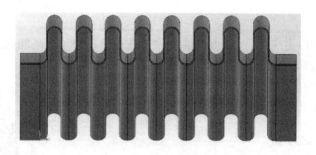

图 2 波纹管三维模型

3.2 ANSYS workbench 模型建立

有限元是目前工程结构设计中最常用的数值计算方法，随着计算机软件及硬件的发展，有限元方法已经成为 CAE 的重要组成部分，在工程分析中有广泛的应用。本文采用大型通用的商业有限元软件 ANSYS 中的 workbench 对波纹管膨胀节进行动力学分析[5]。

（1）材料属性

波纹管的材料属性与波纹管的成形方式是息息相关的，本文所分析的波纹管通过液压方式成形。波纹管的液压成形是将管坯约束在模具之内，通过控制波纹管成形机的压力载荷和位移载荷来实现的。成形过程中波根位置受到模具的约束，波峰位置在压力的作用下进入塑性流动产生凸起的波纹，因此液压成形的波纹管实际壁厚沿着波纹管的子午向并不是均匀分布的。由于波纹管壁厚的不均匀性,波纹管不同位置的材料加工硬化程度也是不同的,因此波纹管不同位置的材料力学性能也略有差别。通常在对波纹管进行有限元分析时,将波纹管材料简化为均质的各向同性材料。

根据要求本文中选择波纹管材料为 316L 奥氏体不锈钢,弹性模量为 $E＝1.96×105MPa$,泊松比为 $\mu＝0.3$。

(2)边界条件

波纹管在实际应用中波纹管通常与拉杆、端管及法兰等结构连接组成膨胀节,之后通过焊接或者法兰连接的方式安装于管路系统之中,在实际应用中固支－固支的边界条件居多。但是考虑到试验状态下波纹管固支－自由状态,因此本文考虑固支－固支和固支－自由两种边界条件对波纹管膨胀节进行模态分析。

(3)网格划分

由于波纹管中波峰波谷均为圆滑过渡,同时为薄壁结构,进行有限元分析时波纹管的网格尺寸会对分析的结果有明显的影响。为了保证有限元计算结果具有足够的精度并且最大限度地减少计算时间本文采用扫略的方法对波纹管进行网格划分。如图 3 所示。

3.3 不同边界条件下的模型模态分析

(1)固支-固支边界条件

将模型进行网格无关性分析后设置合适的网格划分份数,在波纹管两侧直边段的平面上施加固定约束进行求解,可以得到模型的固有频率及相应振型,图 4 给出了金属波纹管模型及轴向型膨胀节模型在两端约束条件下的一阶轴向振型。

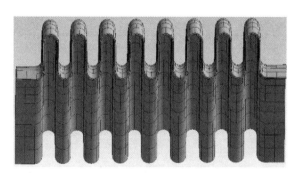

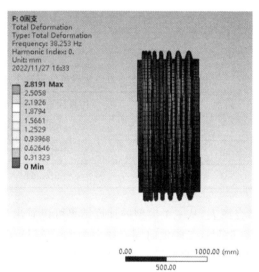

图 3　金属波纹管有限元模型　　　　　图 4　金属波纹管一阶轴向振型

表 2 为固支-固支边界条件下波纹管前 3 阶轴向振动固有频率。有限元分析与标准理论计算结果对比,其理论分析与仿真误差不超过 8%,故波纹管有限元计算模型选取合适。

表 2　固支-固支边界条件下前 3 阶轴向振动固有频率理论仿真对比

阶次	仿真固有频率(Hz)	理论固有频率(Hz)
1	38.253	35.75
2	76.48	71.07
3	114.72	112.51

（2）固支-自由边界条件

为了识别膨胀节的动力学参数,通常需要对波纹管进行自由振动试验,此时轴向型膨胀节的边界条件就可以简化为一端固支一端自由,将模型进行网格无关性分析后设置合适的网格划分份数,在波纹管一侧直边段的平面上施加固定约束进行求解,可以得到模型的固有频率及相应振型,图5给出了金属波纹管模型及轴向型膨胀节模型在固支－自由条件下的一阶轴向振型。表3为固支－自由边界条件下前3阶轴向振动固有频率。

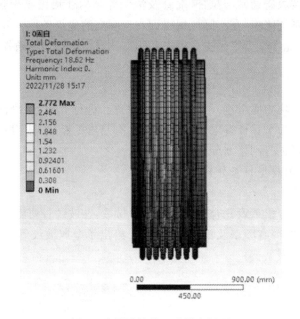

图5　金属波纹管一阶轴向振型

表3　固支－自由边界条件下三个模型前3阶轴向振动固有频率理论仿真对比

阶次	仿真固有频率（Hz）	理论固有频率（Hz）
1	18.62	35.75
2	55.827	71.07
3	92.961	112.51

结合图表,从三个模型的计算结果可以看出在固支－自由的边界条件下,波纹管的一阶轴向固有频率为18.62Hz,二阶轴向固有频率为55.827Hz,三阶轴向固有频率为92.961Hz,由于边界条件的不同,得到的理论与仿真数据的差异也较大。

综上所述,该部分确定了金属波纹管有限元模型的有效性。根据理论与仿真的对比得出结论:在固支－固支边界条件理论分析与仿真分析误差值不超过8%,固支－自由边界条件下理论与仿真的误差较大,在一阶固有频率处误差达到48%,故边界条件对于仿真分析的结果存在一定影响。

4　谐响应分析

在实际工程中,波纹管的实际载荷大小往往很难测量,在此本文只做定性分析,旨在计算响应与外载荷之间的比值,以判定波纹管振动的敏感频率。

为了节省计算时间,本文采用模态叠加法进行谐响应分析。在波纹管一边直边平面段施加固定约束并在另一边的直边段平面轴向方向施加1000N简谐载荷,如图6所示,谐响应结果如图7。波纹管的位移、速度以及加速度峰值响应前两阶结果见表4。

图 6　载荷施加

与模态分析结果对比分析可知：

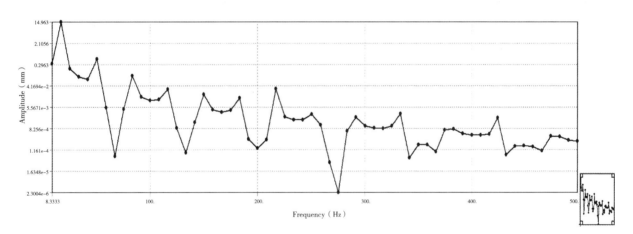

(a)金属波纹管位移-频率响应曲线

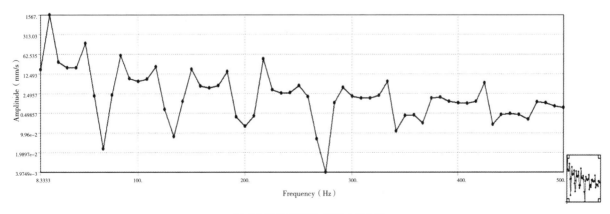

(b)金属波纹管速度-频率响应曲线

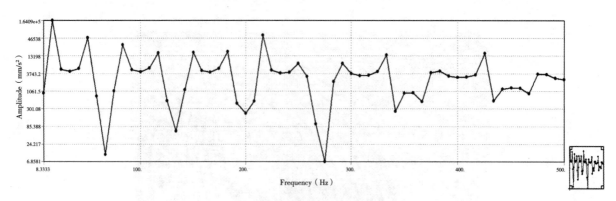

（c）金属波纹管加速度-频率响应曲线

图 7　金属波纹管谐响应分析结果

表 4　谐响应分析结果

项目	响应峰值（mm/s²）	对应频率/Hz
位移	14.963	18.02
	0.49013	55.66
速度	1567	18.02
	153.98	55.66
加速度	16409	18.02
	48374	55.66

通过对比图 7 中各频响曲线的峰值与模态分析结果可知：

（1）位移、速度以及加速度响应的峰值均与设备的固有频率存在 3％的误差；

（2）在 18.02Hz 位移响应达到了最大值，从 18.02Hz 到 55.66Hz 响应逐渐下降仍处于较高水平，在 55.66Hz 位置再次出现响应峰值；

（3）加速度响应最为敏感，每 1000N 作用下最大加速度响应达 4.83g。

5　瞬态分析

5.1　波纹管瞬态响应分析结果

为了验证波纹管减振效果，本文从机械振动的衰减情况来分析波纹管的减振性能。

在波纹管一边直边平面段施加固定约束并在另一边的直边段平面轴向方向施加大小位 1000N 的瞬态激励，作用时间 0.02S，如图 8 所示。

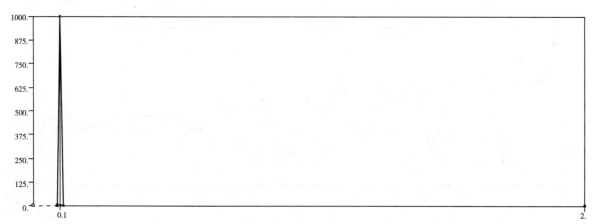

图 8　瞬态激励示意图

选取激励力所在一侧的波峰波壁交界处为输入点,选取约束端波峰波壁交界处为输出点,两点位置对称,如图 9 所示。图 10— 图 11 为金属波纹管输入输出点加速度响应曲线。

图 9 金属波纹管输入输出点示意图

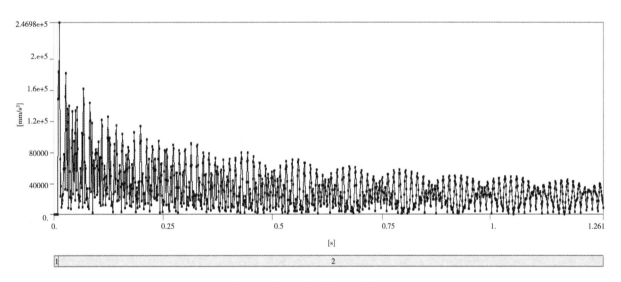

图 10 输入点加速度响应曲线

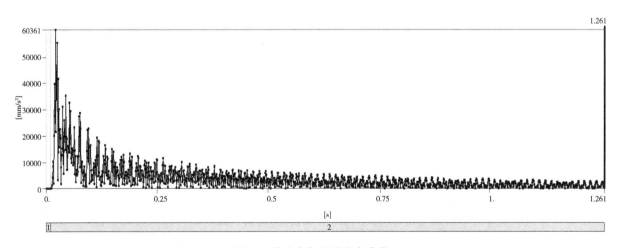

图 11 输出点加速度响应曲线

从图 9－图 11 可以看出金属波纹管在瞬态激励的作用下输出点的位移响应与输入点相比有明显的衰减,说明波纹管膨胀节本身具有很好的减振性能。

5.2　振级落差

为了能够定量地分析波纹管的减振效果,下面通过振级落差的计算来进行分析。

波纹管的振级落差定义 L_D 为输入端激励位移与输出端响应位移有效值比值的常用对数的 20 倍:

$$L_D = 20\lg\frac{X}{X_B} \tag{2}$$

其中 X,X_B 代表波纹管输入端位移和基础位移。

根据有限元的计算结果可以提取模型中任意一个节点的位移响应 $x(t)$,将位移或加速度响应的有效值代入到式(4)可以得到以对数形式表示的位移或加速度响应。

$$\bar{x} = \sqrt{\frac{1}{T}\int_0^T [x(t)]^2 dt} \tag{3}$$

$$L_x = 20\lg\bar{x} \tag{4}$$

由上述可得振级落差的定义式(2)可以变换成如下的形式:

$$L_D = 20\lg X - 20\lg X_B = L_{x1} - L_{x2} \tag{5}$$

其中 $Lx1$ 和 $Lx2$ 为以对数形式表示的输入端和输出端位移或加速度有效值。

选取输入、输出端的前 3 阶数据带入式(4),得到位移有效值。将位移有效值带入式(5)得到的结果如表 5 所示。

表 5　波纹管加速度有效值及振级落差计算结果

	输入端加速度有效值 （对数形式）	输出端加速度有效值 （对数形式）	位移振级落差/dB
1	54.91	32.31	22.6
2	55.72	34.91	20.81
3	54.07	33.78	20.29

从表 5 可以看出,利用有限元计算得到的金属波纹管输出端位移振级落差比输入端位移振级落差要小 20dB 左右再次论证了波纹管的减振效果。

6　结　论

本文通过理论分析和有限元仿真的方法,对金属波纹管进行了振动特性分析,研究了波纹管的固有频率及减振效果。主要结论如下:

(1)通过将膨胀节波纹管模型模态分析结果与理论分析结果相对比,得到结果误差只存在 2%,验证了波纹管模型的准确性。通过对比不同边界条件下波纹管的固有频率,得出结论边界条件对波纹管固有频率有部分影响。

(2)本文采用完全法对波纹管进行谐响应分析,得到的共振频率和模态分析的自振频率存在 5% 的误差。且加速度响应最为敏感。

(3)对金属波纹管进行瞬态分析,并将得到的结果量化,更直观地反映出波纹管的减振效果。通过仿真可以得到波纹管输出端位移振级落差比输入端小 20dB。

参考文献

[1] 陆永超. 多层波纹管等效阻尼的影响因素及其作用规律研究[D]. 河南科技大学,2011.

[2] 刘永刚,司东宏,马伟,等. 流固耦合下含夹层阻尼的多层金属波纹管刚度和阻尼研究[J]. 机械程学报,2014,50(5):74-81.

[3] 李璇,李萍,刘蕾,王燕,李兰林,杨倩雯. 基于有限元分析的某波纹管减薄率研究[J]. 锻造与冲压,2022(14):25-28.

[4] GB/T 12777. 金属波纹管膨胀节通用技术条件.[S].

[5] 郜凯强,穆塔里夫·阿赫迈德,郭勇等. 基于振动信号的机械密封金属波纹管疲劳分析[J]. 润滑与密封,2021,46(6):71-77.

作者简介

张家铭(1994-),男,助理工程师,研究方向压力管道设计及膨胀节设计应用研究。

联系方式:河南省洛阳市高新开发区滨河北路 88 号,邮编 471000

TEL:18437937067

EMAIL:zjm704051153@163.com

27. 蒸汽管网旋转补偿器石墨密封填料优化设计

吉堂盛

（大连益多管道有限公司，大连 116318）

摘　要：蒸汽管网运行温度高，对所使用的旋转补偿器密封填料用量要求更严格。本文通过对旋转补偿器的石墨密封填料做耐温失重试验，测定了不同温度下石墨编织填料受热失重百分数，为旋转补偿器石墨密封填料的优化设计提供了数据支撑，使优化设计得以实现，进而提高蒸汽管网的可靠性及经济性。

关键词：蒸汽管网；旋转补偿器；石墨热失重；优化设计

Optimization design of graphite sealing packing for steam pipe networkrotary compensator

Ji Tangsheng

(Dalian Yiduo Piping Co. Ltd. ,Dalian 116318)

Abstract：The running temperature of the steam pipe network is high,and the requirement for the amount of sealing packing used in the rotary compensator is more strict. In this paper,the thermal weight loss of graphite packing for rotary compensator is studied by means of temperature resistance and weight loss test,and the weight loss percentage of graphite braided packing at different temperatures is measured,it provides data support for the optimum design of graphite sealing packing for rotary compensator,which can realize the optimum design and improve the reliability and economy of steam pipe network.

Keywords：steam pipe network；Rotary compensator；test for loss of weight by heated ofgraphite；Optimized design

1 引　言

随着我国工业化快速崛起，蒸汽管网的敷设率越来越高，蒸汽管网主要由管道、补偿器、阀门和管件等组成，由于管道、阀门和管件是刚性件，抗破坏能力强，补偿器属柔性体，一旦发生泄露，只能更换，严重危害管网安全，所以补偿器对整个蒸汽管网安全性起着至关重要的作用。

补偿器主要分为：波纹补偿器、套筒补偿器、球形补偿器，旋转补偿器等几大类型。目前蒸汽管网使用较多的补偿器通常为旋转补偿器，如图1所示。

旋转补偿器主要由芯管、导向环、柔性密封填料（包括石墨密封填料和石墨编织填料）、外套、尾套等组成。工作时，通过芯管对外套管的转动来吸收管道的热位移，芯管和外套管之间的密封是通过由密封

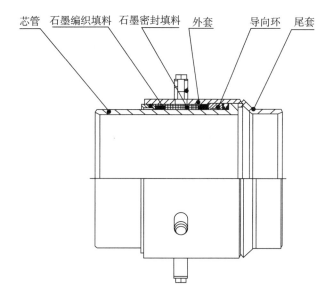

图 1　旋转补偿器结构示意图

环和密封剂组成的密封舱实现的,而密封舱中填充的便是柔性密封填料。早期柔性密封填料的选择局限性大,密封填料性能差,极易泄露。随着技术的发展,市场材料种类也越来越多,柔性石墨密封填料得到应用,它具有良好的密封性,有效地克服了早期旋转补偿器易泄露的特点,但随着使用的增多,问题也逐渐凸显出来,当在热水管网中使用石墨密封填料时不会出现问题,但是当应用在蒸汽管网时,就出现一定概率的渗漏情况。

2　分　析

蒸汽管网的运行温度远高于热水管网的运行温度,而同样制造工艺的石墨密封旋转补偿器却出现了渗漏情况,猜想是高温导致了密封失效。而密封腔内填料有两种,一种是粉碎的柔性石墨板,另一种是柔性石墨编织填料。经查阅标准,JB/T7758.2《柔性石墨板技术条件》[1]中规定,当温度为450℃时,柔性石墨板热失重不超过 1.0%;而 JB/T7370《柔性石墨编织填料》[2]中规定,当温度为450℃时,柔性石墨编织填料热失重不超过17%,很明显,石墨编织填料失重比远大于石墨板材的失重比。因此推断,密封失效主要是由于柔性石墨编织填料受到高温后失重过大造成的,但不同使用温度下,石墨编织填料的失重比是多少,标准中并没有给出具体数据,比如使用工况是 200℃时,如仍然按照标准中规定的 17% 去作为热失重的附加裕量的话,显然是过大的,密封料添加过多不仅浪费资源,增加成本,同时也增大了旋转补偿器的摩擦力,这将导致增大固定墩的推力,从而增加土建成本,显然很不合适;但如果附加裕量过小的话,又弥补不了由于热失重带来的密封填料失重量,久而久之,随着管网的运行,芯管与外套管间往复相对运动,便会因为密封料的不足而引起渗漏,从而造成经济损失。因此弄清楚不同温度下石墨编织填料受热失重百分比,从而对密封填料进行优化设计就十分必要,首先需要进行热失重试验获取相关数据。

3　热失重试验[3]

3.1　试验目的
测定不同温度下,不同规格的石墨编织填料的热失重百分比。

3.2　试验设计
拟定三种规格的原料,分别为 $16×16$,$25×25$,$34×34$,将三种规格干燥后的试样,同时置于五种温度下的马福炉中灼烧 1 h,温度分别为 150℃、250℃、350℃、450℃、550℃、以失去的重量计算热失重的百分数,见表 1。

表 1 石墨编织填料试验分类表

规格(mm)	试验温度℃				
16×16					
25×25	150	250	350	450	550
34×34					

3.3 仪器及设备

a)电热恒温干燥箱;

b)马福炉;

c)分析天平:感量为 0.0002 g;

d)干燥器;

e)不锈钢剪刀、瓷方舟。

3.2 试样及其制备

将来样任取一段分解,用不锈钢刀截取(2～6)mm 长,用缩分法取(4～6)克,放入(105～115)℃的恒温干燥箱内烘 1h,移入干燥器中冷却 30min。

3.3 试验步骤

3.3.1 称取 (1±0.1)g(准确至 0.0002 g)试样,放入预先在 800℃的马福炉中灼烧至恒重的瓷方舟中,轻瞧瓷方舟,使试样铺平。

3.3.2 把装有试样的瓷方舟置入 150℃±10℃的马福炉中,关闭炉门灼烧 1 h。

3.3.3 取出瓷方舟,冷却 (1～2) min,移入干燥器中冷却 30 min 后称重(准确至 0.0002 g)。

3.4 试验结果和计算

3.4.1 热失重百分数 W(％)按式(1)计算:

$$W = \frac{G1 - G2}{G1} \times 100\%$$
(1)

式中:G_1——灼烧前样品重,g;

G_2——灼烧后样品重,g。

3.5 每组需对三份平行样进行测定,取其算术平均值为测定结果,保留三位有效数字

3.6 重复以上试验步骤,将试验温度分别调整到 250℃、350℃、450℃、550℃,记录试验过程数据如表 2。

表 2 石墨编织填料试验记录数据表

灼烧温度(℃)	150			200		
规格 mm	16×16	25×25	34×34	16×16	25×25	34×34
G1——灼烧前试样质量(g)	1.0326	0.9856	1.0216	0.9876	1.0532	1.0316
灼烧时间(h)	1					
G2——灼烧后试样质量(g)	1.0218	0.9776	1.0116	0.9576	1.0226	1.0076
W——热失重	1.04％	0.81％	0.98％	3.04％	2.91％	2.33％

灼烧温度（℃）	250			300		
规格 mm	16×16	25×25	34×34	16×16	25×25	34×34
G1——灼烧前试样质量（g）	1.0098	1.0596	1.0832	1.0322	1.0152	1.0632
灼烧时间（h）	1					
G2——灼烧后试样质量（g）	0.9586	1.0104	1.0386	0.9376	0.9288	0.9868
W——热失重百分数（％）	5.07％	4.64％	4.12％	9.16％	8.51％	7.19％
灼烧温度（℃）	350			450		
规格 mm	16×16	25×25	34×34	16×16	25×25	34×34
G1——灼烧前试样质量（g）	1.0656	0.9906	1.0158	0.9976	1.0362	1.0216
灼烧时间（h）	1					
G2——灼烧后试样质量（g）	0.9232	0.8660	0.9060	0.8478	0.8934	0.8954
W——热失重百分数（％）	13.36％	12.58％	10.81％	15.02％	13.78％	12.35％

3.7 试验结果对比分析

将试验结果数据进行整理如表 3 所示。

表 3　不同规格不同温度石墨密封填料热失重结果统计

温度	规格 16×16	规格 25×25	规格 34×34
150℃	1.04％	0.81％	0.98％
200℃	3.04％	2.91％	2.33％
250℃	5.07％	4.64％	4.12％
300℃	9.16％	8.51％	7.19％
350℃	13.36％	12.58％	10.81％
450℃	15.02％	13.78％	12.35％

为直观看出数据的规律及对比情况，特通过图 2、图 3 对比分析。

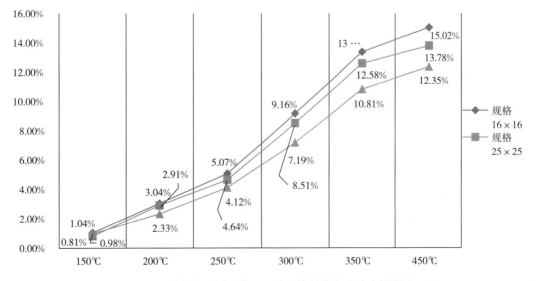

图 2　不同规格不同温度石墨编织填料热失重试验折线图

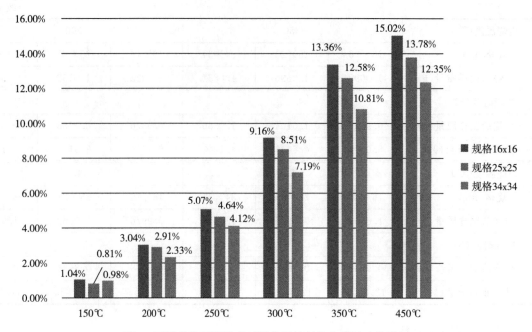

图 3　不同规格不同温度石墨编织填料热失重试验柱形图

通过图 2、图 3 可以看出以下规律：

a)450℃时，三种规格石墨编织填料的热失重百分数分别为 15.02％、13.78％、12.35％均小于 JB/T7370《柔性石墨编织填料》标准中规定的 17％，因此材料本身符合规定。

b)蒸汽管网常用设计温度区间为 200℃到 300℃，在此区间内石墨编织填料的热失重百分数远低于 JB/T7370《柔性石墨编织填料》标准中规定的 17％。

c)同规格的材料，随着温度的升高，热失重百分数都呈现出增大趋势。

d)同一温度下，小规格材料的热失重百分数大于大规格材料的热失重百分数。

4　设计对比

4.1　常规设计

常规石墨密封填料设计大致如下：

密封腔内石墨理论总质量 m 按式(2)计算：

$$m = m_1 + m_2 \tag{2}$$

式中：m_1——柔性石墨板理论质量，g；

m_2——石墨编织填料理论质量，g。

考虑石墨受热损失后，工艺填料质量 M 按式(3)计算：

$$M = M_1 + M_2 \tag{3}$$

式中：M_1——柔性石墨板工艺填料质量，g；

M_2——石墨编织填料工艺填料质量，g。

因 JB/T7758.2《柔性石墨板技术条件》中规定，当温度为 450℃时，柔性石墨板热失重不超过 1.0％，因为热失重百分比很小，因此柔性石墨板工艺填料质量约等于柔性石墨板理论填料质量，按式(4)计算：

$$M_1 \approx m_1 \tag{4}$$

而传统设计考虑到密封性更好，更稳妥，石墨编织填料的热失重百分比常按 JB/T7370《柔性石墨编织填料》标准中规定的 17% 进行计算，因此石墨编织填料工艺填料质量 M_2 按式(5)计算：

$$M_2 = \frac{m_2}{1-17\%} \tag{5}$$

因此工艺填料质量 M 按式(6)计算：

$$M = m_1 + \frac{m_2}{1-17\%} \tag{6}$$

4.2 优化设计

蒸汽管网的常用设计温度为 200℃ 到 300℃，当在此温度区间时，通过石墨编织填料的热失重试验我们可以看到，此温度区间三种规格的石墨编织填料热失重百分数最大值为 9.16%，而最小值仅仅为 2.33%，显然按照 17% 进行计算会造成原材料的浪费，同时也会因为过多的填充密封料而增大补偿器的摩擦力，因此将传统设计公式中石墨编织填料工艺填料质量按式(7)进行优化：

$$M_3 = \frac{m_2}{1-W} \tag{7}$$

式中：M_3——优化后石墨编织填料工艺填料质量，g；
W——热失重百分数 W(%)。
优化后工艺填料质量 $M_{优化}$ 按式(8)计算：

$$M_{优化} = m_1 + \frac{m_2}{1-W} \tag{8}$$

5　结　论

本文通过对密封填料进行热失重试验得到的数据，提出了蒸汽管网旋转补偿器设计中正确选择热失重百分比数值的重要性及必要性。笔者建议：当旋转补偿器使用在热水管网中时，石墨密封填料可不考虑热失重量，按理论填料量设计即可；当旋转补偿器使用在蒸汽管网中时，既不建议按标准中热失重百分比的上限过剩选择，也不建议不考虑热失重量，应结合所使用的石墨密封料的热失重百分比数值，按优化设计方法进行设计，从而使产品更加优化，更符合蒸汽管网实际使用工况。

参考文献

[1] 中国国家发展和改革委员会. 柔性石墨板技术条件:JB/T7758.2－2005[S]. 北京:机械工业出版社,2005.

[2] 中华人民共和国工业和信息化部. 柔性石墨编织填料:JB/T7370－2014[S]. 北京:机械工业出版社,2014.

[3] 中国国家发展和改革委员会. 柔性石墨编织填料试验方法:JB/T6620－2008[S]. 北京:机械工业出版社,2008.

作者简介

吉堂盛,男,工程师,主要从事供热管网补偿器设计工作。通信地址:辽宁省大连市长兴岛经济区宝岛路 218 号。电话:15242622672. E－mail:sh200704061052@126.com。

28. 醋酸乙烯装置合成反应器膨胀节的设计与制造

蒋　亮[1]　夏艳梅[1]　蒋小进[1]

（1. 江苏运通膨胀节制造有限公司,江苏泰州 225506）

摘　要:本文通过工程案例,分析了醋酸乙烯装置合成反应器膨胀节的特点,重点阐述了该膨胀节的设计与制造过程中若干难点及技术关键创新点,为今后类似工程的大直径厚壁膨胀节设计制造积累了经验。

关键词:大直径厚壁膨胀节;膨胀节设计与制造;技术创新点

Design and Manufacture of Synthetic Reactor Expansion Joints for Ethylene Acetate Plant

Jiang Liang[1] Xia Yanmei[1] Jiang Xiaojin[1]

（1. Jiangsu Yuntong Expansion Joint Manufacturing Co. ,Ltd. ,Taizhou,Jiangsu 225506,China）

Abstract:This paper analyzes the characteristics of the synthesis reactor expansion joint of ethylene acetate plant through engineering cases,and focuses on several difficulties and technical key innovations in the design and manufacture of this expansion joint,which accumulates experience for the design and manufacture of large—diameter thick—walled expansion joints for similar projects in the future.

Keywords:Large — diameter thick — walled expansion joints; Expansion joint design and manufacturing;Technological innovation points

1 引　言

2021 年 01 月,公司承接了某项目二期工程 20 万吨/年醋酸乙烯装置合成反应器膨胀节的设计与制造工作。该膨胀节按 GB/T16749—2018《压力容器波形膨胀节》[1]标准和设计方及甲方提供的技术条件进行设计、制造与检验。设计条件见表 1。从表 1 中相关数据可见,醋酸乙烯装置合成反应器膨胀节的特点是大直径,厚壁厚;经查阅,如此规格的奥氏体不锈钢膨胀节在国内属于首台设计与制造。以下就该膨胀节的设计与制造过程中一些要点做相关阐述。

表 1　醋酸乙烯装置合成反应器膨胀节设计条件

条件	壳程	管程
设计压力 P,MPa(G)	1.6	1.1
设计温度 t,℃	225	225

(续表)

条件	壳程	管程
设备内径 D_b,mm	5600	—
轴向位移量 e,mm	10	—
疲劳安全系数 n_f	15	—
疲劳寿命 N_d,周次	≥3000	—
材料	S30408	S31603
介质	水、水蒸气	乙烯、醋酸、CO_2、O_2、N_2、VAC、水等
水压试验压力 卧式/立式 MPa(G)	2.3/2.2	1.77/1.6

2 膨胀节的设计、制造要点

2.1 膨胀节的波形参数的确定

根据设计方及甲方的要求(表1),确定 U 形膨胀节波形参数,见表2。

表 2 膨胀节波形参数

规格型号	ZDL(Ⅱ)U5600－1.6－1×48×1(S30408)
名 称	膨胀节
内直径 D_b,mm	5600
波峰外径 D_w,mm	6576
直边段外径 D_o,mm	5696
平均直径 D_m,mm	6088
波高 h,mm	440
波距 q,mm	616
成形前单层厚度 t,mm	48
成形后最小厚度 t_p,mm	43.2
波数 N	1
层数 n	1
腐蚀裕量,mm	0
直边长度 L_t,mm	130
膨胀节总长度,mm	876

2.2 膨胀节应力、疲劳寿命、刚度、稳定性的计算与校核

根据 GB/T16749－2018《压力容器波形膨胀节》标准中无加强 U 形波纹管计算相应公式,对此膨胀节的各项应力、疲劳寿命、刚度、平面失稳压力等进行计算与校核,其结果详见表3。

表 3　应力、疲劳寿命、轴向刚度、稳定性计算与校核

（1）应力计算			
各项应力	计算值（MPa）	许用值（MPa）	结论
内压引起：波纹管直边段周向薄膜应力 σ_1	15.88	126	合格
波纹管周向薄膜应力 σ_2	57.30	126	合格
波纹管子午向薄膜应力 σ_3	8.15	—	—
波纹管子午向弯曲应力 σ_4	48.79	—	—
波纹管子午向薄膜＋弯曲应力 $\sigma_3+\sigma_4$	56.94	189	合格
位移引起：波纹管子午向薄膜应力 σ_5	11.19	—	—
波纹管子午向应力弯曲 σ_6	364.23	—	—
波纹管子午向总应力 σ_t	415.28	279	

（2）疲劳寿命校核			
对于奥氏体不锈钢、镍、镍合金等耐蚀合金材料波纹管，当 $\sigma_t>2R_{eL}^t$ 时，需要进行疲劳校核			
轴向位移量 e,mm	波纹管设计许用疲劳寿命 $[N_c]$ 周次	波纹管操作疲劳寿命 N_d 周次	结论
10	$>10^6$	3000	合格

（3）轴向刚度计算	
整体轴向弹性刚度值 K_{bu},N/mm	928830

（4）稳定性计算			
	计算值（MPa）	许用值（MPa）	结论
柱失稳极限设计内压 P_{sc}	1610.59	1.6	合格
面失稳极限设计压力 P_s	1.76	1.6	合格

GB/T16749－2018《压力容器波形膨胀节》标准中规定，压力容器波形膨胀节适用于：（1）公称直径不大于 4000mm；（2）对于 ZD 型膨胀节，nt≤30mm。故此膨胀节的外形尺寸已经超过了标准范畴，经查阅，已有相关论证，对于超出国内膨胀节设计标准规定尺寸的大型膨胀节，仍可按 GB/T16749－2018《压力容器波形膨胀节》进行强度计算，GB/T16749－2018 中各应力计算公式都是基于一定的简化假设基础上推导出来的，但计算结果是比较精确且可靠的。标准中也规定了对于超出此范畴的波形膨胀节，是可参照本标准进行制造。另外，增加有限元的方法对该膨胀节进行应力分析，有限元的软件为 ANSYS，这样能够更加完善该膨胀节的设计，其内容如下：

2.2.1　有限元分析

有限元计算采用国际通用大型结构分析软件 ANSYS18.1。

1. 单元的选取：

单元选择 SOLID186,20 结点单元。实际分析时取 1/8 模型。

2. 工况条件和应力分析

2.1　工况一（只加压力 P：1.6MPa）

2.1.1　加载方式

载荷为介质的最大设计压力 P＝1.6MPa。加载情况为在膨胀节有限元模型两个端面进行全约束。在内侧表面加载压力，在对称面设置对称约束。

2.1.2　膨胀节应力分析

波纹管的最大轴向应力出现在波峰内侧，最大应力为 94.06，波纹管波峰处的轴向应力即为 GB/

T16749 上所述的经向应力。对其沿厚度进行线性化可得到经向薄膜应力和经向弯曲应力。由此可得压力引起的经向薄膜应力 σ_3 为 24.1MPa，压力引起经向弯曲应力 σ_4 为 88.66MPa。

在模型 XZ 截面取 Y 方向应力即为周向应力，最大值为 78.9MPa，在波峰内侧。对其进行线性化处理，可得压力引起的周向薄膜应力 σ_2 为 59.51MPa，压力引起的周向薄膜应力 σ_1 为 24.6MPa。

由于模型是轴对称结构，也可以用二维平面进行分析，得出波峰处最大轴向应力 87.45MPa，压力引起的经向薄膜应力 σ_3 为 9.34MPa，压力引起经向弯曲应力 σ_4 为 70.31MPa，压力引起的周向薄膜应力 σ_2 为 55.01MPa。

对轴向应力在直边段进行线性化，可得压力引起的周向薄膜应力 σ_1 为 13.2MPa。

2.2 工况二（施加位移）

2.2.1 载荷的确定：

在一端面施加轴向拉伸位移 5mm。在对称面设置对称约束。

2.2.2 膨胀节应力分析

物体应力最大位置出现在波纹管的波峰内侧，Mises 等效应力最大值为 330MPa，轴向应力强度最大值为 343MPa。

2.2.3 应力线性化

波纹管波峰处的轴向应力即为 GB/T16749 上所述的经向应力。对其沿厚度进行线性化可得到经向薄膜应力和经向弯曲应力。可得位移引起的经向薄膜应力 σ_5 为 10.93MPa，位移引起经向弯曲应力 σ_6 为 301.78MPa。

由于模型是轴对称结构，也可以用二维平面进行分析。可得位移引起的经向薄膜应力 σ_5 为 12.7MPa，位移引起经向弯曲应力 σ_6 为 306.3MPa。

3. 应力组合和评定

根据 GB/T16749-2018 对得到的应力进行归类和评定如表 4。

表 4　应力归类及其评定

	各项应力	常规计算（MPa）	三维有限元（MPa）	二维有限元（MPa）	许用值（MPa）	结论
内压引起	σ_1	15.88	24.60	13.20	126	合格
	σ_2	57.30	59.51	55.01	126	合格
	σ_3	8.15	24.10	9.34	—	—
	σ_4	48.79	88.66	70.31	—	—
位移引起	σ_5	11.19	10.93	12.70	—	—
	σ_6	364.23	301.78	306.30	—	—
组合应力	$\sigma_3+\sigma_4$	56.94	112.76	79.65	189	合格
	σ_t	415.28	391.64	374.76	279	—

根据以上两种计算结果可知，按照设计方及甲方设计条件（见表 1）确定的 U 形膨胀节波形参数（见表 2），均能满足设计方及甲方的要求。

2.3　膨胀节成形方法与成形压力的确定

该膨胀节属于 GB/T16749-2018《压力容器波形膨胀节》中 ZD 型式，即表示整体成形厚壁单层金属波纹膨胀节，ZD 型波纹管应采用整体液压的方法成形，此时波纹管毛坯用钢板卷制只允许有纵向焊接接头，不准许有环向焊接接头。故该膨胀节采用一次整体液压成形工艺。根据表 2 波形参数经计算成形压力是 8.0—9.0MPa，即成形需要克服的盲板力（油压机推力）约 26198 吨。

2.4　主要技术关键与创新点

（1）醋酸乙烯装置合成反应器膨胀节整体一次液压成形属于超塑性变形，成形需要油压机的推力大于 26200 吨,目前成形推力超过了现有油压机的吨位。采取了减小膨胀节横截面积,降低成形压力推力制造的工艺,具体方法是在管坯内部加一圆形筒节,筒节内部填充混凝土。这样膨胀节成形时所需油压机推力约 15000 吨,使现有设备能够满足成形要求,解决了国内再大型油压机空白的难题,该工艺在膨胀节制造过程中得到了广泛的应用。

(2)该膨胀节由于直径超大,也是当时国内波峰外径最大的膨胀节,达到了 6576mm,公司的油压机平台面积是 6600mm×6600mm,膨胀节的波峰处距离油压机平台侧单面只有 12mm,对于这么大直径的膨胀节,控制波高尺寸的精确性尤为重要。

(3)GB/T16749-2018《压力容器波形膨胀节》中对波纹侧壁相对于中性位置的偏斜角 β 有公差要求($-15°\leqslant\beta\leqslant+15°$),国内很多厚壁膨胀节由于波形参数的原因,制造后会出现偏 V 形的尖波膨胀节,即波峰处内圆弧半径远远低于设计图样尺寸要求,不能符合标准中对于 U 形波纹尺寸的公差要求,另外,膨胀节成形减薄量最大的位置均集中在波峰处,波峰处的应力集中,大大降低了膨胀节的性能,以及给膨胀节的使用造成的很大的安全隐患。针对该膨胀节的波形参数,若按常规工艺压制,会有可能出现上述情况。膨胀节压制前,在管坯外侧中间位置加上一整圈套箍,套箍用和膨胀节同样的材质,然后一起参与膨胀节的压制,压制后的套箍会包裹在整个膨胀节的波峰处,使得波峰处侧壁圆滑且饱满,可见图1。该制造工艺解决了由于波形参数而造成制造出偏 V 形膨胀节的难题。

图 1　膨胀节波峰处的套箍

(4)GB/T16749-2018《压力容器波形膨胀节》中规定:奥氏体不锈钢冷作成形后,符合以下条件之一者,成形后应进行热处理:

(a)波纹管成形前厚度大于 10mm;

(b)波纹管成形变形率≥15%(当设计温度低于-100℃,或高于510℃时,变形率控制值10%)。

该膨胀节的壁厚是 48mm,远远超过标准里面的 10mm,变形率经计算是 20.2%,超过了标准里15%的要求,所以该膨胀节成形后需要进行固溶热处理。如此大直径膨胀节的热处理,存在着很多制造难点。首先,膨胀节内部需要增加支撑才能保证热处理过程中不变形,另外热处理工艺卡中要求升温时间内最高与最低温差不得大于120℃,保温期间工件各部分的最高与最低温差不得大于30℃,在膨胀节表面均布6条热电偶用来记录整个热处理过程中温度并自动生成曲线。奥氏体不锈钢固溶热处理的冷却方式是快速水冷,工艺卡的要求出炉2分钟内入水,传统工艺是保温结束后从炉内起吊出工件再进入水池内水冷,在热处理前,模拟起吊过程并记录实际使用的时间,发现即使是常温状态下的膨胀节入水时间都不能满足工艺要求。针对这样的难点,突破传统工艺,使用反罩式电炉,不再起吊出膨胀节,而是起吊电炉的炉罩后膨胀节直接下水池水冷,大大缩减了入水时间的同时也提高现场作业的安全性。固溶热处理目的是防止应力腐蚀的产生以及恢复性能,所以对膨胀节来说是非常重要的一步,必须严格按照热处理工艺卡的要求去执行才能达到最终热处理的效果。

(5)由于该膨胀节的直径与壁厚已经是属于当时国内首台制造,也已经达到了国内最大型油压设备的极限操作条件,故设计方及甲方提出了一些顾虑。在该油压设备未投入使用之前,对于超过制造能力的一些大直径厚壁膨胀节,研发出整体液压成形＋机械胶轮成形双结合的制造工艺,并且均成功投入使用。具体预备方案是先整体液压成形2台 $DN3000 \times 48mm$ 的单波膨胀节,此举目的也是可以大幅度降低油压设备使用,然后再在焊缝处切割后分别进行机械胶轮成形,将 $DN3000$ 的膨胀节圆弧半径逐渐放大,口径变大,达到预定尺寸后再进行分段拼焊整形,最终形成一个整体的 $DN5600$ 膨胀节,见图2。

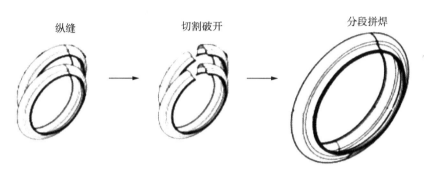

纵缝 　　切割破开 　　分段拼焊

图2　预备方案制造工艺

3　膨胀节制造质量的控制

3.1　原材料质量的控制

膨胀节的材料是 S30408,应符合 GB/T24511－2017《承压设备用不锈钢和耐热钢钢板和钢带》的相关要求,所有焊接用钢焊条均满足 NB/T47018－2017《承压设备用焊接材料订货技术条件》。材料入库前必须核对材料质量合格证明书,对有质量检验要求的全部项目进行复验或按有关文件规定进行复验,复验合格后填写材料质量复验合格证明书,上述文件妥善保存以备在出厂时提交质保资料。同时,在材料或原料分割时,应将识别标记转移上,并且应先转移识别标记后才能分割,保证制造过程中能识别并追溯每块材料,且使用既不污染材料也不产生明显加工硬化或切口效应的方法做标记。标记应表在工件受力最小的区域,尤其要避开应力集中区(特别是形状突变区)或焊接热影响区,在不锈钢与介质接触的表面上,不得采用硬印做标记。另外,标记不得妨碍无损检测结果判定。

3.2　焊接质量的控制

该膨胀节有两条纵向焊接接头,焊接接头应全焊透,坡口型式和尺寸应符合 GB/T985.1、GB/T985.2 的规定。膨胀节成形前、后均对焊缝进行 100%RT 检测,其结果应符合 NB/T47013.2－2015 Ⅱ 级的要求,透照质量等级不低于 AB 级;且进行成型前后 100%PT 检测,其结果应符合 NB/T47013.5－2015 Ⅰ 级的要求。

3.3　膨胀节的尺寸检验

尺寸检验结果见表5。

表5　膨胀节成形后检验数据表

图样尺寸	规格型号	ZDL(Ⅱ)U5600－1.6－1×48×1(S30408)				
	材料	波根内径 D_b/mm	波高 h/mm	波距 q/mm	壁厚 t_p/mm	总长度 L/mm
	S30408	5600_0^{-5}	440 ± 5.5	616 ± 5.5	min43.2	576_{-3}^{-5}
实测值	S30408	5604	437	620	44.7	880

3.4　接受锅检所监检和设计方、甲方的驻检

醋酸乙烯装置合成反应器膨胀节的现场焊接、成形、固溶热处理、无损检测、水压试验、发货等均有当

地锅检所驻厂监检,以及设计方、甲方的人员的现场督查。

4 结 语

随着我国经济的快速发展,压力容器呈现向高参数方向发展,压力容器的规格增大,设计压力和设计温度提高,压力容器用膨胀节的直径在扩大,厚度也在增厚。该膨胀节的设计制造和成功使用,已打破了当时大直径厚壁膨胀节的记录,标志着我国在此领域的设计、制造能力已经跨入世界先进水平的行列。

参考文献

[1] 国家市场监督管理总局,中国国家标准化管理委员会. 压力容器波形膨胀节:GB/T16749—2018[S]. 北京:中国标准出版社,2018.

作者简介

蒋亮(1987.7—),男,主要从事压力容器波形膨胀节设计与制造工艺工作。
通信地址:江苏省泰州市姜堰区娄庄工业园区园区南路 19 号;
邮编:225506;电话:0523—88694559。
E—mail:jiangk0716@126.com

29. 浅谈硫黄回收装置烟囱膨胀节
改造设计及制造安装

侯黎黎

（大连益多管道有限公司，大连 116318）

摘　要：石油化工行业烟囱上选用的膨胀节大多是非金属膨胀节，非金属膨胀节补偿量大，可补偿地基沉降、安装偏差以及烟囱的热胀冷缩或地震等产生的位移。但是非金属膨胀节的蒙皮容易老化破损，烟气中含有一定的有毒有害成分，出现泄露容易造成人员伤害及污染环境。本文介绍了烟囱上非金属膨胀节蒙皮出现损坏后，如何在非金属膨胀节外侧再设计制造安装一台金属膨胀节，即避免了停产检修更换造成的经济损失又解决了泄露的问题。

关键词：非金属膨胀节；金属膨胀节；设计；制造；安装

Brief Discussion on Reconstruction Design，Manufacture and Installation of Chimney expansion joint of Sulfur Recovery Unit

Hou Lili

（Hou Lili Dalian Yiduo Pipeline Co. ,Ltd. ,Dalian 116318）

Abstract：Most of the expansion joints selected on the chimney in the petrochemical industry are non – metallic expansion joints. The non – metallic expansion joints have large compensation amount，which can compensate the settlement of the foundation，installation deviation and the displacement of the chimney caused by thermal expansion and cold contraction or earthquake. However，the skin of non – metallic expansion joint is easy to be aged and damaged，and the flue gas contains certain toxic and harmful components. The leakage is easy to cause personnel injury and pollute the environment. This paper introduces how to re – design，manufacture and install a metal expansion joint on the outside of the nonmetal expansion joint after the nonmetal expansion joint skin is damaged，which can avoid the economic loss caused by maintenance and replacement of production and solve the problem of leakage.

Keywords：non – metallic expansion joint；Metal expansion joint；Design；Manufacture；The installation

1　概　述

某石油化工企业硫黄回收装置 $DN2900$ 烟囱膨胀节采用的是非金属结构形式，蒙皮采用整体硫化成型氟橡胶，经过一段时间的使用，蒙皮出现破损，存在泄露隐患。该部分的稳定运行对全厂能否连续、稳定生产起到了至关重要的作用。装置需要连续运行，膨胀节不能拆除更新，必须在线维修。经过技术交流和评审,最终确定硫黄回收装置原烟囱膨胀节进行堵漏,同时在原膨胀节外新加 316L 材质的金属膨胀节进行双层防护。

2 硫黄回收装置原烟囱膨胀节分析

硫黄回收的尾气中含有酸性物质,主要有硫化氢和二氧化硫,二氧化硫和水结合将生成中强性的酸而腐蚀设备。因此硫黄回收装置的烟囱主体采用的是钛-钢复合板的结构,内衬 1.2mm 的钛钢板,膨胀节选用的是非金属结构形式,蒙皮采用整体硫化成型氟橡胶板,厚度 10mm。膨胀节内径 $\varphi2900$,高度 600mm。使用一段时间后蒙皮出现破损、破洞,存在泄露。原膨胀节简图见图 1。

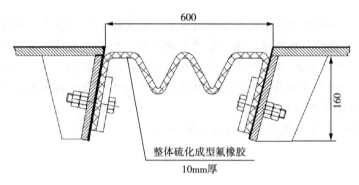

图 1　原膨胀节简图

3 硫黄回收装置烟囱膨胀节的改造设计

3.1 确定方案

基于客户提供的前提条件,硫黄回收装置需要正常运行,不能停产检修或者更换,只能考虑在线维修和改造的解决方案。经过多次讨论和客户的多次沟通及论证,最终采用的方案是;1 原有的膨胀节进行维修补漏,2 在原有的膨胀节外部加装一个直径 $\varphi3400$ 复式自由型金属膨胀节。

3.2 设计参数确定

设计压力取最高工作压力的 1.2 倍即 0.1MPa,设计温度 200℃,轴向补偿量按最大补偿量的 1.2 倍计算即 150mm,考虑烟囱横向的晃动,横向位移取 30mm。

3.3 金属膨胀节直径的确定

烟囱直径 $\varphi2900$,原非金属膨胀节法兰最大外径 $\varphi3220$mm,留出操作空间金属膨胀节最终确定的直边内径是 $\varphi3400$mm。

3.4 金属膨胀节总长的确定

新增加的膨胀节位置需安装在悬挂平台与角钢支架之间,即要满足补偿量的要求又需考虑空间位置,膨胀节长度范围要包含之前的非金属膨胀节又不能与悬挂平台干涉,最终确定膨胀节距离悬挂平台 100mm。膨胀节总长 2200mm。膨胀节安装示意图见图 2。

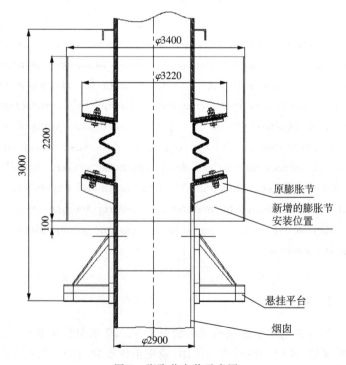

图 2　膨胀节安装示意图

3.5 强度、刚度、疲劳寿命的计算

金属波纹膨胀节的设计计算依据 GB/T12777－2019,其中波纹管的强度、刚度、疲劳寿命的计算标准附录 A 均有提供。[1]

3.6 增设排液管

烟气中会有腐蚀性液体,膨胀节使用过程中内部会积存液体,考虑膨胀节腐蚀问题,将膨胀节下部的环板设计成锥形的,在锥形的根部沿圆周方向开设 4 个排液孔,通过支管引入排液总管,在排液总管的下部设计输液管将液体排入指定的容器中集中处理。

4 硫黄回收装置烟囱膨胀节的制作

4.1 膨胀节运送至安装位置的方式确定

膨胀节安装的位置距离烟囱底部 30 米高的地方,而且每隔几米高会有一个平台,膨胀节想运送到安装位置,有两种方案选择:一是膨胀节从烟囱低部的入口送入,需要穿过两层平台提升至安装位置的平台上,平台需要拆除部分支撑,留出膨胀节能通过的空间。二是膨胀节从地面提升至 30 米高,然后通过外部混凝土烟囱的窗口将膨胀节送入混凝土烟囱内部的操作平台上,需考虑窗口的大小。综合考虑采用第二种方式更可行,操作更方便。

4.2 膨胀节分瓣制作

膨胀节包裹在原烟囱膨胀节的外部,膨胀节整体安装是无法实现的,需要分瓣制作分瓣安装。考虑混凝土烟囱窗口尺寸的影响以及现场组对焊接安装的实际操作工艺,最终确定在工厂内将膨胀节的各部件制作完成,然后分割成 4 瓣,现场组对安装,完成膨胀节的总体制作过程。

4.3 各部件分割及变形控制

端管、连接管、环板整体制作完成后,画出 4 等份点,每份做好位置标记,然后采用拉筋将每段的弧形固定住,再进行切割,接口部位开 30 度坡口(坡口均朝外)。波纹管采用机械成型,每组波纹管成型后采用线切割在原焊缝处将波纹管切割成 4 片(A 片,B 片,C 片,D 片),每台膨胀节两组波一共切割成 8 片。为了减少纵缝的数量,划线时注意将分割点布置在纵焊缝处,切割时沿纵缝位置切割,做好每块的位置标记。存放时注意不要叠加放置也不要将波纹管弧口朝上,这样会加重波纹管的变形。

5 膨胀节的现场组对安装方案

膨胀节安装在 30 米高的位置,包裹在直径 $\varphi2900$ 的烟囱外部,考虑现场施工的难度,需要搭建平台在平台上施工,周围作业空间有限以及膨胀节的工艺要求及焊接工艺要求,制定合理的组装焊接顺序显得尤为重要。

5.1 波纹管第一道纵焊缝组对焊接

将膨胀节每组波的单片吊装到待安装平台,先组对任意两个单片(A 片、B 片)(见图 3),组对时可使用手拉葫芦等工具确保组对无错口。纵缝组对间隙 0～1mm。纵缝组对好后采用氩弧焊焊接波纹管纵焊缝。焊接过程中注意避免波纹管组对错口和氩气保护,如遇现场风速大于 2m/s 需进行防风保护。焊接完成后 PT 检测确保焊接质量。

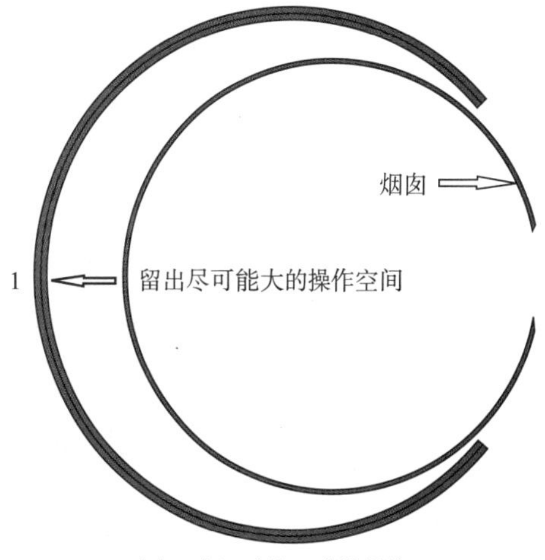

A 片与 B 片组对第一道纵焊缝

图 3 第一道纵焊缝组对示意图

5.2 第一组波纹管组对焊接完成

将单组波纹管的第 3 片与前 2 片(A 片、B 片)组对好,组对方法同 7.1 并点焊固定。焊接第 3 片之前,将待焊纵焊道位置远离烟囱,待焊纵焊道对面贴近烟

囱,使焊道位置离烟囱尽量远,获得内部操作空间(见图4)。采用氩弧焊焊接波纹管纵向焊道,焊接和检测方法同7.1。第4片方法同上。

5.3 采用5.1和5.2步骤同样方法焊接第2组波纹管。

5.4 中间管,端管的组对

将分片的中间管,端管与对应的波纹管组对并点焊固定(见图5、6)。注意中间管、端管、波纹管的纵焊缝需错开。

5.5 环板与波纹管组件的组对

将分片的环板与组对好的波纹管组件组对并点焊固定,组对间隙0～2mm错边量小于1mm,同样注意纵焊缝需错开(见图7)。

5.6 环板与烟囱的定位焊接

此时膨胀节整体组对完成,波纹管纵焊缝焊接完成(见图8)。根据现场实际位置情况,将膨胀节的上、下端与烟囱进行点焊固定,固定完成后将氩气管接到排液管中做背部氩气保护。

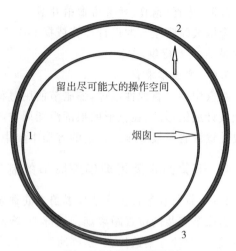

图4 第二道纵焊缝组对示意图

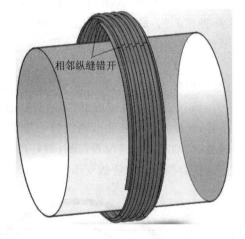

图5 端管(中间管)与波纹管分瓣组对、点焊

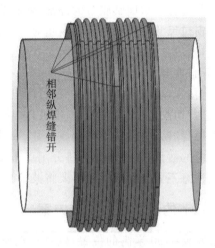

图6 波纹管与端管、中间管全部组对、点焊

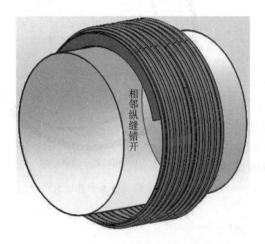

图7 波纹管组件与环板分瓣组对点焊

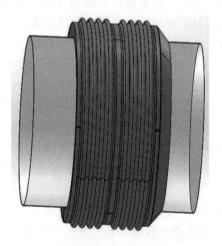

图8 波纹管组件与上下环板组对点焊

5.7 焊接方法

采用氩弧焊分别将端管、中间管、环板、锥形环板等未焊接焊缝焊接完成。焊接时可采用分段退焊，或对称焊接等方式避免焊接应力集中。焊接完成后PT检测焊缝质量。

5.8 组对、焊接筋板和排液管。

筋板组对焊接时注意错开排液管口，留足焊接排液口的空间。排液口插进锥型环板的深度不超过环板厚度，利于排液。

此项目焊接施工难点是波纹管纵缝的现场焊接，波纹管组对和焊接是重中之重，铆焊人员需相互配合，细心对待。

6 安装注意事项

6.1 在安装金属膨胀节时，应将其保持在自由状态下直线安装，不宜强行挤压、弯曲。

6.2 在吊装过程中，不应采用对产品有损害的吊装方法。

6.3 金属膨胀节上不宜设置任何托架或支撑。

6.4 必须注意保护波纹管，使其免受敲击、划伤、焊液飞溅等原因造成的损害。

7 膨胀节刚度对烟囱的影响

膨胀节理论整体轴向刚度为510N/mm，横向刚度6530N/mm，总的弹性反力约轴向76.5KN和横向196KN小于烟囱固定支撑的约束力。膨胀节的整体设计是没有问题的满足补偿量要求和整个系统的性能要求。膨胀节已经运行使用一年多，经客户反馈，整个系统运行良好，膨胀节没有出现任何问题，本设计改造方案经过实践验证是安全可靠的。

8 结 论

目前石油化工行业烟囱上选用的膨胀节多数是非金属膨胀节，优点是补偿量大、刚度小、安装长度短，缺点密封性不好、承压能力小、蒙皮容易老化破损，需要经常维修更换。[2]金属膨胀节优点承压能力高、密封性好，耐温耐腐蚀能力强，缺点补偿能力不如非金属，刚度远远大于非金属补偿器，对刚度有严格要求的场合，应该谨慎计算刚度值。综上所述关于烟囱膨胀节的维修改造设计给与我们启示，今后遇见类似烟囱上膨胀节泄露问题，可以借鉴；将金属膨胀节安装在烟囱上是我们今后研究思考的方向。

参考文献

[1] 国家市场监督管理总局，中国国家标准化管理委员会．金属波纹管膨胀节通用技术条件：GB/T12777－2019[S]．北京：中国标准出版社，2019．

[2] 中华人民共和国工业和信息化部．非金属补偿器：JB/T12235－2015[S]．北京：机械工业出版社，2015．

作者简介

侯黎黎（1984－），女，工程师，主要从事金属膨胀节和非金属膨胀节的设计开发和应用工作。通信地址；辽宁省大连市长兴岛经济区大连益多管道有限公司 宝岛路218号。电话：15566889821 E－mail：hou.com.119@163.com

30. 压力容器用厚壁双层膨胀节的设计与制作

万泽阳[1]　蒋亮[1]　蒋小进[1]

（1. 江苏运通膨胀节制造有限公司,江苏泰州 225506）

摘　要:本文介绍了一种新结构形式的厚壁双层膨胀节。不同于标准《GB/T16749－2018 压力容器波形膨胀节》中 ZD 型膨胀节,其是整体成形的厚壁双层金属波形膨胀节。相较于普通厚壁单层膨胀节而言,厚壁双层膨胀节在满足强度的同时能降低制作成本。本文根据公司以往的实际经验,简要阐述了厚壁双层膨胀节的设计与制作。

关键词:膨胀节;压力容器;应力分析

Abstract:This paper introduces a new structural form of thick－walled double－layer expansion joint. Unlike the ZD type expansion joint in the standard GB/T16749－2018 Pressure Vessel Waveform Expansion Joint,it is a thick－walled double－layer metal waveform expansion joint with integral forming. Compared with ordinary thick－walled single－layer expansion joints,thick－walled double expansion joints can reduce production costs while meeting the strength. This paper briefly describes the design and production of thick－walled double－layer expansion joints based on our previous practical experience.

Keywords:expansion joint;pressure vessel;stress analysis

1　引　言

在《GB/T 16749－2018 压力容器波形膨胀节》[1]中规定了三种结构形式的压力容器用膨胀节[1],如表 1。在膨胀节的设计中需要考虑很多的设计因素,例如直径、壁厚、波高、波的半径 r、波距等。面对设计压力较高的膨胀节时,往往遇到单层壁厚过大,导致 r 角随之增大（GB/T 16749－2018 标准中规定 $r \geqslant 3t$）和波高增大的问题。导致膨胀节制作难度大,制作成本高。公司结合了 ZD 型和 ZX 型膨胀节的特点,在一些膨胀节的设计中采用厚壁双层的结构。在保证膨胀节性能符合设计要求的基础上,厚壁双层膨胀节具有制作难度低,性价比高等优势。下面对公司制作的一例厚壁双层膨胀节进行详细分析。

表 1　膨胀节结构代号

结构代号	说明
ZX	表示整体成形薄壁单层或多层金属波纹膨胀节（单层厚度 $t=0.5\text{mm}\sim3\text{mm}$,层数 $n \leqslant 5$）
ZD	表示整体成形厚壁单层金属波纹膨胀节（单层厚度 $t \geqslant 3\text{mm}$,仅适用于层数 $n=1$）
HZ	表示由带直边两半半波焊接而成厚壁单层金属波纹膨胀节（单层厚度 $t \geqslant 3\text{mm}$,仅适用于层数 $n=1$）

2　厚壁双层膨胀节的波形选择与结构设计

2.1　某项目膨胀节的设计工况及要求

设计压力:4.0MPa,壳程设计温度:290℃,壳体内径:$\varphi1300$,波纹管材料选用奥氏体不锈钢 S30408,

设计温度下的许用应力 115.6MPa。各个工况下的最大轴向位移:8mm,波纹管操作疲劳寿命≥3000 次

2.2 膨胀节设计方案

对于厚壁双层膨胀节,我们首先是参照《GB/T 16749－2018 压力容器波形膨胀节》中的计算公式对膨胀节进行预先的结构设计。并同样设计了符合标准《GB/T 16749－2018 压力容器波形膨胀节》的 ZD 型膨胀节以进行对比。具体波形结构件见表2,计算结果详见表3。

表 2　膨胀节结构参数

		厚壁双层膨胀节	ZD 型膨胀节
内径 D_b	mm	1300	1300
波高 h	mm	135	260
波距 q	mm	236	490
波纹平均半径 r	mm	45	105
层数 n		2	1
壁厚 t	mm	14	35
波数 N		1	1

表 3　计算结果对比

		厚壁双层膨胀节	ZD 型膨胀节	许用值
压力引起波纹管直边段周向薄膜应力 σ_1	MPa	20.3	16.9	115.6
压力引起波纹管周向薄膜应力 σ_2	MPa	68.9	68.5	115.6
压力引起波纹管子午向薄膜应力 σ_3	MPa	10.5	17.9	/
压力引起波纹管子午向弯曲应力 σ_4	MPa	61.2	82.0	/
$\sigma_3+\sigma_4$	MPa	71.7	99.9	173.4
位移引起波纹管子午向薄膜应力 σ_5	MPa	27.5	25.7	/
位移引起波纹管子午向应力弯曲应力 σ_6	MPa	774.28	400.9	/
极限设计压力 P_{si}	MPa	4.20	4.13	≥4.0
整体轴向弹性刚度值	N/mm	396396	457721	/
波纹管设计许用疲劳寿命	次	4734	>10^6	>3000

参照《GB/T 16749－2018 压力容器波形膨胀节》中的计算,14mm 双层的厚壁膨胀节与 35mm 的 ZD 型膨胀节耐压能力几乎相同,位移同样符合设计要求。这是因为厚壁双层膨胀节因为单层厚度较小,所以设计时选用的波高 h 和波距 q 较小,从而增大了膨胀节的耐压能力。而设计的 ZD 型膨胀节单层厚度 t 较大,为满足标准中 $r \geq 3t$ 的规定,r 选用了最低值 105。波高也为了波形的合理,设计为 260。设计的 ZD 型膨胀节虽然同样满足要求,但是制作难度高出许多,且实际制作有很高的风险。从结构上看,厚壁双层膨胀节的产品长度只有 ZD 型膨胀节的一半,厚壁膨胀节在一些安装长度受限的设计条件下也更加有利。从膨胀节的质量来看,厚壁双层的膨胀节质量为 460kg,而 ZD 型膨胀节 895kg。ZD 型的膨胀节质量是厚壁双层膨胀节的近乎两倍。

3　有限元应力分析结果

3.1 模型建立

有限元计算采用国际通用大型结构分析软件 ANSYS18.1。结构的实体模型如图 1,单元选择

SOLID186,20 结点单元。实际分析时取 1/8 模型,网格划分后如图 2 所示。在两层之间设置摩擦接触,摩擦系数为 0.15。

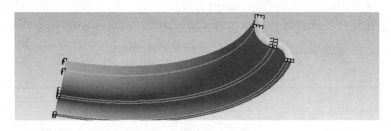

图 1　膨胀节有限元模型

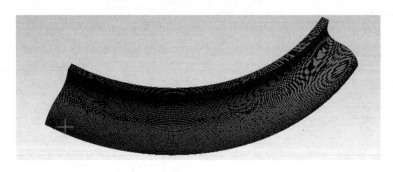

图 2　膨胀节有限元网格模型

3.2　应力分析

载荷为介质的最大设计压力,$P = 4\text{MPa}$。加载情况为在膨胀节有限元模型端面进行全约束。在内侧表面加载压力,在对称面设置对称约束。如图 3 所示为施加了载荷和边界约束后的模型图。

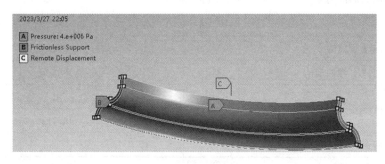

图 3　波纹管加载图示

应力强度分布云图如图 4 所示,最大应力为 146.98MPa,波纹管的最大应力强度出现在两层波谷之间。

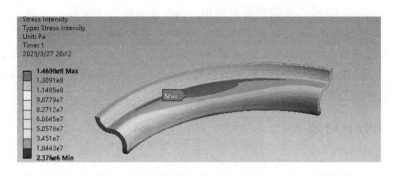

图 4 应力强度分布云图

3.2.1 径向应力分析

波纹管的最大轴向应力出现在波峰内侧,最大应力为 103.29MPa,应力云图见图 5。

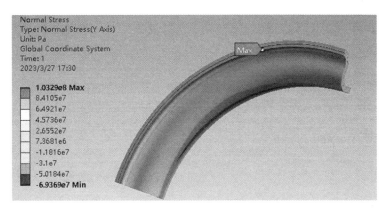

图 5 波纹管的最大轴向应力云图

波纹管波峰处的轴向应力即为 GB/T16749－2018 上所述的经向应力。对其沿厚度进行线性化可得到经向薄膜应力和经向弯曲应力。可得压力引起的经向薄膜应力 s_3 为 9.654MPa,压力引起经向弯曲应力 s_4 为 34.778MPa。

3.2.2 周向应力分析

在模型 YZ 截面取 X 方向应力即为周向应力,最大值为 96.36MPa,在直边波谷外侧,如图 6 所示。对其进行线性化处理,由此可得压力引起的周向薄膜应力 s_2 为 74.616MPa,压力引起的周向薄膜应力 s_1 为 34.2MPa。

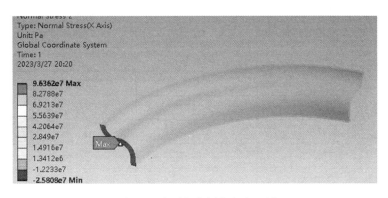

图 6 压力引起的周向应力云图

3.3 施加位移应力分析

在一端面施加轴向拉伸位移 4mm,在对称面设置对称约束。Mises 应力分布如图 7 所示,最大值为 1094MPa,位于波纹管的波峰内侧。

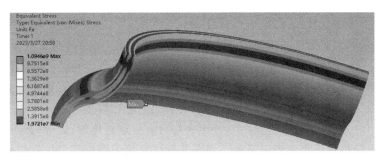

图 7 Mises 等效应力云图

轴向应力云图如图 8 所示,最大轴向应力出现在波峰内测,最大值为 1045.3MPa。

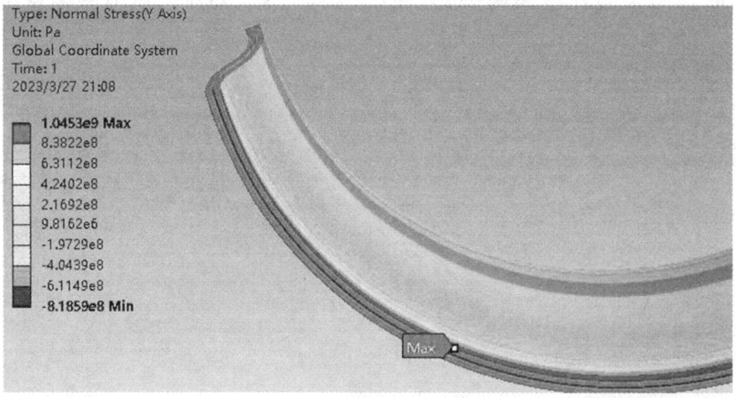

图 8　轴向应力云图

波纹管波峰处的轴向应力即为 GB/T16749 上所述的经向应力。对其沿厚度进行线性化可得到经向薄膜应力和经向弯曲应力。由此可得位移引起的经向薄膜应力 s_5 为 66.56MPa,位移引起经向弯曲应力 s_6 为 346.87MPa。

3.4　应力评定

根据 GB/T16749－2018 中相关应力分类和判定规则,对得到的应力进行行归类和评定见表 4,所设计的膨胀节应力都在安全范围内,设计合理。

表 4　应力评定

应力分类	常规计算(MPa)	三维有限元分析(MPa)	许用值(MPa)	评定结果
s_1	20.3	34.2	115.6	合格
s_2	68.9	74.616	115.6	合格
s_3	10.5	9.654	115.6	合格
s_4	60.2	34.778		
s_5	27.5	66.56		
s_6	774.28	346.87		
s_3+s_4	71.7429	44.432	173.4	合格
s_t	851.998	444.53	257.2	需校核疲劳

4　制作工艺

4.1　管坯焊接与套合

对于制造膨胀节所用焊接材料,严格执行管理责任。焊条、焊剂和其他材料必须保持适当的识别标记、贮存和管理,必须采取预防措施尽量减少焊条和焊剂的吸潮量。贮存库应保持干燥,相对湿度应不得大于 60%。

施焊前,应清除坡口及其母材两侧表面的氧化皮、铁锈、油污和其他有害物质。焊接时应保护工件不受有害的污染,以及雨、雪和风的影响,不允许在潮湿的表面上进行焊接。

产品正式施焊前,应先进行焊接工艺评定,评定合格后方可正式施焊,施焊时应严格遵照焊接工艺指导书,并依据实际的焊接过程编制施焊记录等。膨胀节管坯对接焊缝应是全焊透结构,表面应光滑平整,焊接接头不得有裂纹、夹渣、气孔等缺陷。

膨胀节的对接纵焊缝应进行 100％的 RT 检测,其结果应符合 NB/T47013.2－2015 Ⅱ级的要求,透照质量等级不低于 AB 级。

焊缝应打磨至与母材齐平,套合时对接焊缝应错开分布,错开角度不小于 30°,管坯间不应有水、油、泥沙等污物。

4.2　膨胀节压制

膨胀节采用液压整体成形,膨胀节是在专用模具下,通过液体压力和液压机的推力进行成形,压制成形后套合面应贴紧,不准许松动或皱褶。

4.3　膨胀节热处理

膨胀节压制成形后应对膨胀节直边端口进行封边处理,使端口融为整体,而后进行固溶热处理,如表 5 所示。在热处理过程中应注意升温期间最高与最低温差不得大于 120℃,保温期间各部分最高与最低温差不得大于 80℃。

表 5　热处理工艺参数

入炉温度	升温速度	保温温度	保温时间	冷却介质
≤300℃	≥150℃/h	1045～1075℃	30min	2min 内水冷

5　总　结

厚壁双层膨胀节在能够以较低的总厚度取得更大的耐压性能。满足性能要求的同时,厚壁双层膨胀节材料成本与制作难度相对于 ZD 型膨胀节更低,性价比更高。公司已经设计交付了多个厚壁双层膨胀节,也为厚壁双层膨胀节的制作与设计积累了经验。

参考文献

[1] 国家市场监督管理总局,中国国家标准化管理委员会. 压力容器波形膨胀节:GB/T16749－2018[S]. 北京:中国标准出版社,2018.

作者简介

万泽阳(1997.01—),男,主要从事压力容器波形膨胀节工艺和设计工作。

通信地址:江苏省泰州市姜堰区娄庄工业园区园区南路 19 号;

邮编:225506;电话:0523－88694559。

E－mail:w88698755@126.com

31. 奥氏体不锈钢波纹管与新型马氏体不锈钢法兰焊接可行性分析

刘 昕 王记兵 李卓梁 关长江 王 军

(沈阳仪表科学研究院有限公司,沈阳 110000)

摘 要:本文主要分析奥氏体不锈钢波纹管与新型马氏体不锈钢法兰进行组件焊接可行性。众所周知,马氏体不锈钢焊接性较差。但随着材料发展,现开发一种新型马氏体不锈钢,优化了材料性能,提高了材料焊接性,使马氏体不锈钢在特殊工况下得以进行焊接,验证组件的稳定性。

关键词:新型马氏体不锈钢;奥氏体不锈钢;金属波纹管

Welding Feasibility Analysis of Austenitic Stainless Steel Bellows and New Martensitic Stainless Steel Flanges

Liu Xin(1),Wang Ji Bing,Li Zhuo Liang,Guan Chang Jiang,Wang Jun

(Shenyang Academy of Instrumentation Sciences Co. ,Ltd. ,Shenyang 110000,China)

Abstract: Because of the design needs, austenitic stainless steel bellows and new martensitic stainless steel flange are selected for component welding. It is well known that the weldability of martensitic stainless steel is poor. However,with the development of materials,a new type of martensitic stainless steel is developed, which optimizes the material properties, improves the weldability of materials, and enables martensitic stainless steel to be realized under special working conditions. The new martensitic stainless steel flange and austenitic stainless steel bellows were welded to verify the stability of the components.

Keywords: New martensitic stainless steel;Austenitic stainless steel;Metal bello

0 引 言

随着我国在航天、军工、核电等高端领域的快速发展,设备制造选用的材料已经转向了高性能、高耐久性材料。而波纹管作为弹性元件,在各领域均有应用。在各种特殊环境情况下,根据环境状况及焊接结构所选用的材料不同,会出现异种钢焊接情况,现因设计需要,需选用奥氏体不锈钢波纹管(0Cr18Ni10Ti)与马氏体不锈钢(022Cr12Ni10MoTi)法兰进行焊接使用,探讨其焊接可行性。

1 材料分析

众所周知,马氏体不锈钢因其本身特点,具有较高的强度、硬度以及耐磨性能,但相对应的其塑韧性、耐蚀性较差。但随着马氏体不锈钢材料的发展,在 20 世纪 50 年代末瑞士科学家引入了超级马氏体不锈钢这一概念。这类合金在原有马氏体不锈钢的基础上,将含碳量降低到 0.07% 以下,并在其中加入了 3.5～4.5% 的镍和 1.5～2.5% 的钼[1]。使得该合金在保证原有马氏体不锈钢性能的基础上优化了其焊接性差及应力裂纹敏感等问题,特别因加入了镍元素,镍作为奥氏体化元素,可以使马氏体钢在正常情况下有少量的奥氏体组织形成,在焊接时可提高焊缝的塑韧性,改善焊缝组织。

本文讨论的是异种钢焊接可行性,由于马氏体不锈钢与奥氏体不锈钢的热膨胀系数差别较大,容易导致焊接接头焊缝在冷却过程中,因产生的内应力而造成开裂。基于这种情况,通常是采用填料方式进行焊接,镍基材料被称为万能材料,且由于其热膨胀系数介于奥氏体不锈钢与马氏体不锈钢之间,能够起到有效调节作用,所以镍基材料可作为填料首选,但相对会对造成制造成本偏高,由于金属波纹管的单层壁厚一般只有 0.1～0.3mm,且装配后波纹管与法兰之间的间距一般不超过 0.1mm。为避免焊后温度骤降,导致焊后出现马氏体组织,造成焊缝开裂。需选用小线能量焊接方式,因此焊接方法选用钨极氩弧焊,特别适用于 6mm 以下材料焊接[2],在承载力较小的情况下,可采用自熔焊的方式进行组件焊接焊接,焊后可以不进行热处理。

2　焊接实验

本次试验选用波纹管材料为 0Cr18Ni10Ti,法兰为 022Cr12Ni10MoTi,采用的焊接材料为 $\varphi1.0$,SNi6082 镍基焊丝,成分见下表 1 所示,焊接结构型式如图 1 所列。

表 1　材料化学成分(质量分数%)

	C	Si	Mn	S	P	Ni	Cr	Mo	Ti
022Cr12Ni10MoTi	≤0.03	≤0.15	≤0.15	≤0.006	≤0.008	9.00 −13.00	11.50 −12.50	0.50 −0.80	0.15 −0.25
0Cr18Ni10Ti	≤0.08	≤0.75	≤2.00	≤0.030	≤0.045	9.00 −12.00	17.00 −19.00	/	/
SNi6082	≤0.10	≤0.50	2.5 −3.5	≤0.015	≤0.020	≥67.0	18.00 −22.00	/	≤0.7

金属波纹管在国内并无相关通用行业焊接标准进行覆盖,因此在此次实验中,参考 NB/T47014−2011《承压设备焊接工艺评定》、QJ1842A−2011《结构钢、不锈钢熔焊技术要求》以及行业相关规定对实验结果进行分析及验证。

焊前将所有部件清洗干净,组件装配后安装在专用焊接工装上,并将焊接工装置于电动旋转平台上。

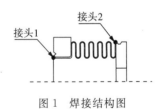

图 1　焊接结构图

2.1　焊接工艺参数

采用半自动水平位置焊接,工艺参数如下表 2 所示。

表 2　焊接参数

焊接方式	电流(A)	电压(V)	焊速(cm/min)	气体流量(L/min)
GTAW	50～100	5～15	20～50	10～20

2.2　焊接实验

2.2.1　外观检查

焊后通过目视检测方法,对波纹管组件进行检测,无凹坑、咬边、裂纹、焊瘤等缺陷,符合 QJ1842A−2011《结构钢、不锈钢熔焊技术要求》5.3 中 I 级焊缝的规定。

2.2.2 无损检测

由于受波纹管结构及接头形式约束,无法采用射线探伤方式对组件进行无损检测,这结构形式进行射线探伤,底片阴影较重,容易造成误判。因此只能采用荧光渗透检测,按照 NB/T47013.5 对焊缝进行渗透检测,检测结果合格。

2.2.3 气密性检查

为了保证波纹管的质量特性,进行氦质谱检漏,以保证波纹管在焊接后的质量,氦检相较于传统的水检法、卤素法、肥皂泡法等,有着灵敏度高、操作简单、效率高等特点。[3]经检测,漏率小于 5×10^{-9} Pa. m^3/s。

2.2.4 摆动试验

将组件已不小于 10°的摆角在各方向进行摆动,焊缝均未出现开裂现象。

2.2.5 宏观金相检测

因渗透检测只能检测缺陷的表面分布,难以确定缺陷的实际深度,因此很难对缺陷做出定量评估。为弥补不足,采用宏观金相检测方式对组件进行焊缝质量分析。

通过 50 倍、100 倍、200 倍宏观金相照片,观察剖切面无裂纹、气孔、夹渣、未熔合等焊接缺陷。

图 2　20×、100×、200×焊缝组织图(左为焊缝组织图,右为母材+焊缝组织图)

通过上述组织图 2 可以看出,焊缝金属一般为铸造组织,边缘为联生结晶,其后是方向性很强的枝状晶,中心是等轴晶。焊缝组织为奥氏体+马氏体+少量的 σ-铁素体。靠近奥氏体侧,组织基本上为奥氏体组织,因为 0Cr18Ni10Ti 属奥氏体不锈钢,组织基本上为单一奥氏体组织。靠近马氏体钢一侧,以马氏体组织为主,但也有奥氏体组织生成,原因是 022Cr12Ni10MoTi 相较于传统的马氏体不锈钢而言,含碳量较低,且含有较高的镍元素,镍是奥氏体化元素可促进奥氏体生成[4]。对于具体组织生成顺序,则需要进一步地进行试验分析验证。

3　结　语

奥氏体不锈钢波纹管与新型马氏体不锈钢法兰,采用钨极氩弧焊方式进行焊接,可以保证焊缝质量,通过外观、探伤、气密等检验结果合格。采用小线能量的焊接方式,在焊缝熔合线附近未见明显的脱碳、增碳和局部脆化现象,焊接接头有良好力学性能,能够满足设计要求。

参考文献

[1] Vanden Broek J,Goldschmitz M,Kars son L,et al. Efficient welding of super martenstic pipes with matching metal cored wires[J]. Svetsaren Weld Rev,2001,56(3):42—46.

[2] 陈祝年,焊接工程师手册[M]. 北京:机械工业出版社,2002:348—374

[3] 张博,宋林红,钱江,等,金属波纹管氦质谱检漏方法探究 TH703.2;TB115.1

[4] 刘宗昌,任慧平,宋义全. 金属固态相变教程[M]. 北京:冶金工业出版社,2003:98.

作者简介

刘昕,(1994—),男,工程师,主要从事精密金属波纹管设计研发、焊接工艺工作,通信地址:沈阳市浑南区浑南东路49—29号 cloverlonely@163.com,18222965425

32. N08810 材料膨胀节的焊接

万泽阳[1]　**夏艳梅**[1]　**陈　剑**[1]

（1. 江苏运通膨胀节制造有限公司,江苏泰州 225506）

摘　要：膨胀节筒体的焊接为膨胀节制作工艺的核心流程,焊接的质量决定了膨胀节的使用性能。不同的材料具有不同的焊接特点与焊接要求。N08810 材料是焊接难度较大的材料,根据 N08810 材料的特点,制定了合理的焊接工艺。

关键词：膨胀节；N08810；手工氩弧焊接；

Abstract：The welding of the expansion joint barrel is the core process of the expansion joint production process,and the quality of the welding determines the performance of the expansion joint. Different materials have different welding characteristics and welding requirements,N08810 material is a more difficult material to weld,according to the characteristics of N08810 material,the development of a reasonable welding process.

Keywords：expansion joint；N08810；manual argon arc welding

1　引　言

N08810 材料具有很好的耐还原、氧化介质腐蚀的性能,且在高温长期应用中具有较高的稳定性。由于 N08810 材料在氯化物介质中具有优良的耐应力腐蚀破坏性能以及耐高温性能,能够很好地满足多晶硅领域大量设备的需求,因此随着多晶硅项目的火热发展,N08810 膨胀节的需求也大大增加。N08810 材料焊接难度大,容易产生裂纹、气孔等缺陷。本文在研究材料焊接特性的基础上,制定合理的焊接工艺,以此保证产品的质量。

2　N08810 材料的焊接特性

N08810 耐蚀合金为面心立方晶格结构。其中约有 30% 的 Ni,20% 的 Cr,Ti 的总量约为 1%[1],具体元素如表 1 所示,力学性能如表 2 所示。极低的碳含量和提高了的 Ti:C 比率增加了结构的稳定性和抗敏化性以及抗晶间腐蚀性[2]；其较高的镍含量、铬含量使之具有较高的耐高温腐蚀性能。

表 1　N08810 标准元素（%）

元素	Ni	Cr	Ti	C	Si	Mn	S
含量	30.0～35.0	19.0～23.0	0.15～0.6	0.05～0.1	≤1.0	≤1.5	≤0.015

表 2　N08810 合金标准板材力学性能

力学性能	屈服强度 $R_{p0.2}$/MPa	抗拉强度 R_m/MPa	延伸率/A_5%
N08810	≥170	≥450	≥30

N08810 线性膨胀系数较大,热导率小,焊接时焊缝中的一些杂质元素跟低熔点物质容易与镍形成共晶体,造成焊接热裂纹。同时由于镍合金焊缝液态金属的流动性差,焊缝金属的冷却速度比较快,熔池中

的气体来不及逸出,易造成气孔。因此防止焊接热裂纹和气孔是把控焊接质量的关键。

3 焊接工艺分析

3.1 焊接方法与焊接材料的选用

普通不锈钢一般采用氩弧焊打底,手工电弧焊盖面。对于 N08810 材料,从焊接的质量考虑,公司全部采用氩弧焊焊接。氩弧焊焊接具有焊接质量优良、电弧稳定,飞溅小、焊缝致密,成形美观等优点。N08810 膨胀节用于换热器的工作温度通常在 600℃ 左右,选用的焊材需要有良好的高温强度以及抗裂性能,我们选用焊条 ENiCrCoMo-1,$\varphi2.0\sim\varphi2.4$,符合 AWS 标准 A5.14,焊条成分见表 3。

表 3 焊条的化学成分(%)

成分	Ni	Cr	Ti	C	Si	Mn	S
含量	≥40	20.0~24.0	≤0.6	0.05~0.15	≤1.0	≤1.0	≤0.015

3.2 坡口形式的设计

由于该合金液态金属流动性较差,如果坡口形式等不合适时,会发生未熔合现象。因此,为保证接头熔合良好,坡口的角度应该略微增大(相对于普通不锈钢)且钝边厚度也应适量减少。尤其是对于 GB/T16749-2018 中 ZD 厚壁型膨胀节的筒体焊接,通常采用 X 型坡口,如图 1 所示。

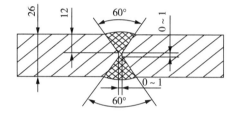

图 1 X 型坡口示意图

3.3 焊接工艺评定

根据《NBT 47015-2011 压力容器焊接规程》的要求进行了焊接工艺评定,试件尺寸为 300mm×400mm×26mm,获得焊接工艺参数见表 4。

表 4 焊接工艺参数

焊层/焊道	焊接方法	直径	电流	电压
1/1	GTAW	$\varphi2.0\sim\varphi2.4$	150~165	12~17
2~3/1	GTAW	$\varphi2.0\sim\varphi2.4$	160~175	12~17
4(4 层开始多道焊)	GTAW	$\varphi2.0\sim\varphi2.4$	150~180	12~17

3.4 焊接工艺要点

施焊前应彻底清除坡口及附近 20mm 内和焊丝表面的氧化物、油污等。打底焊应一次连续完成,避免停弧以减少接头。收弧时要多填充焊丝,使焊道厚度增大,防止收弧弧坑及裂纹。填充焊丝不应直接浸入熔池,应使填充焊丝位于钨极的前方,边熔化边送进。焊丝端头要始终处于氩气保护之下。在焊接过程中应该在保证熔透的基础上,尽可能减少焊接热输入,熔敷金属尽量少,熔深尽量少,焊缝外形应略外凸。由于镍合金焊缝的金属流动性较差,我们需要在焊接时有些许摆动,摆动的距离不宜过大,应不超过三倍焊条直径。

4 焊后热处理

为了改善焊接接头的组织和性能,消除焊接残余应力等影响,在焊接完成后需要进行焊后热处理[2]。其加热温度控制在 1100±15℃,保温时间根据壁厚确定,一般确定为 2 倍壁厚的时长左右且最长保温时间不超过 60min[2]。保温结束后再出炉 2min 内进行水冷。

5 焊接接头检测

焊缝表面的熔渣和飞溅物应清除干净,并不得有表面裂纹、未焊透、未熔合、表面气孔、咬边、弧坑、未填满和夹渣等缺陷。对焊接接头进行 RT 检测,其结果应符合 NB/T47013.2－2015 Ⅱ级的要求,透照质量等级不低于 AB 级。

6 结 论

合金 N08810 优异的高温力学性能和抗腐蚀能力是该材料得到广泛应用的原因,但当该材料受高温、高压的联合作用下,任何焊接缺陷带来的后果都是极度其严重的,尤其是焊接裂纹。公司通过制定合理的焊接工艺,保证 N08810 膨胀节的质量,顺利交付了诸多用于多晶硅项目大型厚壁 N08810 材料膨胀节。

参考文献

[1] 黄文,魏康,冯志刚等．N08810 合金焊接接头及缺陷微观分析[J]．化学工程与装备,2018,No. 253(02):228－230. DOI:10.19566/j. cnki. cn35－1285/tq. 2018.02.077.

[2] 林守菊,陆春林．镍基合金 800H(N08810)制压力容器的焊后热处理要求[J]．中国石油石化,2016,No. 356(21):90－91.

作者简介

万泽阳(1997.01—),男,主要从事压力容器波形膨胀节工艺和设计工作;

通信地址:江苏省泰州市姜堰区娄庄工业园区园区南路 19 号;

邮编:225506;电话:0523－88694559;

E－mail:w88698755@126.com。

33. 大厚度多层波纹管的电阻缝焊工艺试验

高明阳[1]　杨　翔[2]　邢　卓[3]

（1. 唐山开元自动焊接装备有限公司，河北 唐山 063020；

2. 中船双瑞（洛阳）特种装备股份有限公司，河南 洛阳 471000；

3. 沈阳仪表科学研究院有限公司，辽宁 沈阳 110168）

摘　要：波纹管是膨胀节起到伸缩补偿作用的部件。薄壁多层波纹管的直边段端口需要封口后再与端管或法兰等部件焊接连接。电阻缝焊是普遍采用的封口方法。多层大厚度的波纹管电阻焊缝的焊接状态具有不稳定性，层间未熔合（塑性黏合状态）现象普遍存在。若电阻焊缝层间分离，波纹管与端管或法兰的焊接难度非常大，常常导致多层波纹管的电阻焊缝最上层烧穿。生产中壁薄烧穿补焊修复失败是导致波纹管报废的主要原因。采用先进的电阻缝焊机和水冷的焊接工艺可提高焊接厚度和熔透率，最大焊接厚度可达 6 mm。

关键词：多层波纹管；大厚度；电阻缝焊；工艺试验

中图分类号：　**文献标识码**：　**文章编号**：

Test of Resistance Seam Welding for Multi－layer Bellows with Large Thickness

Gao Ming yang[1] , YANG Xiang[2] , XING Zhuo[3]

（1. Tangshan Kaiyuan Autowelding System Co. ,Ltd. ,Tangshan 063020；

2. CSSC Sunrui(Luoyang) Special Equipment Co. ,Ltd. ,Luoyang 471000；

3. Shenyang Academy of Instrumentation Science Co. ,Ltd. ,Shenyang 110168）

Abstract：The bellows are the parts of the expansion joint that play the role of expansion compensation. The straight edge of the thin wall multilayer bellows needs to be sealed and then welded with the end pipe or flange and other components. Resistance seam welding is a common sealing method. The welding state of multilayer bellows resistance welds with large thickness is unstable, and the welding defects of interlayer unfusion (plastic bonding state) are common. If the resistance weld layer separation, the bellows with end pipe or flange welding difficulty is very great, often lead to the top layer of resistance weld burn through. The failure of repair of thin wall is the main reason leading to the scrap of bellows. Using advanced resistance seam welding machine and water cooling welding process can improve the welding thickness and penetration rate, the maximum welding thickness can be reached 6 mm.

Keywords：multilayer bellows；large thickness；resistance seam welding；process test

1 引 言

波纹管是弹性元件，有单层的，也有多层的。由于多层波纹管（见图 1 和图 2）刚度小，补偿量大，从而得到广泛应用。多层波纹管的单层壁厚有较薄（≤0.5 mm）的，若各层间处于层间分离状态，直接与其连接件(端管或法兰)焊接容易烧穿,焊接难度大。为了方便与其连接件的环缝焊接,需要将波纹管直边段的端口采用钨极氩弧焊或电阻缝焊封边,使端口各层熔为整体[1]。各层间结为一体,焊接厚度大,再与其连接件焊接时就不会烧穿了。钨极氩弧焊封边主要用于单层壁厚 0.8 mm 及以上的波纹管,将端口封焊在一起,不仅方便组对,而且可以防止层间进入异物,有助于保证环缝的焊接质量。另外,单层壁厚0.8 mm 已经不容易被电弧烧穿了,不需要像电阻焊缝那样要求有效宽度 4 mm 的熔深[1]。单层壁厚0.5 mm 及以下的多层波纹管在与其连接件焊接前,采用电阻缝焊封边,方便快捷,效率高,因此在波纹管的制造中得到广泛应用。

从作用上看,电阻焊缝实质上就是一条工艺焊缝,这是因为电阻焊缝所起的消除间隙的作用可以被其他的工艺措施取代,如采用顶压的方法亦可消除层间间隙,就是说电阻焊缝不是必需的或唯一的方法,只是顶压的方法需要特制的工装,并且在操作空间上有可能妨碍波纹管与其连件的环缝焊接,因而不被广泛采用。虽然电阻焊缝只是一条工艺焊缝,但也不能忽视其焊接质量,因为电阻焊缝不会被环缝焊接时完全熔化掉,剩余的焊缝也会存在于波纹管直边段上成为承压焊缝的组成部分,该焊缝的内外部质量也直接关系到膨胀节的安全运行。因此,要求电阻焊缝表面不得有过烧、裂纹、焊瘤、起脊等缺陷。为了不过度损害性能,不必追求多层电阻焊缝的全熔合,只要能使各层黏合在一起,保持不分层即可,就是不使表面过烧,黑色碳化,而以表面呈黄褐色为佳。水冷电极和工件是防止电阻焊缝过度氧化的有效方法。

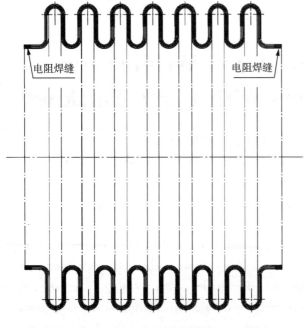

图 1　波纹管简图

图 2　波纹管实物图

电阻焊是将被焊金属工件压紧于两个电极之间,通以电流,利用电流通过工件接触电阻和工件本体电阻产生的电阻热将其局部加热到熔化或塑性黏合状态,并以适当的加压方式给焊接部位加压,使之形成金属间结合的一种连接方法[2]。

电阻焊以焊接方式可以划分为搭焊法和对焊。其中,搭焊法按照电极的外形又可分为点焊、凸焊、缝焊。电阻缝焊是在焊接过程中,用一对滚轮电极压紧工件,滚轮转动驱动工件运动,同时滚轮向工件馈送焊接电流,从而产生一个个熔核相互搭叠的点焊接头的焊接方法。电阻焊缝实质上是由一连串重叠的电阻焊点组成的,故应具有气密性和液密性[3]。

从电阻焊这一经典的定义上可以看出,电阻焊本身的结果就具有不确定性,可有熔化和塑性黏合两种状态,焊接后的状态可以是"结合",而没有要求必须是"熔合"。就是说塑性黏合状态也是可以存在的,虽然不希望。试验证实,塑性黏合状态的层间也是有结合力的,不受外力作用是不会自行分离的。

在实际生产过程中,电阻焊缝并不是总能达到熔合状态,塑性黏合状态普遍存在。通过撕破试验发现电阻焊缝存在封而不严的现象,整条焊缝的焊接状态是不一致性的,部分电阻焊缝只是一种塑性黏合,不是有熔核的熔焊,属于未熔合类焊接缺陷,没达到熔焊要求[4]。

电阻焊缝的结合状态的不确定性与焊接是在焊件的运动中完成的有关。电阻缝焊过程的热影响区随着滚轮电极的旋转而不断移动,形核过程处于封闭状态且无法观测,焊接参数及性能比电阻点焊更加难以准确。电阻缝焊过程的电流场与温度场的分布和熔化区结晶特点均与滚轮电极压力、位置变换有关,再加上焊接热影响区易受随机不确定因素干扰,电阻缝焊的焊接稳定性比电阻点焊差。对于电阻缝焊来说,焊缝上的任一焊点的形成过程,是伴随滚轮电极的旋转,经历"预压—通电加热—冷却结晶"三阶段。正是由于电阻缝焊过程具有这种动态特点,预压和冷却结晶阶段的电极压力不如电阻点焊充分,使电阻缝焊接头的应力场比电阻点焊更加复杂,从而使焊接质量比点焊差,易出现裂纹、缩孔等缺陷[5]。

因此,对电阻焊接质量的评估一直都是研究的热点问题[6]。在电阻焊过程中影响焊接状态的因素错综复杂,包括焊接电流、电极压力、动态电阻、焊机功率、电极外形、工件厚度、被焊材料的平坦度和表面状态、被焊材料的物理性质等,其中部分参数会随时间变化而发生波动,并实时反映着熔核的生长状态,而熔核直径是焊接接头的关键质量指标之一。监测这些参数的动态变化可以在线评估焊接质量,据此动态调整参数可以控制焊接过程与焊接质量。由于熔核的形成和生长是发生在焊件的接触面处,难以直接观察到熔核的变化,所以需要采用各种方法监测其变化。

塑性黏合状态的电阻焊缝在随后的"切口"工序中易离层。切口是在波纹管的直边段上沿电阻焊缝的边缘去掉多余的长度。采用滚剪切口的方式易造成塑性黏合状态的电阻焊缝分离,离层的电阻焊缝失去了下层对上层应起到的焊接衬垫作用,最上层容易被电弧烧穿,壁薄难以修复,以致使波纹管报废。但生产实践证明,塑性黏合状态的电阻焊缝只要不分层,还是可焊的,只是需要小心翼翼地对待,尤其对焊接技能要求高,自动焊不一定适合此状态下的焊接。当然,更渴望得到全熔合的电阻焊缝,这样就简化了对后序工序切口和环焊的技能要求。

传统的电阻缝焊是两层焊,应根据应用的场合和作用不同,不强求焊后结合状态相同,如封闭薄壁容器的搭接接头,要求电阻焊缝有一定的强度和密封性[7],这就要求必须是"熔合"状态;而电阻缝焊在多层(≥3层)波纹管上的应用,往往是非典型应用,不刻意要求强度和密封性,如输变电管线中的波纹管膨胀节,只要电阻焊缝不分层,是"塑性结合"的整体状态即可。目前,参考资料和文献涉及的都是两层焊,对多层电阻缝焊的试验和研究鲜有报道。

当工件单层壁厚大于 3 mm 时,电阻缝焊就比较困难了[3],一般不再采用电阻缝焊,采用其他的熔焊方法没有障碍,而且焊接质量更容易控制。

因此,试验多层薄壁件电阻缝焊是有意义的,在工程上实现全熔合的目标,满足波纹管环缝焊接需求;提高焊接厚度,解决大厚度波纹管的电阻缝焊难题。

2　焊接性分析

金属材料的热物理参数影响电阻焊的焊接性,主要包括材料的导电性、导热性、高温屈服强度、线膨胀系数等。

2.1　导电性和导热性

电阻率小而热导率大的金属材料需用大功率焊机,其焊接性较差。

2.2　高温屈服强度

高温($0.5 \sim 0.7 T_m$,T_m是熔点)屈服强度大的金属材料,电阻焊时容易产生喷溅,缩孔,裂纹等缺陷,需要使用大的电极压力。必要时需要步进缝焊,焊接性较差。

2.3　线膨胀系数

材料的线膨胀系数越大,焊接区的金属在加热和冷却过程中体积变化就越大。当焊接时,加压机构不能迅速地适应金属体积的变化,则在加热熔化阶段可能因金属膨胀受阻而使熔核上的电极压力增大,甚至挤破塑性环而产生喷溅。在冷却结晶阶段,熔核体积收缩时,电极压力减小,使熔核内部产生裂纹或缩孔缺陷。此外,线膨胀系数大工件焊后变形也大。

2.4 塑性温度范围

塑性温度范围较窄的金属(如铝合金),对焊接参数的波动敏感,要求使用能精确控制工艺参数的焊机,并要求电极的随动性好。塑性温度范围窄的金属材料焊接性较差。

2.5 材料对热循环的敏感性

在焊接热循环的影响下,有淬火倾向的金属,易产生淬硬组织,冷裂纹;与易熔杂质易于形成低熔点的合金易产生热裂纹。对热循环敏感性大的金属材料焊接性较差。

表1[3]列出了波纹管常用材料奥氏体不锈钢(如 S30408)的主要热物理参数,同时列出铝、铜和高温合金的作为比较。

表 1　奥氏体不锈钢及对比材料的主要热物理参数

金属材料	电阻率 ρ (293K) /$10^{-8}\Omega \cdot m$	热导率 λ (373K) /$w \cdot (cm \cdot K)^{-1}$	比热容 c (293K) /$J \cdot (g \cdot K)^{-1}$	密度 ρ (293K) /$g \cdot cm^{-3}$	热扩散率 a (293K) /$cm^2 \cdot s^{-1}$	线胀系数 α (293K～373K) /$10^{-6} \cdot K^{-1}$	熔点 T_m /K	高温屈服 Rp/MPa
S30408	75	0.16	0.46	7.86	0.04	16.5	1713	70(1173K)
Al	2.7	2.0	0.88	2.8	0.73	23.8	931	27(673K)
Cu	1.75	3.6	0.38	8.9	1.05	17.2	1356	50(873K)
GH3044	120	0.12	0.44	8.9	0.025	12.3	1663	—

奥氏体不锈钢是最常用的金属材料之一,它的熔焊性很好,电阻焊性能也很好。由于奥氏体不锈钢的电阻率大,热导率小,故电阻缝焊时宜采用小的焊接电流和短的焊接时间;其高温屈服强度高,需采用较大的电极压力和中等的焊接速度;奥氏体不锈钢的线胀系数较大,受热易出现波浪变形;为了避免过热引起碳铬化合物的析出,宜采用偏硬的焊接规范,同时加强外部水冷。

3　焊接工艺参数的影响

电阻缝焊的工艺参数主要有焊接电流、焊接速度、焊接时间、脉冲间隔、电极压力和电极轮尺寸。各参数之间需密切联动调节,不是孤立单调的,且调节的范围比较大。

3.1 焊接电流的影响

焊接电流对产热的影响比电阻和时间两者都大,是影响焊接质量的主要参数。随着焊接电流增大,电阻产生的热量增大,形成的熔核尺寸和熔透率增加。当焊接电流太小低于下限值时,产热量过少,以致不能形成熔核。当电流过大高于上限值时,产热量过大,会产生喷溅或烧穿。电流不是固定不变的,应随其他的焊接参数的变化而变化,例如当电极压力增大,接触电阻减小时,焊接电流也应增大。引起电流波动的主要原因是电网电压的波动和交流焊机因在次级回路中放入磁性金属而引起的阻抗变化。对于直流焊机,次级回路阻抗变化,对电流无明显影响。

除焊接电流总量外,电流密度也对加热效果有显著影响。通过已焊成焊点的分流,以及增大电极接触面积都会降低电流密度和电阻热,从而使接头强度显著下降。因此,由于熔核相互重叠而引起较大分流,焊接相同厚度的工件,缝焊时焊接电流通常比点焊时增大 15%～40%。

与电弧焊的弧柱区温度可达 6000K～8000K 高温不同,电阻焊的加热温度较低,一般熔核温度只比金属的熔点高约 200K～500K[3],金属熔合不充分,因此接头强度会随着电阻热的下降而下降,不是熔化了就能保持一致的强度。

3.2 焊接速度的影响

电阻缝焊的焊接速度影响加热时间、冷却时间和电极压力的作用效果。通常情况下,接头强度随着焊接速度的加快而下降[8]。为了保证焊透率和重叠率,要提高焊接速度,就必须增加焊接电流和延长时间。较低的焊接速度可以增加电极对焊点的作用时间,电极压力的作用效果会更好,也减少了喷溅和缩孔倾向。因此,宜选用较低的焊接速度,尤其是焊接厚度大,高温强度高的工件。

3.3　焊接时间的影响

为了保证熔核尺寸和焊缝强度,焊接时间与焊接电流在一定范围内可以互为补充。为了获得一定强度的焊点,可以采用大电流和短时间(强条件,又称强规范),也可以采用小电流和长时间(弱条件,又称弱规范)。选用强条件还是弱条件,则取决于金属的性能、厚度和所用焊机的功率。但对于不同性能和厚度的材料所需的电流和时间,都仍有一个上下限,超过此限,将无法形成所需大小的熔核。

3.4　电极压力的影响

电极压力对电阻焊有两重作用,它即影响工件间的接触电阻,影响电阻热的产量,又影响电极散热效果和焊接区塑性变形及熔核的致密程度。增大电极压力,接触电阻减小,散热加强,因而总产热量减小,熔核尺寸减小,熔透率降低,过大甚至造成未熔合。电极压力对熔核金属塑性环的形成和消除熔核内缺陷及改善组织起着很大的作用。熔核强度总是随着电极压力的增大而降低。因此,在增大电极压力的同时,增大焊接电流或焊接时间,以弥补电阻减小的影响,可以保持焊缝强度不变。若电极压力过小,则工件层间接触电阻大而不稳定,导致收缩性缺陷,如缩孔,甚至出现喷溅和击穿,也会使熔核强度降低。另外,电极压力过小会烧损电极。当电极压力较小时,焊接电流的微小变化都会对焊缝质量有很大的影响。因此,电极压力应足够高,以便有较宽的电流调节范围。

电极压力决定着焊接能力,即焊接厚度,这是由于焊机电极压力只能有限的增加,决定着电阻缝焊不能焊接太厚。焊件越厚需要的电极压力越大,因为从微观上看电流通过工件的接触面是点接触,需要有足够的压力压溃接触点,实现点接触,这样才能有电流通过产生电阻热实现焊接。

因此,电极压力应依据厚度或层数的增加而增加,不增加压力层间压不实,接触电阻异常增大,易导致击穿。这时不得不减小焊接电流,造成焊的越厚,需要焊接电流越小的假象。因此,不调节电极压力,始终保持不变是不正确的。

3.5　电极形状及材料性能的影响

由于电极的接触面积决定着电流密度,电极材料的电阻率和导热性关系着热量的产生和散失,因而电极轮的形状(直径和工作面宽度)和材料对熔核的形成有显著影响。随着电极轮工作面的变形和磨损,接触面积将增大,电流密度小,产热不集中,焊点强度将下降。

3.6　工件表面状况的影响

工件表面上的氧化物、污垢、油和其他杂质增大了接触电阻。过厚的氧化物层甚至会使电流不能通过。局部的导通,由于电流密度过大,则会产生喷溅和表面烧穿。氧化物层的不均匀性还会影响各个焊点加热的不一致,引起焊接质量的波动。因此,彻底清理工件表面是获得优质接头的必要条件。

4　焊接试验

电阻缝焊的复杂性在于,焊接质量不仅取决于被焊材料和焊接工艺,也取决于焊机状态和工况环境等诸多因素。电阻缝焊的焊接条件或参数包括电阻焊机能力、焊件厚度、焊接参数、冷却方式等。

4.1　电阻焊机

选用大功率的电阻缝焊机,如某厂的"中频逆变交流电阻缝焊机(型号 FB－250)",额定功率 250 kVA,负载持续率 50 %,电流调节范围 8 kA ～ 20 kA,波动 ±2 %;电极压力 3 kN ～ 21 kN,波动 ±8 %;伺服上下双驱系统,焊接速度 50～2000 mm/min;电极轮直径上下相同 $\varphi300$ mm,厚度 $B=12$ mm,倒角 $R=1$ mm,工作面宽度 $h=10$ mm,材质 CuCr,内部通水冷却;外部配置冷水机,适合浇水冷却的工艺;最大焊接厚度可达 6 mm。焊接参数可在显示屏上直接设定,设备系统可以对主要的焊接参数,即焊接电流、焊接时间、脉冲间隔、焊接速度、电极压力等进行第三方监控并记录。

传统的工频交流电阻缝焊机电源存在热效率低,过零时间长,容易发生热影响等问题。与之相比,逆变交流电阻缝焊机电源运行稳定,动态响应速度快,频率可调,恒流控制稳定性好,输出的电流精准,能够满足严格的焊接要求,获得较高的焊接质量[9]。

电阻缝焊机在安装、大修、搬迁、动力线路更改和控制系统改变后,均应进行焊机稳定性鉴定[10]。

4.2　试片组合

电阻缝焊机在其焊接工件的额定厚度范围内的焊接质量应是稳定可靠的,但超出其额定厚度范围焊接状态就变得不再稳定,塑性黏合状态大量存在,尤其是存在于多层电阻焊缝的外层。

参考文献[11]显示,使用传统的工频交流电阻焊机(型号 FN1-150-1)焊接 0.5 mm×7 层 S30403 奥氏体不锈钢已达该设备的能力上限(最大电极压力 8000 kN,最大焊接厚度 2 mm+2 mm),电阻焊缝呈现不一致的焊接状态,即熔合状态和塑性黏合状态并存。由于焊机能力所限,大厚度电阻焊缝的结合状态的不确定性更加突出。因滚剪切口方式所限,没有采用浇水冷却的方式,因浇水冷却材料变硬。

电阻缝焊的厚板组合应使用大功率焊机,并以浇水冷却的方式或可取得好的焊接效果。

根据当代电阻缝焊机的能力,结合浇水的焊接工艺,拟用总厚度达 6 mm 的多层试片做试验。6 mm 对于电阻焊就是大厚度了。为此,选用 S30403 牌号的奥氏体不锈钢试片,组合为 1.5 mm×4 层和 3.0 mm×2 层各一组进行试验。

4.3　冷却方式

电阻缝焊接冷却部位分为内冷和外冷。内冷是循环水通入导电轴或电极轮内。外冷分为三种方式,即水冷、风冷和空冷。水冷和空冷是焊接过程中向电极轮与工件的接触的上下面之间同时浇水或吹压缩空气,空冷是自然冷却。冷却方式对电阻焊缝的焊接状态有重要影响,普遍采用浇水的方式冷却电极轮和工件。

在电阻缝焊过程中,浇水冷却电极和工件,可以适当增加焊接电流,提高层间熔合率,并可减弱表面过度氧化过热或过烧。产生的电阻热向电极传导的热损失约占总热量的 30~50 %[3],是热量损失最多的部分,电极急剧温升。因此,对于电极也应加内水冷。

4.4　焊接参数

采用中频逆变交流电阻缝焊机(型号 FB-250)焊接 1.5 mm×4 层和 3.0 mm×2 层试片工艺参数见表 2。按电极轮滚动和馈电方式,这里的电阻缝焊采用的是以脉冲焊接电流实现的断续缝焊的方式。冷却方式是浇水冷却。预热电流和预热时间是用于焊接第一个焊点,保证撕裂强度的。焊接电流因分流的原因数值大于预热电流。

表 2　试片电阻缝焊工艺参数

试片组合	焊接压力 /kN	预热电流 /kA	预热时间 /cyc(周波)	冷却时间 /ms	焊接电流 /kA	焊接时间 /ms	脉冲时间 /cyc(周波)	焊接速度 /mm/min
1.5 mm×4 层	9	10	8	2300	16	6	2500	70
3.0 mm×2 层	11	9	6	450	20.5	10	450	300

两个试片焊后的电阻焊缝的外观如图 3 所示。

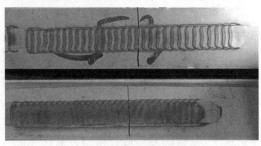

图 3　焊接试片表面状态

在图3中,上面的是1.5 mm×4层焊道外观,呈淡黄色,是很好的氧化色;下面的是3.0 mm×2层焊道外观,呈黄褐色,对于不锈钢也是可接受的氧化色,不会显著影响性能。两条电阻焊缝,外观成形一致,焊接脉冲纹理清晰,较美观。

5 焊缝检验

5.1 外观检验

电阻焊缝应表面状况良好,不过度氧化,不允许有裂纹、烧穿、烧伤、喷溅、边缘胀裂等缺陷[10]。对于电阻焊,"喷溅"更贴切,不是"飞溅"。边缘胀裂是焊缝至板材边缘距离过小,在板材边缘形成的裂口[12]。

5.2 熔核检验

合格电阻缝焊检验的合格指标是熔核尺寸符合焊缝强度要求,且内部无缩孔。由于熔核尺寸与剪切拉伸强度成正比关系,因此可将熔核尺寸作为电阻焊接质量的标准。为了保证焊缝的气密性或液密性,熔核重叠量应大约为熔核长度的15%～20%,平均焊透率为最薄件的45%～50%,一般应在30%～70%的范围内[3]。

5.3 金相检验

用金相显微镜 OLYMPUS Gx71 金相显微镜和 Plustek PL1500 扫描仪,按检测标准 JIS Z3139:2009《电阻点焊、凸焊及缝焊部位的截面试验方法》和检验标准 GB/T 6417.1—2005《金属熔化焊接头缺欠分类及说明》做的电阻焊缝端面宏观金相试样(如图4、图5所示,放大5倍)显示焊缝的横截面全熔合,未见裂纹、气孔和缩孔等缺陷,熔透率(熔深占板厚的比)均达50%以上,这是很好的熔透率。

图4显示,3.0 mm×2层,熔核宽度8.9 mm,最大熔深分别是2.4 mm和1.9 mm,熔透率分别达80%和63%,显示层间良好熔合。

图5显示,1.5 mm×4层,熔核宽度8.5 mm,上下面上的最大熔深分别是0.8 mm和0.9 mm,熔透率分别达53%和60%,并且显示多层层间全熔合,没有可见层间分界线。说明多层电阻焊与两层的没有本质上的区别,电阻产热的原理是一样的,只是多了几个接触电阻,产生的电阻热也多了,熔透率大,有助于全熔合。

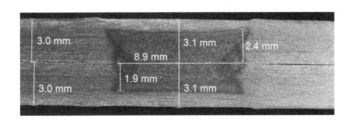

图4 试样 3.0 mm×2层的金相图

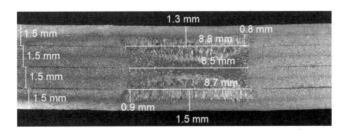

图5 试样 1.5 mm×4层的金相图

虽然从电阻焊试片中获得的金相图片显示了电阻焊缝的全熔合状态,但这毕竟是试验的理想状态,试片层间贴合的非常好,试片长度短,焊机负载时间短,参与进来的影响焊接平稳性的因素少。因此,容易获得全熔合的焊缝。当焊接产品时,影响焊接平稳性的因素错综复杂,如工件间的层间间隙,波纹管曲率,电网电压的波动,滚动中的电极压力的变化,接触电阻的动态变化等,这样就不一定能焊出如此完美的焊缝了。

6 结 论

综上所述,通过电阻缝焊的试验和检验,可得出采用当前先进的电阻缝焊机,对于奥氏体不锈钢,最大焊接厚度可达 6 mm。

参考文献

[1] 国家市场监督管理总局. 金属波纹管膨胀节通用技术条件:GB/T 12777—2019[S]. 北京:中国标准出版社,2019:24.

[2] 中国机械工程学会焊接学会. 焊接手册—焊接方法及设备:第 3 版[M]. 北京:机械工业出版社,2007:365.

[3] 陈祝年. 焊接工程师手册:第 3 版[M]. 北京:机械工业出版社,2018:367—418.

[4] 邢卓,李秋,孟多南,等. 多层薄壁波纹管直壁皱褶产生原因分析及解决方案[C]//中国压力容器学会膨胀节委员会. 第十五届全国膨胀节学术会议论文集—膨胀节技术进展. 合肥:合肥工业大学出版社,2018:399～406.

[5] 岑耀东,陈芙蓉. 电阻缝焊数值模拟研究进展[J]. 焊接学报,2016,37(2):123—128.

[6] 季洪成,顾廷权,王鲁,等. 电阻焊质量评估技术现状与展望[J]. 机械设计与制造,2023,(2):121—126.

[7] 赵熹华. 压力焊:第 1 版[M]. 北京:机械工业出版社,1989:68—78.

[8] 成昌晶,计摇摇,胡磊,等. 焊接速度对高强度双相钢窄搭接电阻缝焊影响规律研究[J]. 金属加工(热加工),2022,(5):81—84.

[9] 李远波,张驰,周磊磊,等. 交流逆变电阻缝焊电源的研制[J]. 焊接学报,2016,37(10):101—104.

[10] 中国人民解放军总装备部. 不锈钢电阻点焊和缝焊质量检验:GJB 724A—1998[S].1998:1

[11] 王福新,邢卓,郭雪枫,等. 金属波纹管膨胀节制造过程中几个检验问题的探讨[J]. 中国化工装备,2021,(4):18—20.

[12] 中华人民共和国航空工业部. 结构钢和不锈钢电阻点焊和缝焊质量检验:HB 5282—84[S].1984:5

作者简介

高明阳(1993—),男,从事电阻焊工艺及其自动化设备相关工作。通讯地址:河北省唐山市高新技术开发区高新西道 168 号唐山开元自动焊接装备有限公司。E—mail:gmy@tkre.cn;电话:186 3339 3306

34. 金属波纹膨胀节机械成型方法对比分析

白　光[1]　王诗楷[1]　王守军[1]　程　鹏[2]

(1. 大连益多管道有限公司　大连长兴岛经济区宝岛路 218 号　116318

2. 沈阳普锐司特化工设备有限公司　110041)

摘　要：随着科技的进步,我国对金属波纹膨胀节的应用愈加广泛,金属波纹管的质量决定了金属波纹膨胀节的寿命和应用。金属波纹管的成型工艺种类越来越多,很多成熟的工艺对波纹管膨胀节的成型质量和效率有显著提高。本文对金属波纹膨胀的主体部件金属波纹管的机械成型方法进行了介绍,并对两种不同筒坯成型方法进行分析,并对其进行了总结,通过对比试验对多层薄壁波纹管成波的影响给出实际依据。

关键词：金属波纹管;机械成型

Comparative analysis of mechanical forming methods of metal bellows expansion joint

BaiGuang[1] ,Wang Shikai[1] ,Wang Shoujun[1] ,Cheng Peng[2]

(1. Dalian Yiduo Piping Co. Ltd. ,No. 218 Baodao Road,Changxing Island Economic Zone,
Dalian 116318;2. Shenyang Priestess Chemical Equipment Co. Ltd. 110041)

Abstract：With the progress of science and technology, the application of metal corrugated expansion joints is more widely used in our country,and the quality of metal corrugated pipe decides the life and application of metal corrugated expansion joints. There are more and more kinds of metal bellows forming process,and many mature processes have significantly improved the forming quality and efficiency of bellows expansion joint. In this paper, the mechanical forming method of metal bellows,the main part of metal bellows expansion,is introduced,and two kinds of billet forming methods are analyzed,and the results are summarized,and the practical basis is given for the influence of multilayer thin wall bellows on wave formation through comparative test.

Keywords：Metal Bellows;mechanical forming

1　引　言

波纹膨胀节研制始于核工业管路补偿需求,本身是一种安全性很高的管路补偿设备,在军工、核电、航空航天、炼油化工、LNG 等严苛工况下大量应用,安全可靠性经过长期工程考验,波纹膨胀节种类繁多、设计复杂、质量控制难度大,错误的设计校核方式和不良的制造质量造成了不少补偿器及管路的安全事故,所以安全性非常值得警惕。金属波纹膨胀节的主体元件是金属波纹管。我国的金属波纹管从1951 年逐渐开始从国外引进直到后面的自主研发,经过几十年的发展逐渐处于国际上游水平[1]。金属波纹管的成型工艺有多种多样,随着新技术的不断研发,波纹管成型工艺的不断更新和完善,制造精度越来越高。我国金属材料产业的飞速发展,更间接地带动了波纹膨胀节成型工艺上的提升。

金属波纹管特殊的几何形状决定了其优异的承压能力。在同等壁厚下,波纹管的承压能力远高于管道。如今,市场上已经存在各种不同成型方法的金属波纹管。这些金属波纹管采用了不同的工艺制造而成,因此也导致了不同的质量检查标准以及规范,选用适合的成型工艺至关重要。目前大部分的波纹管成型工艺都需要人工来操作,会造成很多人为因素的质量误差。但针对金属波纹管制造厂家机械成型方式有两种工艺方法:多层筒坯套合后先把两端边封边然后进行胀型,成型后不用再修边直接可以进行下一步的组焊。另一种是先套合多层筒坯后进行机械胀型,成型后再对两个端边进行修切和封焊,再进入下一个工序。而且这两种工艺方法都存在了很多年,都实际应用于生产中。本文的意义就是对现在广泛存在的波纹管成型工艺方法的两种封边方法进行对比分析,从而选用通用性强、适用性广的金属波纹管成型工艺,使波纹膨胀节得以更广泛的应用。

2 机械胀形工艺

金属波纹膨胀节波纹管制造过程受力特点的变化规律很复杂。波纹管机械成型后,剩余应力在工作环境中会随外部气压、温度、位移量等因素而发生变化。这些变化会引起波纹管的形变,最终会影响到金属波纹膨胀节的补偿作用。

机械胀形工艺过程如下:将薄壁管材套进胀形模,在液压机或其他装置的轴向压力作用下,楔状芯轴沿型芯向下或向上运动,进而将液压缸体分瓣凹模向外扩张,使得薄壁管材产生塑性变形,当胀形结束后,分瓣凸模和楔状芯轴在退模力的作用下回复到原始位置。胀形后的工件轴向移动计算好的一段距离,以便胀形下一个波,机械胀形每次成型一个波,属于单波逐次成型。成型第二个波纹时,以第一次成型的波纹定位,以此逐次成型。胀形时圆筒部分随着胀形的变形力自由地拉入,以减少胀形部分的减薄量。按圆筒胀形分类,它属于自然胀形,在胀形过程没有施加轴向力。机械胀形属于单模具成型,一般情况下它只有凸模,应用机械胀形实现波纹管的成型,其凸模的分瓣的分瓣越多,则胀形精度就越高,如果在结构上或者是胀型过程中加以改进,可以进一步消除胀形时出现的各分瓣凸模之间分瓣痕迹。

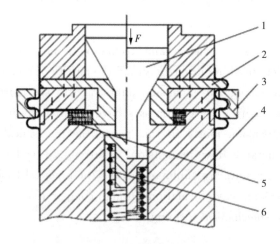

图 1　机械膨胀成型的原理图
1—芯轴;2—凸模;3—凹模;4—管坯;5—弹簧 6—芯轴复位弹簧

如图 1,从机械膨胀原理图可知,芯轴的主要作用是克服弹簧和管坯内壁的摩擦力向下或向上运动,从而使其到达指定的位置。推模克服弹簧的阻力,沿着导向杆向下运动,从而使原先波高增加,宽度增加,如此循环直至设计尺寸为止。总之,金属波纹管机械胀型是一种常见的加工方法,具有工艺流程简单、加工精度高等优点,被广泛应用于制造行业中。我们应该在加工过程中注意操作技巧和安全措施,以保证加工质量和安全生产。

3 机械成型工艺的受力分析和特点

机械胀形的工艺特征与液压胀形不同,它自始至终在纵向上均有金属的补充即经向塑性流动。成型在最初始阶段时经向弯曲和纬向拉伸同时发生。金属波纹管在机械成型过程中,筒坯材料会受到多种不同方向的力,如延展力、压缩力、弯曲力等。这些力的作用下,金属波纹管的各个部分会发生变形和变形程度不同,其中变形最大的部分是波峰和波谷。假设向上凸起很小,完全处于弹性变形阶段。

当波纹管单层壁厚越厚(超过1mm)其力矩值比例越大,波谷直径就会大。因此欲形成单层厚壁波纹管,在成型时波谷处应加工艺箍以保证波谷直径不要太大。

机械成型具有工艺简单、工装容易、生产效率高等优点。同时也存在产品制造精细度不高、性能低下等缺点。多用于制造要求不高的波纹管、波纹膨胀节和大口径厚壁波纹涵管。但机械胀型的效率比较高,在热力行业的波纹补偿器中,近些年大量应用[2]。为了保证膨胀节的刚度和强度,金属薄壁多层结构是在膨胀节领域广泛采用的。有的规格尺寸波纹设计根据 GB/T12777 和 ASME 的计算层数达到八、九层或者更多。套装多层筒坯时,为方便和保证波纹管和其他结构件焊接,工艺流程又有所不同。有些采用多层筒坯套合后,先进行机械胀型再封焊波纹管两端。还有厂家是在多层筒坯套后先封焊好筒坯两端,再进行胀型的。两种工艺流程,虽然都在实际生产中都已广泛存在很多年,但两种成型过程肯定对成型后的波纹管的性能、寿命以及变形补偿上会有所影响。那我们就以不同成型过程来看一下对比分析。

图 2 机械膨胀成型状态

3.1 试件选择:

选择两件同样 DN150 管筒坯为试件,四层不锈钢材料套合。试验两种成型工艺方法对产品性能的影响。具体参数如表1试件设计参数表所示。

表 1 金属波纹管试件设计参数表

公称直径	波纹管内径/mm	设计压力/MPa	波高/mm	波距/mm	设计寿命/次
DN150	157	2.5	16	29	1000
单层壁厚/mm	层数	波数	轴向位移/mm	直边长度/mm	材质
0.5	4	6	23	20	SUS304

试件1:采取套合4层筒坯先把两端封焊锁边,只留2mm处的排气口。封焊完成的筒坯相当于一个整体,然后通过胀型机成型。

试件2:在套合4层不锈钢管坯后暂时不封边,通过机械胀型机成型。根据各应力计算公式计算如下。

3.2 试件受力的理论计算

根据金属波纹管膨胀节通用技术条件 GB/T12777－2019 相关公式计算各应力及寿命[3]:

a. 压力引起的波纹管子午向薄膜应力 σ_3:

$$\sigma_3 = \frac{ph}{2n\delta_m} = 10.56 (MPa)$$

b. 压力引起的波纹管子午向弯曲应力 σ_4:

$$\sigma_4 = \frac{ph^2 C_p}{2n\delta_m^2} = 149.865 (MPa)$$

c. 位移引起的波纹管子午向薄膜应力 σ_5：

$$\sigma_5 = \frac{E_b \delta_m^2 e}{2\, h^3 C_f} = 28.1377 (\text{MPa})$$

d. 位移引起的波纹管子午向弯曲应力 σ_6：

$$\sigma_6 = \frac{5\, E_b \delta_m e}{2\, h^2 C_d} = 1070.71 (\text{MPa})$$

e. 子午向总应力范围 σ_t：

$$\sigma_t = 0.7(\sigma_3 + \sigma_4) + \sigma_5 + \sigma_6 = 1211.1452 (\text{MPa})$$

f. 设计疲劳寿命 $[N_c]$：

$$[N_c] = \left(\frac{12827}{\sigma_t - 372}\right)^{3.4} / n_f = 1063 (n_f \text{ 取 } 10)$$

计算所见,试件 1 和试件 2 都能满足设计要求,寿命也都达到了设计寿命。

3.3　试件的水压强度试验

先对两件试件打水压试验,两件产品都是经过软件计算过的,所以 1.5 倍的设计压力水压试验后两试件都没有明显的外观变化。也就是按照试验压力和时间的要求,试件 1 和试件 2 都可以满足强度要求[4]。

3.4　试件的疲劳试验

对试件 1、试件 2 分别经疲劳试验机做常温状态下的往复拉伸压缩试验,共往复拉伸 1100 次,两试件均未发生肉眼可见破坏。经试验可以判定两种生产工艺生产的金属波纹管在此次试验中都可满足疲劳寿命 1000 次需求。

3.5　试件的切解剖对比

经外观检查和对波高波距的测量,外观尺寸完全一致的两件试件。对两件试件进行 180 度切面进行切剖,对比波形。沿直径方向切开的两个波纹管试件,从纵向解剖面可以明显对比出试件 1 与试件 2 的内部波形不完全相同如图 3、图 4,特别是在波谷位置。试件 1 先封边再胀型的波谷处基本四层没有出现较大的缝隙,与胀波前的原始筒坯间隙相同,可以近似的认为是一体的。而试件 2 先进行胀波,在没封边的波谷处逐层产生了较大间隙。而且在波谷处各层间隙是随着由内向外规律变化的。那可以肯定的推断,在受到介质压力、温度及位移的影响下,两种试件的工作状态和变形补偿情况肯定会有所不同。接下来从理论计算上看一下具体受力情况[5]。

图 3　先封边再胀型　　　　图 4　先胀型再封边

从截面可以看出试件1(图3)先封边再胀型层与层之间的间隙微小,特别是波谷处,四层薄壁不锈钢材料紧密贴合,可近似为一个整体,完整性好;试件2(图4)先胀型再封边的波谷处出现分层现象明显,内层与外层间间隙较大。

3.6 根据波纹管切面形态对比计算分析

根据 GB/T12777－2019 相关公式计算稳定性:

a. 单波轴向刚度 f_{iu}[6]:

$$f_{iu}(四层) = \frac{1.7\, D_m E_b^t \delta_m^3 n}{h^3 C_f} = 7466.38\,(N/mm)$$

$$f_{iu}(单层) = \frac{1.7\, D_m E_b^t \delta_m^3 n}{h^3 C_f} = 1883.49\,(N/mm)$$

b. 波纹管两端为固支时,柱失稳的极限设计内压 p_{sc}:

$$p_{sc}(四层) = \frac{0.34\pi f_{iu} C}{N^2 q} = 7.64\,(MPa) > 2.5\,(MPa)$$

$$p_{sc}(单层) = \frac{0.34\pi f_{iu} C}{N^2 q} = 1.93\,(MPa) < 2.5\,(MPa)$$

c. 波纹管两端为固支时,平面失稳的极限设计内压 p_{si}:

$$p_{si}(四层) = \frac{1.3\, A_{cu} R_{p0.2y}^t}{K_r D_m q \sqrt{a}} = 4.87\,(MPa) > 2.5\,(MPa)$$

$$p_{si}(单层) = \frac{1.3\, A_{cu} R_{p0.2y}^t}{K_r D_m q \sqrt{a}} = 1.23\,(MPa) < 2.5\,(MPa)$$

从计算和实际试验可以看出,将波谷处近似看成为单层计算可知,其柱失稳及平面失稳均小于设计压力,由于波纹管在承受内压和压拉位移的工况下,波谷最大周向应力为拉应力[7],因而更易产生波谷外鼓等缺陷,虽然最内层有其他层保护可减少风险,但也存在一定不稳定性。

4 总 结

通过理论计算和疲劳试验机的1100次试验,以及切刨开试件断面来看,虽然两种成型方式均通过了寿命1000次的设计需求,但试件2先胀型再封边的波谷处出现分层现象,显现为较薄弱环节,若工艺控制不得当,操作温度,层与层之间存在气体、杂质等,易使波纹管层间鼓包、串压,甚至发生爆裂,存在潜在风险。针对本次试验试对比分析试件1先封边再胀型的方法优于试件2先胀型再封边。但对于机械胀型的金属波纹管,如果验证哪一种成型工艺的流程更科学更严谨,还得从应力应变,以及塑性变形后材料的变化、极限疲劳破坏等方面试验研究,希望通过深入研究,能够更好地发挥金属波纹膨胀节的补偿作用,为工业生产的发展做出更好的贡献。同时也诚恳的欢迎同行及学术工作者提出不同意见和共同探讨。

参考文献

[1] 杨志新,王雪,李敏,张大林,于翔麟,韩新博.金属波纹管膨胀节盲板力计算方法探讨[J].阀门,2022(05):353－357.DOI:10.16630/j.1002－5855.2022.05.011.

[2] 杨建.波纹管膨胀节在工程中的应用[J].化工设计通讯,2022,48(08):67－69.

[3] 张小文,钟玉平,段玫,张太付,陈友恒.U形波纹管膨胀节不同标准制造检验要求对性能的影响分析[C]//.膨胀节技术进展:第十六届全国膨胀节学术会议论文集.2021:50－60.DOI:

10.26914/c.2021.033376.

[4] 李亮,卢衷正,庄小瑞. Ω形波纹管膨胀节非线性有限元应力分析[C]//. 膨胀节技术进展:第十六届全国膨胀节学术会议论文集. 2021:110−118. DOI:10.26914/c.2021.033385.

[5] 闫廷来. 压力平衡型波纹管膨胀节功能设计[C]//. 膨胀节技术进展:第十六届全国膨胀节学术会议论文集. 2021:177−197. DOI:10.26914/c.2021.033395.

[6] 周命生,孙瑞晨,李亮. 在役换热器Ω形波纹管膨胀节包覆方案与设计计算[C]//. 膨胀节技术进展:第十六届全国膨胀节学术会议论文集. 2021:249−253. DOI:10.26914/c.2021.033403.

[7] 周命生,程勇. 波纹管膨胀节衬里概述[C]//. 膨胀节技术进展:第十六届全国膨胀节学术会议论文集. 2021:269−274. DOI:10.26914/c.2021.033407.

[8] 戴洋,刘超峰,邢卓,孙志涛,赵健,薛广为,李长宝. 带支管结构的波纹管膨胀节法兰焊接变形控制[C]//. 膨胀节技术进展:第十六届全国膨胀节学术会议论文集. 2021:338−342. DOI:10.26914/c.2021.033418.

作者简介

白光(1975),女,高级工程师,副总经理(技术),硕士,主要从事研究方向为高端装备制造。

通信地址:辽宁省大连市长兴岛经济区宝岛路218号。电话:13898167525。E-Mail:chengbww@163.com。

35. 蒸汽发生器用波纹管研发项目成形工艺介绍

石素萍[1]　曹国平[2]

(1. 江苏运通膨胀节制造有限公司,江苏泰州 225506;

2. 江苏省特种设备安全监督检验研究院泰州分院,江苏泰州 225506)

摘　要:通过比较整体成形和带直边两半波焊接而成的两种不同成形工艺,从而选择蒸汽发生器用波纹管的成形工艺。首先以试验件来验证两种工艺的可行性,再进行产品制造。所述波纹管设计及制造符合《ASME 锅炉及压力容器规范 Ⅷ第一册 压力容器建造规则》ASME BPVC. Ⅷ.1－2021,波纹管的材质为《ASME 锅炉及压力容器规范 Ⅱ 材料 A 篇 铁基材料》ASME BPVC. Ⅱ. A－2021 中的 SA－387M Gr. 22 CL. 2。

关键词:成形工艺;整体成形;带直边两半波焊接而成

Introduction of the forming process for the R&D project of bellows for steam generators

Shi Su－Ping[1]　Cao Guo－Ping[2]

(1. Jiangsu Yuntong Expansion Joint Manufacturing Co. ,Ltd. ,Taizhou,Jiangsu 225506,China;

2. Taizhou Branch,Jiangsu Institute of Special Equipment

Safety Supervision and Inspection,Taizhou 225506,Jiangsu Province)

Abstract: By comparing the two different forming processes of integral forming and welding of two halves with straight edges,we selected the forming process for bellows for steam generators. The feasibility of the two processes is verified with test pieces before manufacturing the product. The bellows is designed and manufactured in accordance with ASME Boiler and Pressure Vessel Code Ⅷ Book 1 Rules for Construction of Pressure Vessels ASME BPVC. Ⅷ.1－2021,and the bellows is made of SA－387M Gr. 22 CL. 2 in ASME Boiler and Pressure Vessel Code Ⅱ Materials Part A Iron－Based Materials ASME BPVC. Ⅱ. A－2021.

Keywords: Forming process;integral forming;with straight edge two half waves welded together

1　引　言

公司承接了蒸汽发生器用波纹管的制造工作,该波纹管的波形参数中波高值远超过标准推荐值,成形过程中存在很多不确定性,以下就该波纹管的成形工艺的要点做相关阐述。

2　应用标准公式计算整体成形波纹管的变形率

波纹管要求使用的材料为铬－钼合金钢板 SA－387M Gr. 22 CL. 2,该材料的伸长率 EL 最小为

18%,整体成形厚壁单层金属波纹管波形参数见表1。

表1 整体成形厚壁单层金属波纹管波形参数

内直径 (mm)	波高 (mm)	厚度 (mm)	平均半径 (mm)	波数
912	178	16	66mm	1

参考 GB/T16749—2018《压力容器波形膨胀节》[1]式(9),计算得到:整体成形的变形率34.57%;而材料的伸长率最小为18%,远低于整体成形的变形率,存在较大的成形风险。

3 采用试验件来验证两种不同成形工艺的可行性

3.1 试验件整体成形的试验

(1)试验件要求使用的材料为 SA—387M Gr.22 CL.2 铬-钼合金钢板,整体成形波纹管波形参数,见表2。

表2 试验件波形参数

内直径 (mm)	波高 (mm)	厚度 (mm)	平均半径 (mm)	波数
344	65	6	25	1

参考 GB/T16749—2018《压力容器波形膨胀节》式(9),计算得到变形率34.1%。

(2)试验件整体成形压力计算

材料标准要求的抗拉强度 σ_b＝515～690Mpa;

材料实测抗拉强度 R_m＝581Mpa;

成形压力范围为 20.3～24.1Mpa。

(3)试验过程描述

下料、卷圆、氩弧焊焊接、RT检测(Ⅰ级合格)、热处理(工艺见表3)、RT检测(Ⅰ级合格)、整体液压成形。

表3 热处理工艺参数

参数 试件	入炉温度	升温速度	保温温度	保温时间	冷却方式	冷却速度	出炉温度
试件1	≤300℃	55～220℃/h	920±15℃	30min	随炉冷却	≤120℃/h	≤300℃出炉空冷
试件2	≤300℃	55～220℃/h	700±15℃	30min	随炉冷却	≤120℃/h	≤300℃出炉空冷

两个试验件管坯,经过表3中成形前的不同热处理工艺(试件1热处理工艺为低合金高强钢板卷焊管坯在成形前热处理方式;试件2热处理工艺为 ASME SA387 2021标准中消除应力热处理的推荐温度)。试件1和试件2均在成形压力范围内爆破。

(4)试验件整体成形结论

材料伸长率达不到整体成形的要求,压制时材料爆破,排除材料本身缺陷及焊接缺陷、热处理的影响,说明整体成形的工艺是不可行的。

3.2 试验件半波成形的试验

探索壁厚减薄量及压制后材料回弹量工艺试验,本试验为6mm厚 SA387 Gr.22 CL.2试验件,成形后尺寸检验见表4。

表 4　成形后尺寸检验

检验项目	要求值	检测值	模具尺寸
厚度（mm）	6	6.1	/
最小厚度（mm）	5.25	5.6	/
内径（mm）	344±1.2	344.5	凹模内径 359 凸模外径 347
波峰外径（mm）	486±2	486.5	凹模内径 485 凸模外径 473
波峰内 R（mm）	19±1	18.5	凸模 R:18
波谷外 R（mm）	19±1	19.0	凹模 R:18

根据以上试验结果，该产品使用半波成形工艺具有可行性。

4　产品半波成形工艺及制造

4.1　工艺性分析

对波纹管的压制成形，应根据波纹管压制的回弹量、壁厚减薄量及波纹管成形波形参数，通过成形试验确定压制模具及成形压力，使波纹管成形波形参数满足要求。波纹管成形预留加工余量大小，对波纹管的成形有较大的影响，若预留加工余量太小，则易产生边缘起皱、鼓泡和端边斜翻的缺陷；若预留加工余量太大，则材料的利用率降低，易产生局部曲面减薄，甚至坯料被撕裂。

4.2　零件说明

该产品如图所示，图 1 为成品尺寸；考虑成形工艺、热处理工艺要求，对两端预留加工余量，如图 2；按截面积不变原则，计算下料尺寸如图 3：

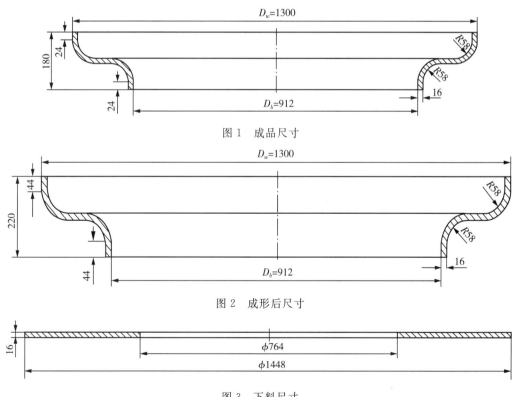

图 1　成品尺寸

图 2　成形后尺寸

图 3　下料尺寸

4.3　成形的过程:分为拉深和翻边两部分

(1)分析成形次数以及是否需要采用压边圈,拉深部分如图4。

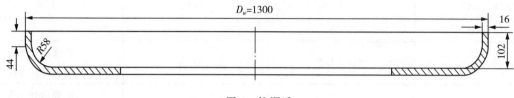

图4　拉深后

由图4知:拉深高度 h_1＝102mm＋16mm＝118mm;拉深直径 D_w＝1300mm

按工件中性层长度不变计算下料尺寸外径为1448mm

查《实用冲压模设计与制造》第四章 拉深模设计[2]:

(a)4.1.3 : $t/D \geqslant 0.045(1-m)$ 时,不用加压边圈。

而拉深系数 m 为拉深前后拉深件直径缩小程度,得出实际 m＝1300/1448＝0.9

因此: t/D＝16/1448＝0.011;0.045(1－m)＝0.0045;符合4.1.3条件,不需要加压边圈。

(b)材料相对厚度＝ (t/D)×100＝(16/1448)×100＝1.1

(c)表4－6,材料相对厚度为1.0时,拉深系数为0.75;材料相对厚度为1.5时,拉深系数为0.65。当材料相对厚度为1.1时,拉深系数为0.65～0.75之间(且不包含两值),因此算的实际拉深系数0.9大于极限拉深系数0.65～0.75,可以一次拉深成形。

(2)拉深部分凹凸模尺寸如图5。

由于在拉深过程中存在回弹现象,凹模1的内径尺寸取1298mm,凸模1的外径尺寸取1298－2t＝1266mm。

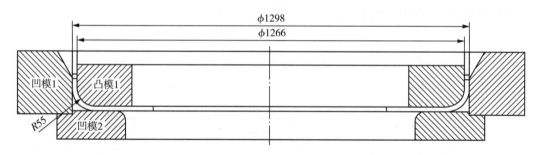

图5　拉深部分凹凸模尺寸

(3)计算翻边部分凹凸模尺寸如图6。

由于在翻边过程中存在回弹现象,凸模2的外径尺寸要比工件的内径尺寸912mm大,取915mm。凹模2内径可取凸模2的外径915＋2t＝947mm。

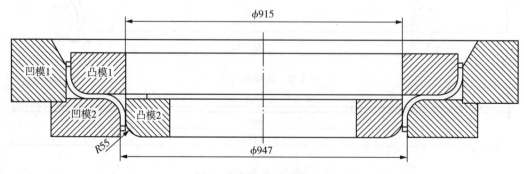

图6　翻边部分凹凸模尺寸

4.4 涂抹润滑剂工艺试验

4.4.1 试验目的

成型时坯料面与模具表面会产生摩擦,必须使用良好的润滑剂,而润滑剂的作用:

(1)为使摩擦系数变小,减少挤压力,有助于金属的流动,提高变形程度;

(2)防止工件与模具的粘结,保证良好的脱模效果;

(3)防止工件表面擦伤和起皱,提高工件质量。

4.4.2 试验过程描述

下料、模具涂抹润滑剂(见表5)、外径拉深、内径翻边、清洗

表 5　模具涂抹润滑剂

润滑剂类别	优点	缺点
黄油	价格便宜	金属的流动效果不好
石蜡油＋矿物油	润滑效果良好	难清洗
石墨＋矿物油	润滑性好及易清洗	/

4.4.3 试验结论:石墨＋矿物油的润滑剂比较适用。

5　半波压制成形后尺寸检查

6件半波压制成形后尺寸检验,见表6。

表 6　半波压制成形后尺寸检验

检验项目	内径 D_b（mm）	波峰外径 D_w（mm）	半径 R（mm）	最小厚度 t_p（mm）	总长度 L（mm）	同轴度	垂直度（mm）
图样尺寸	912±2	1300±3	58	≥14	180	≤φ1	≤2
1	913.4	1301	58.0	14.8	181	0.3	0.40
2	913.6	1301	58.5	14.8	180	0.2	0.35
3	913.5	1301	57.5	15.0	181	0.3	0.40
4	913.5	1300.5	57.5	14.8	181	0.3	0.35
5	913.5	1300.5	58.0	14.9	180	0.2	0.40
6	913.6	1300.7	57.5	14.8	181	0.4	0.40
结论	合格	合格	合格	合格	合格	合格	合格

6　总　结

蒸汽发生器用波纹管的成功制造,证明半波成形的工艺是可行的;研制的工装模具是可靠的;产品的几何尺寸和表面质量符合图纸要求和标准规定。对类似产品起到一定借鉴作用。

参考文献

[1]国家市场监督管理总局,中国国家标准化管理委员会.压力容器波形膨胀节:GB/T16749—2018[S].北京:中国标准出版社,2018.

[2]洪慎章.《实用冲模设计与制造第2版》[M].北京:机械工业出版社,2016:102—103,108.

作者简介

石素萍(1981—),女,工程师,从事压力容器及压力管道元件设计工作。

通信地址:江苏省泰州市姜堰区娄庄工业园区园区南路 19 号;

邮编:225506;电话:0523—88694559。

E-mail:769404478@qq.com

36. 膨胀节质量因素及其技术对策

陈孙艺

茂名重力石化装备股份公司，广东 茂名 525024

摘 要：针对石化设备膨胀节常见一些质量问题，列举案例从问题表现分为表面质量和材料质量两类，从问题成因分为产品管理、质量控制、搬运使用、结构设计及制造工艺等 5 类进行描述，在此基础上综述了膨胀节相关 8 个专体的研究及技术对策，最后提出了一些专题发展的建议。

关键词：膨胀节；质量因素；失效分析；技术对策

Quality Factors of Expansion Joint and Its Technical Countermeasures

CHEN Sun－yi

(The Challenge Petrochemical Machinery Corporation of Maoming，Maoming，Guangdong，525024)

Abstract：Aiming at some common quality problems of expansion joints of petrochemical equipment，a series of cases were divided into two categories：surface quality and material quality according to the problem performance，and divided into five categories：product management，quality control，handling and use，Structure and manufacturing process according to the causes of the problems. On this basis，the research and technical countermeasures of eight special subject relation to expansion joints were summarized. At last，some suggestions for thematic development are put forward.

Keywords：bellows expansion joints；quality factors；failure analysis；technical countermeasures

0 引 言

膨胀节在石油化工装置中应用广泛，功能原理上可以表现出比静设备大、比动设备小的变形位移，实现对连接件的协调；结构形状上其相对于其他承压壳体的特殊性，包括波峰区域的正壳、波谷区域的负壳和连接波谷和波峰的环板，以及适用于各种位移的膨胀节结构；理论及标准上其分类及内容十分丰富，问题在于内压和位移作用下应力成分及性质复杂，外压和位移作用下结构稳定性及防护对策难以精准。在

基金项目：2021 年广东省科技创新战略专项资金－茂名市科技型中小企业核心技术攻关专题 2021S0003。

此背景下膨胀节的质量显得特别重要,虽然有关膨胀节失效这一主题的论文较多,但是有关膨胀节具体质量这一主题的论文较少,同时影响膨胀节质量的因素很多,包括管理因素、产品本体质量控制因素和产品技术因素等。因此其质量因素及技术对策值得业内分析和总结。

1 质量管理因素

1.1 产品管理问题

GB 16749《压力容器波形膨胀节》标准强调铭牌应固定在适当位置,对于经确认无适当位置固定铭牌的膨胀节,可不单独提供膨胀节铭牌,还要求清除膨胀节波纹之间可能引起堵塞的异物。如图 1(1)所示膨胀节产品铭牌通过点焊的方式固定在波谷旁的圆弧段,形成异种材料的三角形空间结构,既损伤了波形关键部位的材料,也阻碍波形关键部位的结构功能,显然有悖标准的要求。如图 1(2)所示膨胀节产品铭牌先从平板压成弧形,再通过点焊的方式固定在端部加强环的外圆上,是合适的办法。

（1）定位位置不当

（2）点焊在端部加强环外圆

图 1　铭牌定位

图 2 所示膨胀节产品通过在内壁波间焊接的方式固定防变形保护结构,反而损伤了膨胀节。
辅件不当焊接

1.2 产品保护问题

如图 3 的奥氏体不锈钢膨胀波谷间堆积有一层较厚的铁锈,铁离子对奥氏体不锈钢的污染将危害其抗腐蚀的能力。如图 4 所示 5 波形膨胀节在设备耐压试验中缺欠保护,被内压拉伸至塑性变形,波高降低了一半,损伤严重。

图 2　波间距防变形方式不当

图 3　铁离子污染

拉伸前 拉伸后

图 4 意外拉伸变形

2 质量控制因素

2.1 焊接接头

（1）组对坡口。如图 5 所示膨胀节波谷环焊缝破口错边严重，产生的附加应力降低波谷抗疲劳能力。图 6 所示环板压制时内孔扩口成形波谷厚度减薄超标，结构强度难以满足要求。

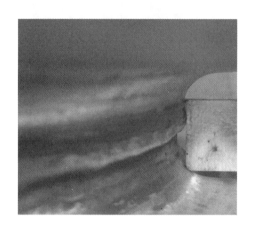
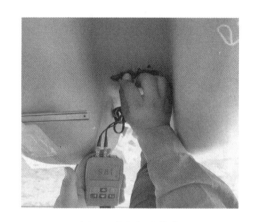

图 5 波谷环焊缝破口错边　　　　　　　　图 6 波谷焊缝偏薄

（2）焊缝尺寸。如图 7 所示膨胀节波峰环焊缝余高明显超标，产生的附加应力降低波峰抗疲劳能力。图 8 所示膨胀节波峰环焊缝不够饱满，结构强度难以满足要求。如图 9 所示波峰环焊缝咬边超标，会引起应力集中，不利于抗疲劳。

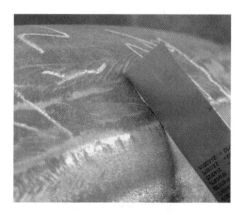

图 7 波峰环焊缝余高超标　　　　　　　　图 8 波峰焊缝不饱满

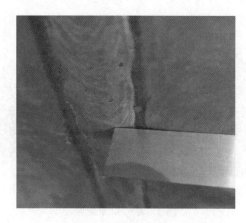

图9　波峰焊缝咬边

2.2　结构损伤

(1)表面损伤。如图10(1)、图10(2)所示波谷区域的表面凹坑是原材料缺陷或成形过程所致,如图11所示波峰区域多点被焊接飞溅灼伤,产生的附加应力降低波峰抗疲劳能力。

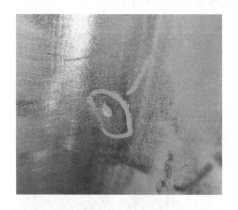

图10(1)　原板材凹坑

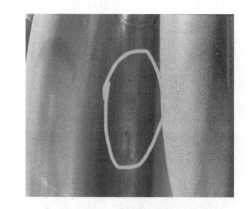

图10(2)　原板材凹坑

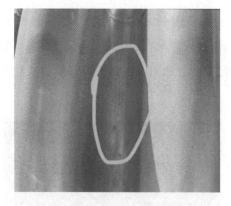

图11　焊接飞溅灼伤

图12　酸蚀损伤

(2)材质损伤。针对如图12所示奥氏体不锈钢膨胀接组焊到设备后在耐压试验中波峰出现开裂泄漏的失效,文[1]通过宏观检查、低倍组织检测、金相组织检测、裂纹微观检测和硬度梯度检测等结果分析,判定波纹管压制成形中波峰位置变形量大,引起局部区域马氏体转变,使材料在该区域的内应力增大。当压制过程及后来的酸洗过程或整体水压试验过程存在腐蚀性因素,且波纹管在水压试验过程中因压力作用所受到的拉应力作用时,引发了应力腐蚀开裂。

3 搬运使用因素

(1)表面损伤。如图13(1)、图13(2)、图13(3)所示表面凹坑往往出现在波峰区域,如图13(4)所示外圆表面被强烈碰撞压平一块也出现在波峰区域,是膨胀节在搬运或组对到设备过程所致,产生的附加应力降低波峰区域抗疲劳能力。

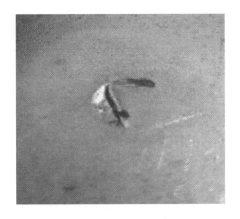

图 13(1) 表面戳伤

图 13(2) 表面戳伤

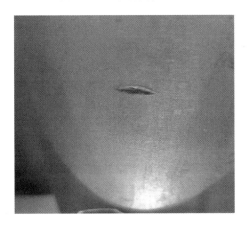

图 13(3) 表面戳伤

图 13(4) 波峰被撞平

如图14(1)和图14(2)所示表面片状擦痕也是经常出现在波峰区域,是膨胀节在运输、搬运或组对到设备安装时所致,设备安装过程有时也引起类似的损伤。

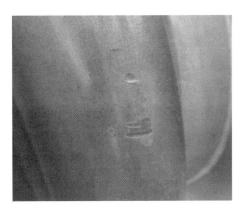

图 14(1) 表面碰伤

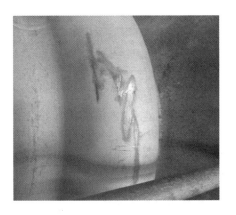

图 14(2) 表面碰伤

4 结构设计及制造工艺问题

多个波形的两个端部波形较为容易受到外物的损伤,图15中的波纹管没有设计防护结构,右端波峰的开裂与设计的理想化及成形过程操作不当有关,小径薄壁波纹管成形中波高难以达到设计的尺寸,也可能与管道组对不正、焊接引起的附加应力有关。图16的小径薄壁波纹管端部采用电阻焊缝难以完全达到熔焊的程度,运行中出现了泄漏。

图 15 波峰开裂   图 16 波纹纵焊缝开裂

5 膨胀节相关问题研究及技术对策

5.1 全过程的质量管理

(1)质量指标的判断依据

ASME 换热器厚壁膨胀节设计普遍采用有限元分析设计方法。文[2]发现膨胀设计节采用 ASME 方法比采用 GB/T16749 方法可能需要更多的波数,是由两种方法对波峰处膨胀节薄膜加弯曲应力评定不同造成的,GB/T 16749 方法比 ASME 方法更适合厚壁膨胀节的设计。文[3]对国内外标准中涉及的 U 形波纹管膨胀节的尺寸和无损检测要求进行了比较,分析了各尺寸对波纹管膨胀节性能的不同影响,提出了相应的建议,可供国内波纹管膨胀节制造商参考。

(2)设备吊装中膨胀节的受力校核问题

聚丙烯环管反应器通常由 4 根或者 6 根细长夹套筒体通过中间连接梁活性螺栓连接组成"口"字型结构,安装在较高的混凝土基础上。由于每根筒体顶部法兰口以下有薄壁膨胀节结构,吊装时极易损坏,因此,合理选择吊装方法和吊点位置至关重要。文[5]对 3 种吊装方案进行比较后,选定了双筒体组合吊装方案,并通过强度校核和变形分析,证明设备顶部、底部膨胀节部位的最大弯矩位于与筒体结合处,由弯矩产生在膨胀节部位的相应弯曲应力小于膨胀节材质的许用应力,确定了主吊点和溜尾吊点的位置,操作安全可靠。文[4]也对串管反应器现场整体组装后的吊装方案进行了分析,并在对膨胀节保护杆螺栓紧固的基础上,每个膨胀节旁边组焊 4 块弓形板进行加强,保护膨胀节。

(3)运行中膨胀节的在线监测

为了进一步加强物联网在线监测技术和传统制造业的结合,文[6]介绍了以膨胀节为核心,辅助以网络传感器构建膨胀节智能监测系统的技术,可以实现膨胀节的泄漏报警。根据膨胀节使用工况,提出危险介质、高温介质、高压介质三种场合的膨胀节在线检漏系统的设计方案,该方案将物联网技术与膨胀节运行维护服务相结合,通过膨胀节结构的改进以及气敏传感器、温度传感器、声音传感器的灵活运用,能够实现对膨胀节检漏系统远程在线监测,从而达到提高膨胀节安全性能的目的。

5.2 产品缺陷的分析处理

(1)关于体积型缺陷的模拟

金属波纹管膨胀节在加工制造或使用过程中极易在波峰和端波侧壁处发生磕碰,形成凹坑缺陷,如

图 1 至图 16 所示,这些缺陷轻则缩短膨胀节寿命,重则导致膨胀节甚至及其所在设备报废。文[7]参考 GB/T 19624—2019 标准,并结合有限元分析获得缺陷波纹管的最高运行工作压力,同时对含体积型缺陷波纹管进行疲劳寿命分析和试验研究,案例结果表明,波峰或侧壁的缺陷宽度与波厚之比约小于 0.25(深度为缺陷宽度的 1/2)时,依然满足承压条件,波纹管体积缺陷不影响其疲劳寿命。提出了含体积型缺陷波纹管允许工作压力及疲劳寿命的评估方法,为在役产品可靠性评估提供参考;波纹管的疲劳失效位置均位于波谷附近,当缺陷发生在波谷附近时,建议更换波纹管或膨胀节。

(2)关于波峰形状的模拟

为研究金属波纹管在液压胀形过程中波峰轮廓与设计波峰轮廓的误差关系,以及由此带来的性能的影响。文[8]以无加强 U 型金属波纹管为研究对象,利用 Deform 软件对液压胀形过程数值模拟,对两种波峰轮廓建模,利用 Hypermesh 软件进行单式膨胀节整体轴向弹性刚度的数值模拟。结果表明:波峰轮廓呈现类二次曲线特征,波峰顶点径向偏差最小,波峰两侧径向偏差最大,成形轮廓的整体轴向弹性刚度比设计轮廓的整体轴向弹性刚度大一些,接近于国标刚度公式的计算结果。

(3)关于波纹形状的检测

图 17 对某件带加强环薄壁波纹管的波形进行了检测,从图 17(a)看波峰呈尖顶形,不符合设计的圆弧形结构,但是由于加强环的阻碍难以测量波形,因此沿直径方向对半剖开该波纹管。对于剖开后所示图 17(b)端面及另一端面印制的两条波形轮廓线重叠绘制在图 17(c)中。检测其两侧直边段间距约54mm,发现两轮廓线左侧直边段相互偏差最大达 3mm,波峰旁弧形段相互偏差最大达 4mm。由于该膨胀节由工程公司推荐膨胀节制造厂设计制造,制造厂没有提供详细结构尺寸,设备供应商作为膨胀节的采购使用单位,无法判断实物波形偏差对质量的影响及其运行的可靠性。

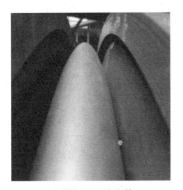  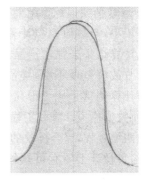

（a）带加强环波纹管　　　　　（b）剖开断面　　　　　（b）两断面波形

图 17　薄壁波形检测

(4)关于波纹形状的超差的处理

文[9]对某换热器三波膨胀节结构质量超差的适用性进行了分析,包括对其材料化学成分和高温力学性能、宏观结构尺寸和微观组织及金相检验,运行工艺调查和缺陷成因分析,根据数据回归公式推算设计温度的屈服强度,根据客观参数和多种工况计算校核了膨胀节的应力和许用循环次数,在扩展检测对策、制造对策和现场服务对策的支持下回用了该膨胀节。

(5)关于多层成形中层间贴合及壁厚检测问题

多层成形中的层间贴合与否的问题及其各层壁厚的检测问题是两个有点关联的难体,层间贴合良好有利于传递成形载荷,使各层均衡变形。图 18 对两层波纹管施加内压检测外层表面应变分布,从结果的差异性可以判断层间特别是焊缝部位的贴合程度。

图 18　波形承载检测

笔者在工作中发现,个别专业人员会想当然地持有如下两个观点:一是认为多层膨胀节成形后最内一层的壁厚减薄量最小,最外一层的壁厚减薄量最大;二是基于最外一层壁厚减薄量最大的认识,如果检测最外一层的壁厚合格的话,据此判断内部各层的减薄量也是合格的。这些错误的观点之所以流行主要有两个原因,一是客观上对成形后多层膨胀节内部各层厚度精确检测的困难,二是缺乏金属钣金成形加工中的壁厚减薄的常识。其实,可以从一个朴素的技术原理来理解这一"内薄外厚"的现象,就是钣金成形中,曲率大的结构减薄率大,曲率小的结构减薄率小。在关注多层膨胀节成形后的形状时,容易忘记了膨胀节成形之前各层圆筒体毛坯的直径是不同的,对多层膨胀节成形前、后的尺寸比较,外层直径都较内层直径大。只比较多层膨胀节成形后的尺寸,外层波峰部位沿着膨胀节轴向的波形直径也较内层波形直径大。总的是外层在轴向和周向的曲率都相对内层的要小,因此减薄率就小。

根据 GB 150.1~4—2011 标准规定和原 GB 16749－1997 标准执行情况,GB/T 16749—2018 标准取消了波纹管厚度成形减薄量不大于波纹管厚度 10% 的限定,改由膨胀节设计制造单位根据波形参数按下面的公式规定,确定波纹管成形后内层材料名义厚度。为了在比较中加深对数值模拟计算结果的认识,同时揭示上述误解,可以按照标准公式计算结果来比较。下式中各符号意义见图 19,尺寸数据从文[10]中提取。

$$t_p = t\sqrt{\frac{D_b}{D_m}} = 2 \times \sqrt{\frac{570}{570+2+2+78}} \approx 1.87 \text{mm}$$

结果表明,内层厚度成形减薄率为 $(2 - 1.87)/2 \approx 6.5\%$,外层成形减薄率为约 6.2%,虽然波纹胀形后各层减薄不同,但是内层壁厚减薄率稍大于外层的解析解结果,这一点与文献[10]数值模拟计算结果完全一致。结果还表明,减薄量解析解较小,与数值模拟计算结果差异较大,如果只按照标准公式计算结果来强求产品质量,恐怕难以实现,很可能造成膨胀节波峰壁厚不够,提前失效。笔者认为,壁厚减薄解析解的计算侧重于从二维几何形变的物理视角来表达这一过程,而数值模拟计算和工程操作是一种三维结构加上时间维度的四维过程,综合反映的结果更加合理。工程实践经验表明,除了设计上要有可靠的技术手段,还要在膨胀节

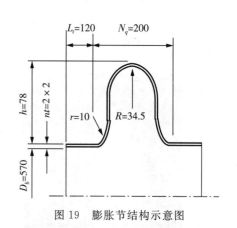

图 19　膨胀节结构示意图

液压鼓胀整体成形操作中,轴向密封压力紧密跟进、轴向位移快速推进、腔内鼓胀压力升速放慢才可以控制壁厚减薄量过大,从而保证波峰壁厚质量指标。这一案例分析表明,设备工程设计的解析计算与数值模拟计算两种方法各有优缺点,数值模拟计算的结果是画面上直观的,解析解则计算结果和计算过程都是逻辑上直观的,可以从公式中各个物理量的变化联系到结果的变化,从而获得本质上的认识,这一点对年轻的技术人员尤其重要。

因此,对于多层膨胀节成形后最内一层和最外一层的壁厚减薄量检测,要分别进行;对于多层膨胀节成形后最内一层和最外一层之间的中间各层壁厚减薄量,直接检测技术尚不成熟,需要间接进行测评。

6　结　语

通过文中关于膨胀节的常见各种质量问题辨识及分类可知,既包括表面质量问题,也包括材料质量问题;与波形波纹相关的质量问题较多,尤其是表面损伤问题较多;既有膨胀节制造商造成的表面质量问题,也有采购使用单位造成的表面质量问题,而且表面缺陷的形貌有一定的区别。不同的缺陷对膨胀节的损伤程度不同,有的问题经分析评估发现对膨胀节正常运行及其疲劳寿命影响不大。对于其中材料质量问题,采购使用单位难以在验收入库时发现,造成相关方较大的损失。

建议膨胀节业内专家综述国内、外相关专业技术进展,除了专业标准外,还可包括专业理论、研究机

构、实验装备,以及材料、结构、成形、热处理、检测、包装运输、应用,展示专题研究的结果。

建议锻压与膨胀节行业专家综述国内、外相关企业基本情况、技术能力、生产装备、产品业绩及特色,编制成册,便于交流、认识,提高工作效率,

建议业内开展数字技术专题研讨并推广应用,加深对设计过程的有限元分析,成形过程的有限元模拟、制造过程工艺参数的智能控制技术、运行过程关键部位的在线实时监测等成果的认识。

建议业内开展结构完整性专题研讨,在膨胀节各阶段发现的质量问题如何评估,制定合适的技术对策,为工程处理提供参考。

建议对历年历届膨胀节会议论文及期刊论文按不同专题进行综述,必要时进行研读研讨,为专题研究指明方向。

参考文献

[1] 范茂宸. 环管反应器波纹管破裂原因及解决措施[C]//第十三届全国膨胀节学术会议论文集. 2014:349—351.

[2] 孙志刚,杨湖. 换热器厚壁膨胀节应力评定[J]. 化工设备与管道,2022,59(5):1—6.

[3] 张小文,钟玉平,段玫,等. U形波纹管膨胀节不同标准制造检验要求对性能的影响分析[C]//第十六届全国膨胀节学术会议论文集. 2021:50—60.

[4] 江坚平. 国内最大环管式反应器吊装方案的优化[J]. 石油工程建设,2005,31(4):63—66.

[5] 张建军. 环管反应器的吊装[J]. 石油化工建设,2007,29(2):34—37.

[6] 孙瑞晨,恽建强,孙鹤,等. 基于物联网的在线膨胀节检漏系统设计[J]. 焊管,2022,45(9):64—68.

[7] 杨玉强,李张治,李德雨,等. 基于 ANSYS 含体积型缺陷波纹管疲劳寿命研究[J]. 压力容器,2020,37(11):33—38,64,69.

[8] 葛干,刘建树,邬志军,等. 金属波纹管波峰轮廓成形误差的研究[J]. 洛阳理工学院学报(自然科学版),2022,32(2):87—92.

[9] 陈孙艺. 换热器三波膨胀节超差的适用性分析及对策[C]//第十三届全国膨胀节学术会议论文集. 2014:297—305.

[10] 叶梦思,李慧芳,钱才富,等. 多层多波 Ω 形波纹管液压成型的数值模拟[C]//第九届全国压力容器学术会议论文集. 2017:835—842.

作者简介

陈孙艺,男,1965 年出生,工学博士,教授级高级工程师,国务院政府特殊津贴专家,从事承压设备建造技术管理,出版专著 3 部。

通信地址:广东省茂名市环市西路 91 号 茂名重力石化装备股份公司

邮编:525024 E-mail:sunyi_chen@sohu.com 电话:13926707412

37. 316L 超薄板 TIG 焊残余应力分析

张 浩

(南京晨光东螺波纹管有限公司,江苏南京 211153)

摘 要:采用数值模拟的方法对 316L 超薄板 TIG 焊焊接过程的温度场和焊接残余应力场进行了研究,分析电流对焊接接头的温度分布、残余应力分布及变形的影响规律。结果表明,电流增加,熔池最高温度有所上升,但变化不明显,加热速率和冷却速率基本不变;焊接接头的纵向残余应力、横向残余应力的拉应力峰值均出现在焊缝及热影响区附近区域。电流在 7A~11A 范围时,等效残余应力的峰值随着电流增加出现先下降后上升的趋势;变形量逐渐增加,在 9A 至 11A 时增幅明显。

关键词:不锈钢;超薄板;数值模拟;应力分析

Analysis of residual stress in TIG welding of 316L super—thin sheet

Zhang Hao

(Aerosun—Tola Expansion Joint Co. Ltd,Jiangsu Nanjing 211153)

Abstract:The temperature field and welding residual stress field of 316L super—thin plate TIG welding process were studied by numerical simulation,and the influence of current on the temperature distribution,residual stress distribution and deformation of welded joints was analyzed. The results show that the maximum temperature of molten pool increases with the increase of current,but the change is not obvious,and the heating rate and cooling rate are basically unchanged. The peak values of longitudinal residual stress and transverse residual stress of welded joints appear near the weld and heat affected zone. When the current ranges from 7A to 11A,the peak value of the equivalent residual stress decreases first and then increases with the increase of the current. The amount of deformation increases gradually,and the increase is obvious from 9A to 11A.

Keywords:stainless steel;Super thin plate;Numerical simulation;Analysis of stress

1 序言

316L 不锈钢薄板因具有高耐蚀型和优异的成形性能,广泛应用在电力、石油化工、核工、航天等领域的波纹管制造[1,2]。TIG 焊接由于整体热量输入少,焊接变形小,容易实现自动化生产且生产效率高,特别适合超薄板材料的精密焊接[3]。但由于超薄不锈钢板壁厚小,对焊接热输入较为敏感,不恰当的工艺参数选择会导致较大焊接残余应力和应变,增加接头发生应力腐蚀开裂、疲劳损伤等问题概率,降低焊接接头的可靠性[4-6]。因此分析 316L 超薄板 TIG 焊接头的残余应力分布和变形,对控制和研究 316L 不锈钢 TIG 焊接头焊后残余应力和变形,具有重要的理论指导意义。

目前为止,国内外对不锈钢 TIG 焊的数值模拟研究主要是针对温度场,而对于平板焊后残余应力和变形的研究较少,针对超薄板焊接试板分析的研究则寥寥无几。赵先锐[7]等人对 3mm 厚的 304 不锈钢 TIG 焊接接头的温度场进行模拟,通过双椭球热源模型模拟焊缝形貌与实际焊缝形貌一致性较高。黄文翔[8]等人对 1mm 厚的 06Cr18Ni11Ti 奥氏体不锈钢 T 型接头的焊接应力和变形进行模拟,研究发现残余应力基本集中在焊缝,整体变形量较小。Zhang[9]等人对 304 不锈钢厚板多道焊进行数值模拟,结果表面板厚越大,焊后残余应力越大。Wu[10]等人研究不同激光功率对钢镁激光焊接温度场和流场的影响,研究发现随着功率的不断提高,同一界面的温度会逐渐升高,焊接过程中镁板剧烈汽化,熔池产生气孔。

本文对 0.2mm 厚的 316L 不锈钢超薄板进行 TIG 焊试验,并采用有限元软件对 TIG 焊焊接过程中的温度场和接头的残余应力及变形进行计算,研究不同电流下 TIG 焊接头残余应力分布及变形的规律和特征。由于测量器材和成本的限制,本文未采用实验方法测量残余应力。

2 试验方法

TIG 焊接试验采用米勒 Maxstar 210 焊接电源,钨极尖端与试板表面距离设定为 2mm,保护气体为氩气。采用尺寸为 250mm×25mm×0.2mm 的 316L 不锈钢试板进行平板对接,自熔焊接,母材的化学成分如表 1 所示。焊接前不开坡口,试板之间不留间隙,环境温度为 20℃。试验采用的焊接工艺参数见表 2 所列。

表 1 316L 不锈钢的主要化学成分(质量分数,%)

材料	C	N	Si	Mn	P	S	Ni	Cr	Mo	Fe
316L	0.03	0.10	0.75	2	0.035	0.014	10~14	16~18	2~3	余量

表 2 316L 不锈钢 TIG 焊工艺参数

试样编号	焊接电流 I/A	焊接电压 U/V	焊接速度 $V/mm \cdot min^{-1}$	保护气流量 $Q/L \cdot min^{-1}$
1	7	9	350	15
2	9	9	350	15
3	11	9	350	15

3 数值模拟模型

根据试样尺寸建立三个电流下的几何模型,并进行有限元划分,图 1 为焊接试样 1 对应的有限元网

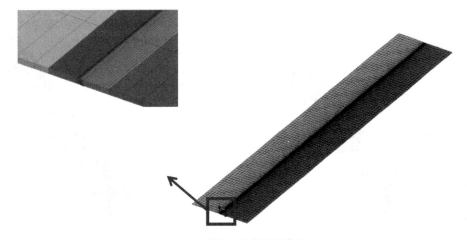

图 1 试样 1 的有限元模型

格模型,可以看出焊缝及周边区域网格较为细密,远离焊缝的母材网格被划分较为粗大。图2为模型约束条件施加图,结合焊接试样焊接的实际情况,对模型焊接方向两侧施加全约束,防止模型在计算过程中发生刚性移动。

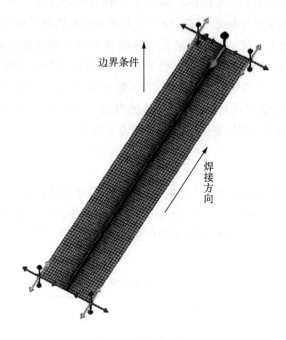

边界条件

焊接方向

图2　约束条件施加图

4　结果与讨论

4.1　温度场计算结果

试样1在不同时间段的温度场计算如图3所示。以试样1和试样2为例,TIG焊接试样表面典型位置(P1点位于焊缝上表面中心点)的热循环曲线如图4所示。

图3所示的计算结果表明,热源在焊缝中心处温度最高,当电流I为7A时,准稳态阶段的焊接温度场的峰值温度为2384.9℃,起弧阶段温度场峰值温度为2854.4℃,较收弧阶段峰值温度3518.3℃低,证明热量在收弧端累积较为严重。当I从7A增加至9A时,P1点热循环曲线的峰值温度均有所升高,从2384.9℃上升至2666.9℃,但加热速率和冷却速率基本相同。

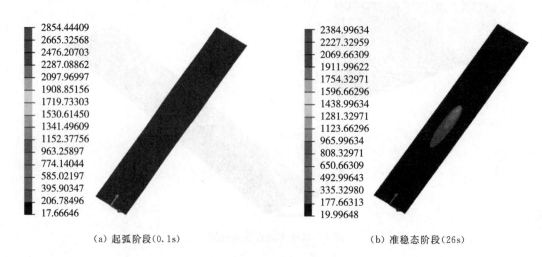

| 2854.44409 |
| 2665.32568 |
| 2476.20703 |
| 2287.08862 |
| 2097.96997 |
| 1908.85156 |
| 1719.73303 |
| 1530.61450 |
| 1341.49609 |
| 1152.37756 |
| 963.25897 |
| 774.14044 |
| 585.02197 |
| 395.90347 |
| 206.78496 |
| 17.66646 |

| 2384.99634 |
| 2227.32959 |
| 2069.66309 |
| 1911.99622 |
| 1754.32971 |
| 1596.66296 |
| 1438.99634 |
| 1281.32971 |
| 1123.66296 |
| 965.99634 |
| 808.32971 |
| 650.66309 |
| 492.99643 |
| 335.32980 |
| 177.66313 |
| 19.99648 |

(a) 起弧阶段(0.1s)　　　　　　　　　(b) 准稳态阶段(26s)

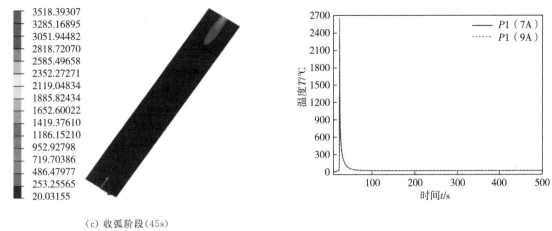

（c）收弧阶段（45s）

图 3　TIG 焊接温度场（试样 1）

图 4　P1 点的热循环曲线图

4.2　应力场计算结果

试样 1 的焊后残余应力分布图如图 5 所示,不同电流下焊件上表面位于 1/2 焊件长度的残余应力分布规律如图 6 所示。从图 5 可以看出,纵向残余应力的高峰值拉应力出现热影响区附近区域,峰值拉应力为 361.3MPa,由于板厚较薄,加之焊缝熔宽较窄,热影响区附近区域产生较大收缩,因此拉应力较为集中;横向残余应力在焊缝处出现高值拉应力,峰值拉应力为 493.15MPa;板厚方向由于试样厚度尺寸仅为 0.2mm,板厚方向残余应力除在焊缝的其余地方均表现出较低的应力值,峰值拉应力为 67.6MPa。等效残余应力的高值分布在焊缝及热影响区处,峰值拉应力出现在焊缝,为 407.9MPa,等效残余应力呈现从焊缝处向试样边缘递减的规律。

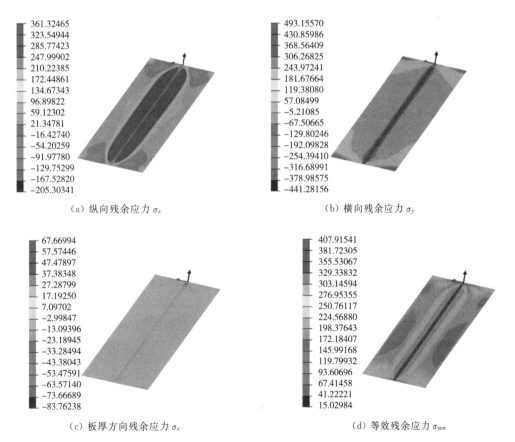

（a）纵向残余应力 σ_x

（b）横向残余应力 σ_y

（c）板厚方向残余应力 σ_z

（d）等效残余应力 σ_{von}

图 5　试样 1 的残余应力分布

由图 6 可以看出,TIG 焊接试板上表面的纵向残余应力和横向残余应力较高,而板厚方向的整体应力水平较低。试样上表面的残余应力分布规律比较类似,焊缝处纵向残余应力明显低于热影响区,而横向残余应力高于热影响区,接近材料的抗拉强度,易造成接头失效。当电流从 7A 增加到 11A 时,上表面纵向残余应力峰值从 314.66MPa 增加至 335.371MPa,上表面横向残余应力从 486.73MPa 降至 480.575MPa。

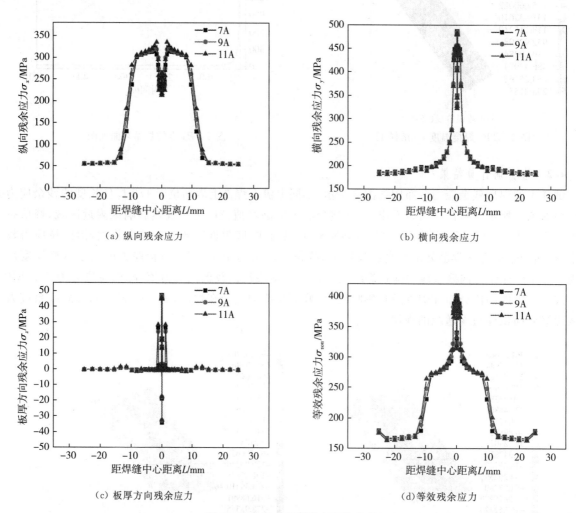

(a) 纵向残余应力　　　　　　　　　　　　(b) 横向残余应力

(c) 板厚方向残余应力　　　　　　　　　　(d) 等效残余应力

图 6　残余应力在宽度方向的分布

不同电流下试板的残余应力峰值变化见表 3。电流在 7A～11A 之间内,随着电流的增加,纵向残余应力的峰值水平逐渐降低,横向残余应力和等效残余应力表现为先下降后上升,在电流为 9A 时,等效残余应力最低,为 405.7MPa。

表 3　残余应力峰值

电流 I/A	纵向应力 σ_x/MPa	横向应力 σ_y/MPa	厚度方向应力 σ_z/MPa	等效应力 σ_{von}/MPa
7	361.3	493.1	67.6	407.9
9	356.8	489	72.2	405.7
11	355.5	491.5	66.7	410.0

4.3　焊接变形结果

图 7 是试样 2 的焊后冷却至室温状态下焊接变形图。不同电流下 TIG 焊接试样表面典型位置($P1$

点位于焊缝上表面中心点,P2 点位于焊缝下表面中心点)的变形量如图 8 所示。

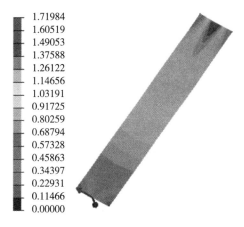

图 7 焊接接头的焊接变形图

从图 7 中可以看出,焊接接头在焊后发生了一定程度的变形,最大变形量为 1.71mm。在焊接方向上随着距焊接起弧端越远,其收缩变形量越大,这是由于对接焊时,先焊部位的收缩对后续焊接的焊缝产生了挤压作用,从而使后焊部位的收缩量增加。如图 8 所示,焊接试样上下表面焊缝中心点收缩变形量较为接近,但上表面收缩变形量较高于下表面。

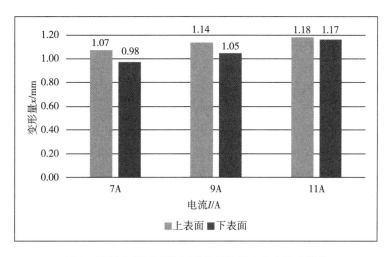

图 8 不同电流下试样上下表面焊缝中心点的变形量

不同电流下试样的变形量峰值变化如表 4 所示。电流在 7A~11A 之间内,随着电流增加,变形量峰值有所增长,从 9A 增加至 11A 时,变形量增幅最大,为 12.1%。

表 4 变形量峰值

电流 I/A	变形量 x/mm	增幅
7	1.57600	—
9	1.71984	9.1%
11	1.92849	12.1%

4.4 讨论

采用 7A 时,已焊焊道的金属较少导致拘束度较大,故残余应力水平较高;继续增加电流,焊件拘束度相对较低,因此应力有所降低;但当电流达到 11A,焊缝的塑性变形过大,导致应力水平有所上升。因此,为尽量降低焊接试样的残余应力水平,可以选择焊接电流 9A,焊接速度 350mm/min 进行焊接。

5　结论

(1)对不同电流下的超薄板 TIG 焊的焊接温度场和应力场进行了模拟计算,结果表明不同电流下的温度场和应力场分布规律较为类似,但峰值有所区别。

(2)超薄板 TIG 焊接在焊缝及热影响区附近区域的残余应力水平较高,横向残余应力和等效残余应力均在焊缝处出现高值的拉应力。

(3)电流在 7A~11A 之间时,随着电流的增加,等效残余应力峰值表现出先下降后上升的规律,变形量峰值逐渐增长。当电流等于 9A 时,TIG 焊接头的等效残余应力水平相对最低。

参考文献

[1] Arora, H., R. Singh and G. S. Brar, Numerical simulation on residual stresses of stainless steel SS－304 thin welded pipe[J]. Measurement and control (London),2020. 53(7－8):1183－1193.

[2] AR, P., et al., Numerical simulation and validation of residual stresses and distortion in type 316L(N) stainless steel weld joints fabricated by advanced welding techniques[J]. CIRP Journal of Manufacturing Science and Technology,2022. 39:294－307.

[3] Rong, Y., et al., Laser beam welding of 316L T－joint:microstructure,microhardness, distortion,and residual stress[J]. The International Journal of Advanced Manufacturing Technology, 2017. 90(5－8):2263－2270.

[4] Wu, C. and J. Kim, Analysis of welding residual stress formation behavior during circumferential TIG welding of a pipe[J]. Thin－walled structures,2018. 132:421－430.

[5] Jiang, W., et al., Fatigue life prediction of 316L stainless steel weld joint including the role of residual stress and its evolution:Experimental and modelling[J]. International Journal of Fatigue, 2021. 143:105－997.

[6] Waqar, S., K. Guo and J. Sun, FEM analysis of thermal and residual stress profile in selective laser melting of 316L stainless steel[J]. Journal of Manufacturing Processes,2021. 66:81－100.

[7] 赵先锐等,304 不锈钢 TIG 焊接工艺及数值模拟[J]. 电焊机,2021. 51(05):第 49－55＋117 页.

[8] 黄文翔等,06Cr18Ni11Ti 不锈钢薄板脉冲 TIG 焊数值模拟[J]. 热加工工艺,2022. 51(03):第 131－133＋136 页.

[9] Zhang, Y. and L. Tian, The effect of joint configuration on residual stress and distortion of the 304 stainless steel multi－pass welded joints[J]. Materials today communications,2022. 30:103－170.

[10] Wu, Z., et al., Effect of Laser Welding Parameters on Joint Structure of AZ31B Magnesium Alloy and 304 Stainless Steel[J]. Materials (Basel),2022. 15(20):1917－1924.

作者简介

张浩(1996—),男,南京晨光东螺波纹管有限公司助理工程师,从事膨胀节焊接工艺研究工作;

通信地址:南京市江宁开发区将军大道 199 号,南京晨光东螺波纹管有限公司,邮编:211153;联系方式:电话:18762131185,Email:1820845872@qq.com

38. 特高压 GIL 用膨胀节型式试验

李　秋[1]　李洪伟[2]　马志承[1]　杨知我[3]

(1. 沈阳汇博热能设备有限公司,辽宁沈阳,110168;2. 沈阳国仪检测技术有限公司,

辽宁沈阳,110043;3. 沈阳仪表科学研究院有限公司,辽宁沈阳,110043)

摘　要:本文简要介绍了苏通 GIL 综合管廊工程背景及工程使用膨胀节的结构参数、位移、循环寿命要求、型式检验项目。阐明了焊接接头、轴向刚度、循环寿命试验与常规检验项目的不同之处,着重介绍了循环寿命试验的试验方法:按安装位置的不同,设置了不同的初始位置,分阶段进行循环寿命试验,并增加了循环寿命的裕度试验。铰链型膨胀节进行两次在爆破压力试验,分别对波纹管及铰链进行了强度考核。

关键词:膨胀节;波纹管;型式试验;循环寿命

TypeTest of Expansion Joint for UHV GIL

Li Qiu[1] ,Li Hongwei[2] ,Ma Zhicheng[1] ,Yang Zhiwo[3]

(1. Shenyang HuiBo Heat Energy Equipment Co. ,Ltd,Shenyang　110168,China;

2. Guoyi Testing Technology(Shenyang) Co. ,Ltd,Shenyang 110043,China;

3. Shenyang Academy Of Instrumentation Science CO. ,LTD,Shenyang 110043,China)

Abstract:This artical briefly introduces the background of Sutong GIL Utility Tunnel Project and the structural parameters,displacement,cycle life requirements and type inspection items of expansion joints used in the project. The differences between welded joints,axial spring rate,cycle life test and conventional test items are expounded. The test method of cycle life test is introduced emphatically : according to different installation positions,different initial positions are set,cycle life test is carried out in stages,and the margin test of cycle life is increased. The hinged expansion joint is subjected to two burst pressure tests,and the strength of the bellows and the hinge is tested respectively.

Keywords:expansion joint;bellows;type test;cycle life

0 引　言

GIL 全称为 Gas – insulated Metal – enclosed Transmission Line,是指气体绝缘金属封闭输电线路,具有传输容量大、损耗小、不受环境影响、运行可靠性高、节省占地等显著优点,适合作为架空输电方式或电缆送电受限情况下的补充输电技术。淮南—南京—上海工程输电线路在苏通大桥上游 1 公里处过江,苏通 GIL 综合管廊工程是华东特高压交流环网合环运行的"咽喉要道"和控制性工程。上层敷设两回 1000 千伏 GIL 线路,预留通信、有线电视等市政通用管线,下层预留两回 500 千伏电缆。苏通 GIL 综合管廊工程是世界上首次在重要输电通道采用特高压 GIL 技术,电压等级最高、输送容量最大、输电距离

最长、技术水平最先进，是特高压输变电技术领域又一世界级重大创新成果[1]。该工程需要在管线布置中设置膨胀节，主要有力平衡、复式拉杆及铰链型3种结构类型[2][3]。本工程波纹管的可靠性要求较高，型式检验中的循环寿命试验，充分考虑现场运行时初始位置的变化，要求在不同的初始位置进行疲劳寿命试验，覆盖实际运行时可能出现的工况[4]。同时介绍了型式检验项目与常规检验的不同之处。

1 膨胀节结构参数

根据苏通管廊的地形条件，管线总体上分为四段布置：管廊内部采用力平衡膨胀节，补偿管线的轴向位移；管廊端部与竖井段采用复式拉杆膨胀节，通过膨胀节的横向位移补偿管线的基础沉降；竖井段与地面部分的连接采用铰链型膨胀节；地面部分与接引站采用力平衡膨胀节[2]。依据表1膨胀节设计输入参数，设计膨胀节的具体结构型式，三维图如图1所示。

表1 膨胀节设计输入参数

额定压力/MPa	设计压力/MPa	设计温度/℃	公称内径/mm	总体长度 /mm		
				力平衡	复式拉杆	铰链型
0.45	0.60	−25～110	880	1800	1200	400

图1(a)力平衡膨胀节三维图　　图1(b)复式拉杆膨胀节三维图　　图1(c)铰链型膨胀节三维图

为提高膨胀节寿命的可靠性，设计时，用年温度补偿位移代替日温度补偿位移进行设计计算，波纹管材料选用S30403(022Cr19Ni10)，单层壁厚0.5mm，共7层，波纹管的波形参数见表2，膨胀节的位移、循环寿命及试验压力见表2。

表2 膨胀节波纹管的波形参数

波纹管类型	内径/mm	波高/mm	波距/mm	波数/个	轴向刚度/(N·mm⁻¹)
工作波纹管	880	40	45	10	288
平衡波纹管	1258	45	50	9	304
复式波纹管	880	40	45	5+5	288

表3 膨胀节的位移、循环寿命

膨胀节	位移类型	轴向位移/mm	横向位移/mm	角向位移/°	试验压力/MPa	循环寿命/次
力平衡	温度	±55	0	0	0.60	15000
	地震	±30	±5	0	0.60	200
	误差	±15	±5	0	0	15
	拆卸	−250	±5	0	0	15

（续表）

膨胀节	位移类型	轴向位移/mm	横向位移/mm	角向位移/°	试验压力/MPa	循环寿命/次
复式拉杆	温度	0	±30	0	0.60	15000
	地震	0	±30	0	0.60	200
	误差	±15	±5	0	0	15
	拆卸	−180	0	0	0	15
铰链型	温度	0	0	±2.5	0.60	15000

2 型式检验

2.1 型式检验项目

型式检验项目参照国家标准的规定[5]，制定了专用的试验实施方案[6]，检验项目见表4。

表 4 膨胀节检验项目

项目名称	成品 1#	成品 2#	管坯 1#	板材 1#
材质检查	—	—	—	○
外观	○	○	—	—
几何尺寸	○	○	—	—
焊接接头	○	○	○	—
轴向刚度	○	○	—	—
补偿量	○	○	—	—
压力试验	○	○	—	—
压力应力	○	○	—	—
稳定性	○	○	—	—
真空气密性	○	○	—	—
SF$_6$气密性定性	○	○	—	—
SF$_6$气密性泄漏率	○	—	—	—
循环寿命	○	—	—	—
循环寿命后气密性	○	—	—	—
爆破压力	—	○	—	—
附加试验	○	—	—	—

注：○表示检验项目，——表示不检项目

型式检验用成品膨胀节各 2 件，制造波纹管的管坯 1 件，波纹管材料的样板若干，分别进行化学成分、拉伸、弯曲、硬度、耐腐蚀性能试验，满足相关标准[7]要求。以下介绍型式检验项目中与常规检验项目不同之处及成因，其他项目与标准中规定的试验方法及判定依据基本一致，不再赘述。

2.2 焊接接头

为提高波纹管密封性能、减少焊缝数量，波纹管管坯只允许有一条纵向焊接接头[8]，高于标准要求的允许有两条纵向焊接接头[5]；纵向焊接接头进行 100% 射线检测，合格质量等级应为标准[9]中规定的 I 级，执行的是要求较高的检测方法[10]。按标准[11]要求，对于材料标准中规定的断后伸长率低于 35% 的材料,波纹管成形后应对焊接接头表面进行100％渗透检测,合格质量等级应为标准[12]中规定的Ⅰ级。本工程波纹管材料为 S30403,断后伸长率≥40％[9],按试验要求,仍需对波纹管成形后的最内、最外两条焊接接头表面进行100％渗透检测,属于加严考核焊接质量。

2.3　轴向刚度

测量力平衡波纹管±55mm 的轴向刚度,允许偏差－50％～＋10％。单个波纹管轴向刚度 K_x 按公式(1)计算:

$$K_x = \frac{1.7 D_m E_b^t \delta_m^3 n}{h^3 C_f N} \tag{1}$$

式中:D_m——波纹管平均直径,mm;

　　　E_b^t——波纹管材料设计温度下的弹性模量,MPa;

　　　δ_m——波纹管成形后一层材料的名义厚度,mm;

　　　n——波纹管材料层数;

　　　h——波高的数值,mm;

　　　C_f——波纹管计算修正系数;

　　　N——一个波纹管的波数。

波纹管的设计温度是110 ℃,刚度测量是在室温下进行的,温度差异导致波纹管材料弹性模量取值不同[13],波纹管试验方案中的名义刚度需要修正为室温时的 911N/mm,刚度范围为 456N/mm～1002N/mm。实测成品刚度分别为 995.8N/mm、959.3N/mm,符合刚度要求。

2.4　循环寿命

1♯件考虑现场安装位置可能出现的极限情况,依据试验实施方案[6]将循环寿命分为 3 个循环,每个循环的轴向、横向初始位置不同,分别为误差调整的上偏差、零偏差、下偏差,地震、拆卸的初始位置分别为温度变化与误差调整的上限值之和、原始长度、下限值之和,膨胀节每个循环的寿命参数见表5～表11。每个循环结束后应进行气密性检测,并记录波距变化,均在原始图样位置进行。第 3 个循环结束后不允许出现柱失稳现象。

表5　力平衡膨胀节第 1 个循环寿命参数表

位移类型	轴向位移 /mm	横向位移 /mm	轴向初始位置 /mm	横向初始位置 /mm	试验压力 /MPa	循环寿命 /次
温度	±55	0	－15	－5	0.60	5000
地震	±30	±5	－70	－5	0.60	67
安装	±15	±5	0	0	0	5
拆卸	－250	±5	－70	－5	0	5

注:进行拆卸位移时,2 个工作波纹管分别压缩 125mm。

表6　力平衡膨胀节第 2 个循环寿命参数表

位移类型	轴向位移 /mm	横向位移 /mm	轴向初始位置 /mm	横向初始位置 /mm	试验压力 /MPa	循环寿命 /次
温度	±55	0	0	0	0.60	5000
地震	±30	±5	0	0	0.60	67
安装	±15	±5	0	0	0	5
拆卸	－250	±5	0	0	0	5

表 7　力平衡膨胀节第 3 个循环寿命参数表

位移类型	轴向位移 /mm	横向位移 /mm	轴向初始位置 /mm	横向初始位置 /mm	试验压力 /MPa	循环寿命 /次
温度	±55	0	+15	+5	0.60	5000
地震	±30	±5	+70	+5	0.60	67
安装	±15	±5	0	0	0	5
拆卸	−250	±5	+70	+5	0	5

表 8　复式拉杆膨胀节第 1 个循环寿命参数表

位移类型	轴向位移 /mm	横向位移 /mm	轴向初始位置 /mm	横向初始位置 /mm	试验压力 /MPa	循环寿命 /次
温度	0	±30	−15	−5	0.60	5000
地震	0	±30	−15	−35	0.60	67
安装	±15	0	0	−5	0	5
拆卸	−180	0	−15	−5	0	5

表 9　复式拉杆膨胀节第 2 个循环寿命参数表

位移类型	轴向位移 /mm	横向位移 /mm	轴向初始位置 /mm	横向初始位置 /mm	试验压力 /MPa	循环寿命 /次
温度	0	±30	0	0	0.60	5000
地震	0	±30	0	0	0.60	67
安装	±15	0	0	0	0	5
拆卸	−180	0	0	0	0	5

表 10　复式拉杆膨胀节第 3 个循环寿命参数表

位移类型	轴向位移 /mm	横向位移 /mm	轴向初始位置 /mm	横向初始位置 /mm	试验压力 /MPa	循环寿命 /次
温度	0	±30	+15	+5	0.60	5000
地震	0	±30	+15	+35	0.60	67
安装	±15	0	0	+5	0	5
拆卸	−180	0	+15	+5	0	5

表 11　铰链型膨胀节每个循环寿命参数表

位移类型	角向位移 /°	试验压力 /MPa	循环寿命 /次
温度	±2.5	0.60	5000

2.5　循环寿命后气密性试验

1#件循环寿命试验后的气密性试验,采用了安全、高精度、环保的氦检漏方法[14],代替了六氟化硫气体气密性泄漏率检查。具体方法为:1#件放入真空箱内,真空箱抽真空<10 Pa,波纹管充入氦气至试验压力 0.6MPa,保持 10 分钟,氦检漏率应<$1.0×10^{-5}$ Pa·m³/s。成品用上述方案测试的实际漏率都

满足漏率要求,检测结果见表12。

表12 膨胀节氦检漏率

膨胀节类型	力平衡	复式拉杆	铰链型
氦检漏率	1.6×10^{-8} Pa·m³/s	1.4×10^{-10} Pa·m³/s	1.8×10^{-7} Pa·m³/s

2.6 爆破压力试验

2#件两端法兰密封,力平衡波纹管以图样规定的原始长度处于直线状态。以不大于400 kPa/min的速度缓慢加压到设计压力0.60MPa后,再加压到3.1倍的设计压力即1.86MPa,保压10 min,未泄漏爆破,判定合格。三种结构类型的膨胀节均通过了爆破压力试验,其中铰链型膨胀节进行了两次爆破试验,第一次未安装铰链,考核的是波纹管本体的承压能力。第二次安装铰链,铰链承受压力推力,考核铰链及结构件的承载能力。

爆破压力试验考核的是波纹管及结构件在压力突变工况下的承压能力,试验法兰应与实际工况中的对接法兰外形保持一致,不应使用与力平衡波纹管端法兰相同规格的试验法兰进行爆破试验,否则无法考核爆破压力下法兰的结构强度及密封性能。

2.7 附加试验

为验证膨胀节循环寿命的可靠性,1#件全部试验完成后,需进行寿命裕度试验,即再进行15000次的循环寿命试验,取消了前两个循环后的12 h气密性检查,在3个循环全部结束后进行12 h六氟化硫气体气密性泄漏率检查,无漏点显示,泄漏率为0.01%/年,符合气密性要求。

3 结 语

(1)特高压GIL力平衡波纹管型式检验,增加了波纹管材料的材质检查、附加试验两个检验项目,目的是为加强对材料质量的控制、提高波纹管循环寿命的可靠性。对波纹管成形后的最内、最外两条焊接接头表面进行100%渗透检测,属于加严考核焊接质量。

(2)循环寿命试验考虑现场安装位置可能出现的极限情况,分为3个循环进行,每个循环设置了不同的初始位置,全面考虑了现场可能出现的极限位置工况。用年温度补偿位移代替日温度补偿位移进行30000次的循环寿命试验,试验后仍能满足密封要求且未发生柱失稳。

(3)在3.1倍的设计压力下进行了爆破试验,波纹管未泄漏爆破,证明膨胀节选型设计合理,制造工艺优良。

参考文献

[1] 苏通GIL综合管廊工程[J].电力勘测设计,2020(07):5.

[2] 解玉才,李秋,吴娟,等.苏通GIL综合管廊工程用复式拉杆伸缩节[J].管道技术与设备,2021(03):42—45.

[3] 李洪伟,李秋,苑博,等.1100kV GIL用伸缩节设计选型介绍[C]//中国压力容器学会膨胀节委员会.第十五届全国膨胀节学术会议论文集:膨胀节技术进展.合肥:合肥工业大学出版社,2018:233—237.

[4] 陈允,崔博源,韩先才,等.特高压GIL用伸缩节的研制及型式试验[J].高压电器,2022,58(02):164—170.

[5] 国家质量监督检验检疫总局.高压组合电器用金属波纹管补偿器:GB/T 30092—2013[S].北京:中国标准出版社,2014:9—11,13,19.

[6] 国家电网公司苏通管廊工程.特高压GIL用伸缩节型式试验实施方案:2017.8.

[7] 国家质量监督检验检疫总局.不锈钢冷轧钢板和钢带:GB/T 3280—2015[S].北京.中国标准

出版社,2014:10,16,25.

[8] 刘泽洪,王承玉,路书军,等. 苏通综合管廊工程特高压 GIL 关键技术要求[J]. 电网技术,2020,44(06):2377—2385.

[9] 国家能源局. 承压设备无损检测:NB/T 47013.2—2015[S]. 北京:新华出版社,2015:25—74.

[10] 李秋,杨知我,张宇航,等. GB/T 12777—2019 的实施对 GIS/GIL 波纹管补偿器的影响[J]. 管道技术与设备,2020(06):41—43.

[11] 国家市场监督管理总局. 金属波纹管膨胀节通用技术条件:GB/T 12777—2019[S]. 北京:中国标准出版社,2019:27,55.

[12] 国家能源局. 承压设备无损检测:NB/T 47013.5—2015[S]. 北京:新华出版社,2015:231—242.

[13] 国家市场监督管理总局. 压力容器 第 2 部分:材料:GB 150.2—2011:84.

[14] 冯峰,刘红禹,李潇悦,等. 真空箱式氦检技术在 GIS 补偿器气密性试验中的应用[J]. 管道技术与设备,2016(03):58—60.

作者简介

李秋(1983 年),男(汉族),高级工程师,学士,从事波纹膨胀节的设计与应用工作。通信地址:沈阳市浑南区浑南东路 49—29 号,Email:249640439@qq.com,手机:13

39. 曲管压力平衡型膨胀节压力试验方法探讨

张晓辉 齐金祥 陈四平 陈文敏 宋志强

（秦皇岛市泰德管业科技有限公司 河北 秦皇岛 066004）

摘 要：曲管压力平衡型膨胀节制作较简单，但是该类型产品在压力试验过程由于两端口均处于自由状态，与实际使用状态存在较大差距。所以在压力试验阶段，如果不采取相应的措施，该类型产品容易发生较大的位移量和零部件的变形，会导致产品的损坏和发生安全事故。针对本类型产品的特殊性，尝试从压力试验方法的选取、各零部件的校核、试验装置的设置和试验过程中应注意的事项等方面进行了探讨，提供了一种思路和方法。

关键词：曲管压力平衡型膨胀节；压力试验；不平衡力

Discussion of thePressure Test Method for Elbow Pressure Balanced Expansion Joint

Zhangxiaohui QiJinxiang Chen siping Chen wenmin Song Zhiqiang

（QINHUANGDAO TAIDY FLEX－TECH CO. ,LTD. ,Hebei 066004）

Abstract：The production of the elbow pressure balanced expansion joint of the curved pipe is relatively simple, but there is a big gap between this type of product and the actual use state because both ports are in a free state during the pressure test. Therefore, in the pressure test stage, if corresponding measures are not taken, this type of product is prone to large displacement and deformation of parts, which will lead to product damage and safety accidents. In view of the particularity of this type of product, this paper attempts to discuss the selection of pressure test methods, the verification of various parts, the setting of test devices and the matters that should be paid attention to during the test, and provides an idea and method.

Keywords：Elbow pressure balanced expansion joint；pressure test；Unbalanced force

1 前 言

曲管压力平衡型膨胀节可用于吸收管系的轴向和横向位移，且对外不输出盲板力，广泛应用于设备出口、入口和塔式容器的进出口管线中，以及对管口受力要求严格的透平机等设备上[1]。适用于设备出口的膨胀节对管口受力有较严格的要求，因此需要膨胀节具有较小的刚度。随着产品刚度的减小，产品在拆除运输拉杆（限位装置）后在外力的作用下更容易发生变形。且该类型产品有三个波纹管组成，在试验阶段均为铰支结构，波纹管柱失稳压力降低为固支机构的1/4。根据标准要求膨胀节在出厂前均需进行耐压性能检验,在进行检验前需要拆除运输拉杆(限位装置),然后再进行耐压性能检验。因此曲管压力平衡型膨胀节在耐压试验中极易发生变形失稳,如何防止产品在耐压性能试验过程中发生不允许的变形或者将变形控制在最低程度极为重要,关系到产品的耐压试验能否顺利完成。

2 常规检验方法

曲管压力平衡型膨胀节的典型结构见图1,常规试验是将产品放置在试验台上(或地面上),两端采用盲板封堵然后进行试验。部分产品(刚度较大或试验压力较小)在该种情况下是可以进行正常的试验的,不会产生额外的变形,因为产品在试验过程中产生的不平衡力可以由波纹管的刚度承受。如果在膨胀节刚度很小,或设计压力较大的情况下,波纹管会在不平衡力的作用下产生角向或横向位移,影响压力试验的正常进行。

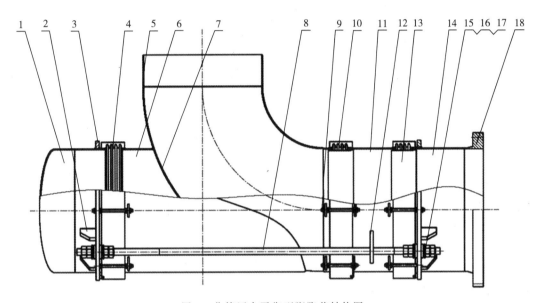

图 1 曲管压力平衡型膨胀节结构图

1—封头;2—筋板;3—端板;4—平衡波纹管;5—接管;6—平衡接管;7—弯头(或三通)8—受力拉杆9—运输拉杆
10—工作波纹管 11—中间接管;12—中间耳板;13—导流筒;14—端接管;15—螺母;16—锥面垫圈;17—球面垫圈;18—法兰

3 检验中存在的问题

以我公司为国内某化工企业生产的弯头型曲管压力平衡型膨胀节例,产品结构如图1,产品的各项参数见表1。

表 1 产品参数表

曲管压力平衡型膨胀节设计参数							
设计压力	0.83MPa	设计温度	120℃	轴向位移	10mm	横向位移	15mm
曲管压力平衡型膨胀波纹管参数							
直边段内径	1168mm	波高	40mm	波距	41mm	壁厚	0.8×3mm
波纹管材料	SS321	中间接	460mm	波纹管波数	4+4+4		

根据 GB/T12777—2019 的计算公式计算后,所得参数见表2。

表 2　产品计算参数表

设计工况下计算参数（0.83MPa）						
轴向刚度 （N/mm）	1784.9	横向刚度 （N/mm）	837.9	角向刚度 （N·m/°）	1426.3	柱失稳压力（Mpa）　2.18 平面失稳压力（MPa）　1.14

水压工况下计算参数（1.25Mpa）						
轴向刚度 （N/mm）	2085.7	横向刚度 （N/mm）	1278.5	角向刚度 （N·m/°）	2222.1	柱失稳压力（Mpa）　2.26 平面失稳压力（MPa）　1.33

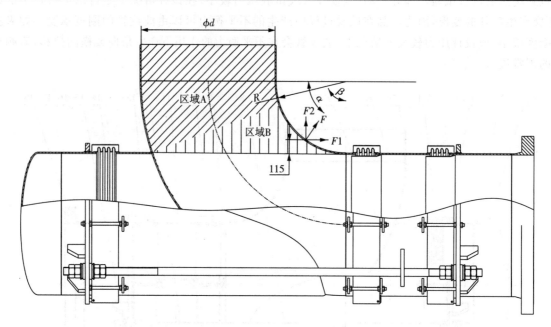

图 2　曲管压力平衡型膨胀节不平衡力布局图

3.1　压力产生的不平衡力的影响

通过上图我们看到在膨胀节的两端安装盲板后，水平管段的水压试验盲板力由受力拉杆吸收。弯头超出水平管的部分，区域 A 内的压力在弯头上产生向左和向右的力也达到了平衡，这个可以根据力学知识进行计算[2]。但是区域 B 内的压力产生的力将会使弯头产生一个向右的作用力 $F1$，同时产生力矩 M（$F1$），以上力矩会促使弯头顺时针转动。

$$P=1.245\text{MPa}, d=1148\text{mm}, d_1=1168\text{mm}, R=594\text{mm}, \alpha=55°, \beta=70.5°$$

$$F=P\times S=P\times 2R\times\pi\times\beta/360\times d=1.245\times 2\times 594\times\pi\times 70.5\div 360\times 1148=1044634\text{N}$$

$$F_1=F\times\text{Sin}(\alpha)=738667\text{N}$$

$$M(F1)=F_1\times 0.115=84946.7\text{N·m}$$

由于膨胀节的角向刚度为 2222.1N·m/°，所以在以上力矩的作用下会产生 38 度的角位移。如果不进行限制的话产品将无法正常完成试验。

3.2　零部件和水自重产生的影响

图中的产品接管＋法兰的自重为 635kg，由此产生的重力为 6350N，由于该产品在水压试验下的横向刚度 1278.5N/mm，因此仅零部件自重即可产生 6350÷1278.5＝5mm 的横向位移，这还不包含水的重量[3]。所以零部件自重和试验介质对产品试验的影响也是很大的，在实验前应采取措施消除这种影响。

3.3 初始角位移和固定的影响

如果产品在试验过程中发生初始角位移,也会降低平衡波纹管的柱失稳压力,影响产品的检验结果。产品不能有效的固定,根据 GB/T127777 要求不同的固定方式柱失稳的计算系数不尽相同,固支/铰支:0.5Psc,铰支/铰支:0.25Psc,固支/横向导向:0.25Psc,固支/自由:0.06Psc[4]。所以在产品压力试验阶段要保证产品的固定方式与设计相同,否则也会影响产品的检验结果。

图 3　产生角位移和横向位移后的膨胀节　　　　图 4　正常进行压力试验的膨胀节

4　实　例

将待检的产品放置在设置好的水平支座上(如图 3 所示),调整各部分高度,使之水平,并采用压力机(能够承受弯头的不平衡力)将产品的弯头端部进行固定,然后拆除运输拉杆并缓慢充水。由于产品是处在水平状态,所以无初始角位移,两端口也进行了有效支撑或固定,防止了不平衡力的产生。顺利地完成了产品的压力检验。

为了防止弯头的角向位移,也可以在弯头上增加两个受力拉杆耳板,采用耳板和受力拉杆来限制弯头的角向位移,但是这种设计只适用于横向位移很小的工况下的产品。

5　结束语

传统的试验方法对于小刚度曲管压力平衡型膨胀节来说还是具有一定的局限性。本文提出的检验结构和方法有效地解决了小刚度曲管压力平衡型膨胀节的水压检验问题,且简单易行。所以建议在今后的检验过程中使试验工况更贴近实际使用工况,并将所有的影响因素降到最低,才能得到准确的验证结果。

参考文献

[1] EXPANSION JOINT MANUFACTURERS ASSOCIATION, INC. [S]. EJMA－TENTH EDITION. NEW YORK.

[2] 白象忠. 材料力学[M]. 北京:科学出版社. 2007.

[3] 成大先. 机械设计手册[M]. 北京:化学工业出版社,2005.

[4] 国家市场监督管理总局,中国国家标准化管理委员会. 金属波纹管膨胀节通用技术条件　GB/T12777－2019[S]. 北京:中国标准出版社.

作者简介

张晓辉,男,工程师,秦皇岛市泰德管业科技有限公司,从事波纹管膨胀节和金属软管的设计研发工作。通信地址:秦皇岛市经济开发区永定河道 5 号,邮政编码:066004,电话:Tel:0335－8587076,邮箱:zxh1227@126.com。

40. 金属波纹管膨胀节高周疲劳试验装置研制

付贝贝[1]　侯　伟[1]　杨玉强[1]

(1. 中船双瑞(洛阳)特种装备股份有限公司,河南洛阳,471000)

摘　要:在某种意义上,波纹管膨胀节的疲劳寿命决定着整个管网的剩余寿命。本文主要介绍了一套专用的金属波纹管膨胀节高周疲劳试验装置研制情况,希望能给同行提供借鉴作用。

关键词:膨胀节;高周疲劳;试验装置;伺服控制

Development of High Cycle Fatigue Test Device for Metal Bellows expansion joint

Fu Beibei[1],Hou Wei[1],Yang Yuqiang[1]

(1. CSSC Sunrui (LUOYANG) Special Equipment CO. ,LTD. ,Luoyang 471000,China)

Abstract:In a sense,the fatigue life of bellows expansion joint determines the remaining life of the entire pipe network. In order to ensure the reliability of the test and the requirements of the test schedule,it is necessary to develop a set of special high cycle fatigue test device for the metal bellows expansion joint. This paper introduces the development of the special high cycle fatigue test device for the metal bellows expansion joint.

Keywords:expansion joint;High cycle fatigue;Test device;servo control

1 引　言

压力管道是具有一定危险性的承压构件,管道内的介质往往具有高温、高压、易燃和易爆性质,一旦发生泄漏或爆炸,会导致灾难性事故发生,使人民生命财产遭受巨大损失,并直接影响社会安定。波纹管膨胀节是压力管道和设备进行热补偿的关键部件,波纹管膨胀节作为保障压力管道和设备稳定运行的重要部件,具有位移补偿、减振降噪和密封的作用,目前已广泛应用于热网、炼油、化工、电力、船舶等工业领域。波纹管膨胀节补偿管网温度变化、振动等交变工况的位移,承受着反复的循环高应力,疲劳成为其主要关注点,也成了管网的薄弱环节。在某种意义上,波纹管膨胀节的疲劳寿命决定着整个管网的剩余寿命。波纹管膨胀节疲劳按疲劳循环次数分为高周疲劳和低周疲劳。高周疲劳一般指应力水平较低,疲劳循环次数高于 $10^4 \sim 10^5$ 次的疲劳,低周疲劳一般指应力水平较高,疲劳循环次数低于 $10^4 \sim 10^5$ 次的疲劳。根据某项目大直径波纹管膨胀节的试验需求,需研制一套专用的金属波纹管膨胀节高周疲劳试验装置,进行膨胀节位移补偿能力及高周疲劳耐久性等性能试验[1-2]。

2 试验装置技术指标

试验装置可以实现拉力推力满功率传递,转速无级调节,能够开展最大公称直径为$DN2000$的膨胀节的高周疲劳试验,检测该膨胀节的高周疲劳性能。其主要技术指标如下:

试验装置最大运行速度	$\geqslant 60\text{mm/s}$;
位移循环频率	$< 5\text{Hz}$;
最大输出力	$\geqslant 30\text{kN}$;
轴向位移范围	$\geqslant \pm 50\text{mm}$;
位移精度	$\pm 0.1\text{mm}$;
使用寿命	$\geqslant 20000\text{h}$;
试验温度	$-50 \sim +200℃$。

3 试验装置系统结构及工作原理

3.1 工作原理

本高周疲劳试验装置系统主要由轴向直线作动器、伺服控制系统、支撑台架和数字化监测与温控系统等组成,工作原理图如图1所示。每次被试膨胀节试验件数量为1个,底部通过螺栓固定在支撑台架上,顶部通过螺栓及压板与轴向直线作动器固定连接,轴向直线作动器推动膨胀节进行往复位移。压力传感器实时反馈膨胀节内部压力值至伺服控制系统,以此判断是否执行泄漏停止指令。数字化监测与温控系统中,数字化监测系统实时监测被试膨胀节整体试验状态;温控系统使被试膨胀节处于要求的试验温度条件。

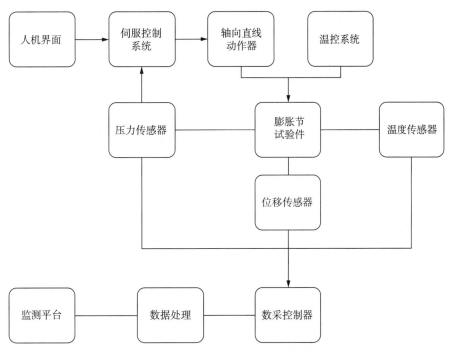

图1 工作原理图

3.2 机械结构系统

机械结构系统主要包括膨胀节支撑平台、轴向直线作动器及其安装台架等组成,试验装置机械结构图如图2所示。

根据试验装置机械结构形式,需对"工字型"安装台架进行受力分析,以保证机械设计参数合理性。

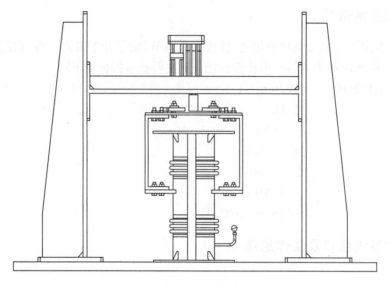

图 2　机械结构图

试验安装台架材料采用 Q355D，"工字型"安装台架受力按持久极限受力进行有限元分析[3-4]，分析结果如图 3 和图 4 所示。

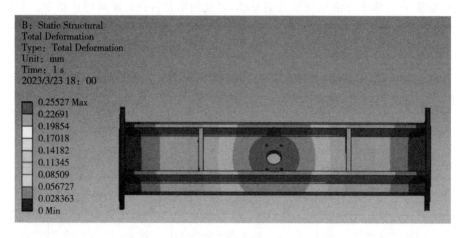

图 3　总变形量云图

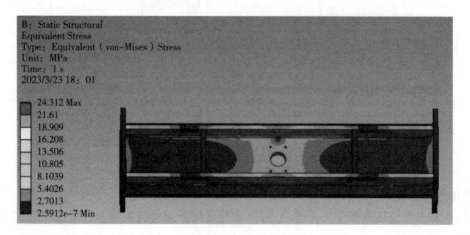

图 4　应力云图

由有限元分析云图可看出最大变形量为 0.25mm,整体应变小于 0.1%;最大应力值为 24.3MPa 远小于材料屈服强度值,故该机械设计参数满足要求。

3.3　伺服控制系统

伺服控制系统包括强电控制系统,可编程控制器(PLC)、压力传感器、触摸屏及试验软件部分,如图 5 所示。通过触摸屏将指令信号发送至可编程控制器,可编程控制器控制强电驱动器驱动轴向直线作动器动作,压力传感器将压力信号反馈至可编程控制器进行比较,判断是否执行泄漏停止指令。所有人工操作均在触摸屏虚拟界面上进行,操作直观,便捷[5]。

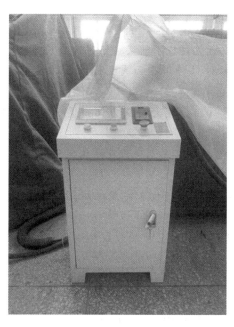

图 5　伺服控制系统

3.4　数字化监测与温控系统

数字化监测与温控系统包含数字化监测系统和温控系统,其中数字化监测系统实时监测被试膨胀节整体试验状态;温控系统使被试膨胀节处于要求的试验温度条件。

数字化监测系统主要由传感器、数采控制器和监测平台组成。数采装置将采集的数据经过边缘计算后,采用无线 4G 网络发送至监测平台,监测平台将数据进行图形可视化,便于试验人员实时掌握被试膨胀节试验状态[6];温控系统主要由温控管路和打压装置组成,原理图如图 6 所示。通过电控箱的触摸屏手动设置膨胀节疲劳试验的温度、压力等参数,PLC 控制器通过感知膨胀节试验反馈元件信号的变化,对电动阀门和打压装置进行控制,从而实现金属波纹膨胀节高周疲劳试验温度的自动控制[7-10]。

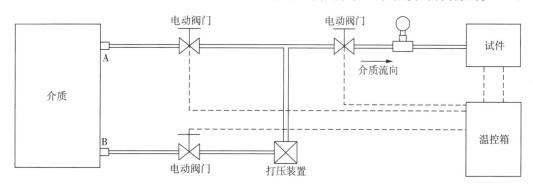

图 6　温控系统原理图

4 结 语

疲劳试验装置采用轴向直线作动器为动作执行机构,设计"门"字型机械结构台架,通过伺服控制系统实现自动化控制,整机系统具备在高频率、高周期次、动态位移及不同温度、压力工况下的试验能力,能够兼容不同公称直径的膨胀节试件,验证膨胀节试件在试验要求下的位移补偿能力及疲劳耐久性等综合性能。同时这种以轴向直线作动器为主要动作执行机构的新型加载方式,可以完全替代液压缸和气缸,具有环境更环保,更节能,更稳定等显著优点。

参考文献

[1] 魏玉婷. 压力管道安全运行关键技术的实验研究及应用[D]. 武汉:武汉工程大学,2015.

[2] 杨玉强,杜辉,张垒等. 拉伸位移下平面失稳波纹管的疲劳寿命研究[J]. 压力容器,2019,36(4):63—68.

[3] 王军领,詹俊勇,仲太生等. 组合式大型压力机横梁强度刚度分析[J]. 锻压装备与制造技术,2014,49(6):26—29.

[4] 曹文钢,曾金越. 液压机上横梁有限元分析及结构优化[J]. 锻压装备与制造技术,2013,48(5):38—40.

[5] 秦冲,王素粉. 机电设备故障诊断技术发展探析[J]. 机械制造与自动化. 2011.40(6):90—92+104.

[6] 倪洪启,金驰,冯霏等. 基于LabVIEW的波纹补偿器无线监测系统设计[J]. 机械设计与制造,2020,(10):35—36,41.

[7] 郭俊,刘畅,姚峰林等. 基于PLC温控系统的PID控制器的实现[J]. 机械工程与自动化,2005,(3):31—33.

[8] 黄菊生,胡争先,唐唤清等. 基于PLC和PC的温控系统设计与开发[J]. 自动化仪表,2005,26(4):48—50.

[9] 陈志超. 基于总线型传感器的温控系统的设计[J]. 工业仪表与自动化装置,2021,(2):32—36.

[10] 柏承宇. 一种基于PLC的智能温度控制系统设计[J]. 机械设计与制造工程,2015,44(11):48—50.

作者简介

付贝贝(1993—),男(汉),助理工程师,工学硕士,主要从事压力管道设计及膨胀节设计应用研究工作,通信地址:(471000)河南省洛阳市高新开发区滨河北路88号,E-mail:fubeibei725@126.com,

手机号或电话:18238801295。

41. 基于 RFPS 模型的大口径金属波纹管组件密封性检测技术研究

于翔麟[1] 刘璐[2] 张文良[1] 王雪[1] 张大林[1] 冯峰[1]

1. 沈阳仪表科学研究院有限公司 110000　　2. 北京航天动力研究所 100176

摘　要：引入"需求—功能—原理—结构"模型到产品创新设计过程中，并与 TRIZ 理论相结合，构建了基于"需求—功能—原理—结构"模型的产品创新设计模型。该模型将产品创新设计分为需求分析、功能分析、原理求解以及结构求解四个阶段，并将 TRIZ 理论中的物—场模型和冲突解决理论运用到原理求解中。指导设计人员从产品的需求出发，将设计过程从抽象化转化为具体化，指导产品设计。并通过该模型完成了大口径金属波纹管组件密封性检测技术研究。

关键词：产品创新设计；RFPS 模型；金属波纹管；密封性检测

Research on sealing test technology of large caliber metal bellows assembly based on RFPS model

Yu Xianglin[1]　LiuLu[2]　Zhang Wenliang[1]　Wang Xue[1]　Zhang Dalin[1]　Feng Feng[1]

Shenyang Academy of Instrumentation Sciences Co. ,Ltd,110000

Abstract：The introduction of "Requirement — Function — Principle — Structure" model to the product innovation design process. Combined with TRIZ theory, we constructed a model of product innovation design based on the "Requirement — Function — Principle — Structure" model. This model divided product innovation design into four stages, which are requirements analysis, functional analysis, principle solution and structure solution. Also the substance – field model and conflict resolution theory are used to solve the principle solutions. This model instruct designers to proceed from the needs of the product, turn the design process from abstract to concrete to guide product design. Through this model, the research on sealing test technology of large caliber metal bellows assembly is completed. .

Keywords：Product innovation design；RFPS model；Metal Bellows；Sealing test

0　引　言

TRIZ 来源于"发明问题解决理论"（Теория Решения Изобретательских Задач）这四个俄文单词，首字母缩写成为"ТРИЗ"。该理论是从一九四六年开始，由 G. S. Altshuler 和其共同研究的科研人员，在多年的研究下，以世界各国二百五十多万件专利为基础，提出的一套解决问题的方法和理论[1]。TRIZ 理论包括九大经典理论体系[2]，其九大经典理论体系主要包括：最终理想解（IFR）；40 个发明原理；39 个通用技术参数和经典冲突矩阵；物理冲突和四大分离原理；物—场模型；发明问题解决理论的标准解；发明问题解决算法(ARIZ);技术系统八大进化法则;科学效应库和现象知识库。

本文中主要是用到 TRIZ 理论中冲突解决原理,物－场模型,76 个发明问题标准解,科学效应库和领域知识库等基础内容,提出基于需求－功能－原理－结构模型的产品创新设计应用流程。并通过该模型完成了大口径金属波纹管组件密封性检测技术研究。

1 基于 RFPS 模型的产品创新设计解决流程

该方法集合了需求分析模型、功能分析、引入发明问题解决理论的原理求解以及利用领域知识库、专利库等物理结构映射求解;该模型将 TRIZ 理论完美地融入到需求－功能－原理－结构模型中,使产品设计问题解决流程更加具体化、准确化以及易操作化。图 1 为基于需求－功能－原理－结构模型的产品创新设计过程模型。

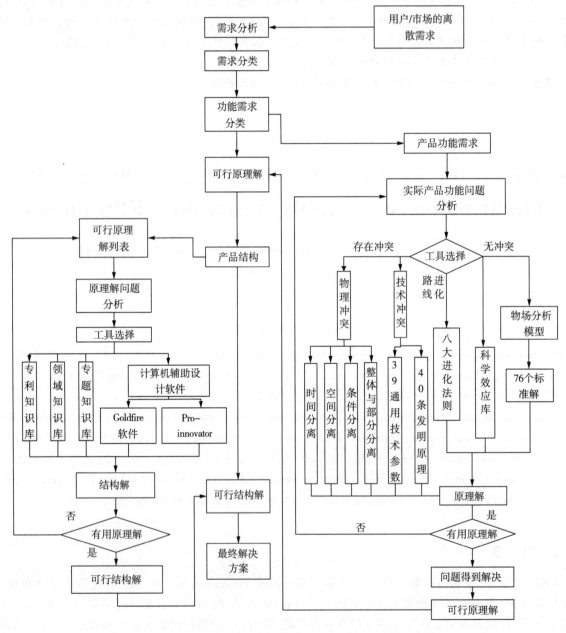

图 1　基于需求－功能－原理－结构模型的产品创新设计过程模型

1.1 RFPS 模型的需求分析

马斯洛[3]需求层次理论与用户需求的层次性相似,将马斯洛需求层次理论应用到用户需求分析中,将用户的需求进行分类,总结出各个阶段所对应的不同层次的需求。图 2 为用户需求层次分类。

由用户需求层次模型可以知道对应的 5 种产品功能,分别为基本功能、质量功能、标准功能、特定功能和理想功能。质量功能、标准功能和特定功能属于成长期的产品功能,这一阶段的产品还存在着效率低、可靠性差、操控性能低等很多需要改进的问题,所以质量功能、标准功能和特定功能所对应的产品阶段需求、标准化阶段需求和品牌阶段需求是提高产品创新设计的主要用户需求,只有充分了解此阶段的用户需求,才能更好地提出改进原理和方法,促进产品的发展。

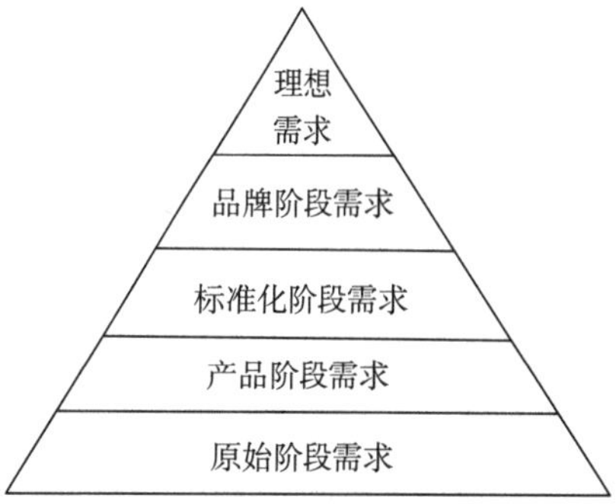

图 2　用户需求分类

1.2 原理－结构求解

知识库能使企业设计人员在产品设计过程中,便利地对知识进行搜索、存取、编辑和修改[4]。目前市场上已有的知识库包括:发明原理实例库(主要通过提供具体的实例对抽象的发明原理进行解释,激励设计人员产生形象的设计思维,从而将抽象的发明原理转化为具体的设计方案);科学效应库(利用普遍存在于各领域的特定科学现象,包括物理、化学、几何、生物等效应);专利知识库(通过专利知识及时反映新技术、新方案和新工艺以及各领域的最新研究成果);领域知识库(是实现科学效应的具体方法和载体知识,包含了不同领域"如机械、电子、化学化工、生物等"的具体设计知识,如产品结构知识、基本工作原理、机构目录、工程标准、计算公式、设计文档、工艺规划、材料性能等);专题知识库(为设计者提供了某一类产品的设计资源,其目的是将与该产品开发中已存在的各种技术、资料和经验进行有效整理,为同类产品快速开发提供相关设计信息)等等[5]。

1.3 问题解决

在解决实际案例问题方案时,需要设计人员依据需求－功能－原理－结构模型指明的方向,结合实际工程案例,根据系统已有的设计约束条件和约束,充分发挥自身的领域知识和实际经验,才有可能获得具有创造性或者完善的改进方案。尽量通过案例的具体应用来加深设计人员对基于需求－功能－原理－结构模型的产品创新设计过程模型的认识。

2　基于 RFPS 模型的大口径金属波纹管组件密封性检测应用实例

第四代核电中示范快堆一回路主循环钠泵工程样机试验台架尺寸较大,连接处在具备密封性的同时需要承受轴向力及径向力的作用,而金属波纹管既有弹性特性,又有密封特性[6],可起到密封试验台架中覆盖气体作用的同时又能起到补偿轴向位移和横向位移的作用,相较管连接结构有很大的优越性,具有横向以及轴向补偿,密封性可靠、节省空间、使用寿命长等优点,应用范围越来越广。而如何检测大口径金属波纹管组件的密封性是其中的关键技术。

2.1 金属波纹管组件密封性检测方法需求分析

目前,金属波纹管组件密封性检测方法主要有以下四种:气密性试验、氨检漏试验、卤素检漏试验和氦检漏试验等[7]。这些检测方法用于内径不大于 1000mm 的波纹管进行密封性检测较为容易,只需将波纹管组件通过工装密封好即可。而对于第四代核电用大直径金属波纹管组件,其直径达到 3080mm,若通过工装使其密封,工装自重可达到 10t,极难装配,且由于容积较大,对试验工装提出很高的要求,且操作人员极难完成其装配工作。

针对大口径金属波纹管组件密封性检测详细分析见表 1。

表 1　密封性检测需求信息分析与分类

需求描述	需求详细理解	需求类型
密封性要求高,精度不能太低	密封性能可靠性要高,要保证检测结果的准确性	产品一般需求
直径大,工装自重大给操作人员带来很大不便	需要一种操作简单,傻瓜式密封性检测方法	产品一般需求
容积大,密封性检测时间长	需要一种省时、精确的检测方法	产品理想需求
密封性检测所需工装自重大,需要吊装,影响其他生产进度	在密封性检测过程中,需要一种在检测同时仍不影响其他生产的检测工装	产品理想需求
现有试验场地及设备无法满足密封性检测	需要一种在现有场地及检测设备的密封性检测方法	产品理想需求

综上所述,通过需求分析,最终获得了大口径金属波纹管组件密封性检测方法的一般需求和理想需求。大口径金属波纹管组件密封性检测方法的一般需求为检测方法的准确性和精确性,操作方便;大口径金属波纹管组件密封性检测方法的理想需求包括:密封性检测方法效率高、不影响其他的生产工作、现有条件下完成检测。需求分析以后,进行大口径金属波纹管组件密封性检测方法的需求—功能映射。

2.2　密封性检测方法需求—功能映射

将大口径金属波纹管组件密封性检测方法的一般需求和理想需求进行功能映射,如图 10 所示,产品一般需求对应基本功能、产品理想需求对应理想功能。

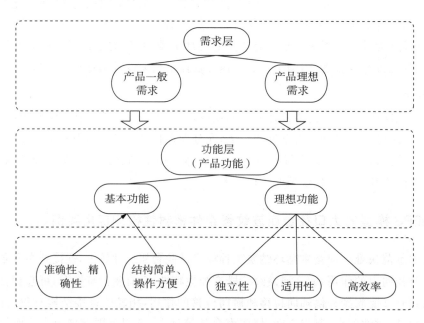

图 10　需求—功能映射结构

通过上述的映射关系,最终可以得到大口径金属波纹管组件密封性检测方法的功能需求,通过功能需求,建立功能模型。

2.3　密封性检测功能—原理创新设计

引入所受外界条件和有害因素影响,建立功能模型。首先要确定基本模型单元。在基本模型单元中,包括理想系统和现实系统,即设计的理想状态和现实状态。在理想系统中,不考虑所受环境、资源以及原理等因素影响,只考虑所用组件能达到期望目标的功能需求。而现实系统则是说系统处于环境中,必然会受到资源、原理、条件等影响。理想系统就是讲氦质谱检漏用于大口径金属波纹管组件密封性检测中来,通过氦质谱检漏仪来检测密封性能。在现实系统中,由于如何进行大口径金属波纹管组件进行密封、如何吊装工装、氦质谱检漏仪功率对大容积产品是否适用等问题还需要进行思考,图 11 为氦质谱检漏的理想系统和现实系统的基本模型单元。

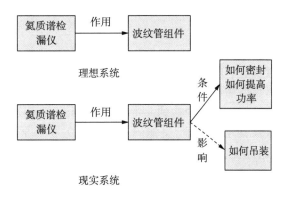

图 11　基本模型单元

在现有氦质谱检漏检测波纹管组件基本模型单元构建完成的基础之上,在条件分支和控制分枝的情况下,进行模型的逐步完善。模型的逐步完善如图 12 所示。

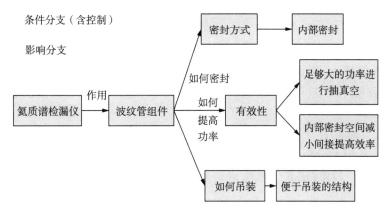

图 12　模型的逐步完善

在基本模型单元、确定条件和影响的模型逐步完善的基础上,采用自顶向下进行产品模型化,得到所需要的功能模型,如图 13 所示。

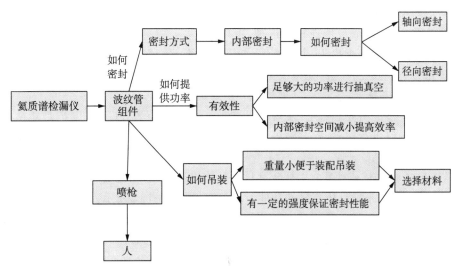

图 13　氦质谱检漏检测波纹管组件产品模型化

通过产品模型化得出目前所存在的问题为:如何进行轴向、径向密封才能全面的密封、选择何种材料进行密封便于操作,以及如何提高检测效率。

根据功能－原理映射关系可知,采用物场模型与冲突理论求大口径金属波纹管组件密封性检测原理解。

2.4 密封性检测原理求解

氦质谱检漏是通过将密封的波纹管组件内部抽成真空,利用氦气进行检漏的一种方式,喷枪在经过漏点时,会在氦质谱检漏仪上出现泄漏率,来判定波纹管组件的密封性能。但是如何将大口径金属波纹管组件进行密封,大口径金属波纹管组件直径达到 3 米,若通过常规工装使其密封,工装自重可达到 10t,极难装配,何解决又能满足重量保证密封性能,又能满足装配的需要仍是需要解决的问题。应用 TRIZ 理论中的技术冲突方法对该问题进行了分析可知,工装自重增加,增加了操作的难度,静止物体的重量增加,恶化了操作流程的方便性,查找冲突矩阵 2 静止物体的重量和 33 操作流程的方便性,对应的发明原理为 6 多用性;13 反向作用;1 分割;25 自服务。这里可采用 1 分割原理,将物体分成相互独立的部分,降低波纹管组件内腔的体积,从而减少工装本身的自重。

工装自重增加,改善了系统的稳定性,恶化了操作流程的方便性,查找冲突矩阵 13 稳定性和 33 操作流程的方便性,对应的发明原理为 32 颜色改变;35 物理或化学参数改变;30 柔性壳体或薄膜。这里可采用 30 柔性壳体或薄膜原理,使用柔性壳体或薄膜代替标准结构,将物体与环境隔离,从而进一步降低工装自重。

工装自重增加,恶化了静止物体的重量,改善了系统的稳定性,查找冲突矩阵 13 稳定性和 2 静止物体的重量,对应的发明原理为 26 复制;39 惰性环境;1 分割;40 复合材料。结合 1 分割;30 柔性壳体或薄膜;40 复合材料三种发明原理进一步得知可采用柔性复合材料将大直径金属波纹管组件分割开来进行密封,可解决上述问题。

如何提高氦质谱检漏试验方法的测试效率,这里面无冲突存在,可根据物场模型分析所描述的问题,查找相对应的一般解和标准解。为此,建立了氦质谱检漏试验的物－场分析模型,如图 14 所示。

从问题物－场模型图 14 中可以看出,物－场模型中的三种节本要素都存在,这是一个完整的模型;但是氦质谱检漏仪抽真空的作用不足,本身不能完整的符合条件要求,因此,这是一个非有效完整的物－场模型。

面对效应不足的物－场模型时,我们可以采用 76 个标准解当中的第 2 类标准解,通过增强物场模型,可以提

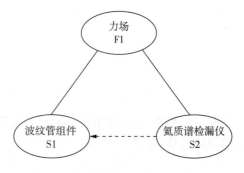

图 14 氦质谱检漏试验物－场模型

升氦质谱检漏抽真空的效果。查找 76 个标准解,如下的标准解:S2.1.1 链式物场模型,通过将物场模型中的一个元素转化为一个独立控制的完整模型,形成链式物场模型来解决上述问题。

2.5 密封性检测结构求解

在链式物质－场模型的引导思考下,发现可以增加一个预抽装置,在真空度满足氦质谱检漏试验要求后再使用氦质谱检漏仪进行检验,大大缩短了氦质谱检漏仪抽真空所需时间,提高了试验通用性与试验效率,操作更加直观、方便。

根据 1 分割;30 柔性壳体或薄膜;40 复合材料的具体描述,结合工程实际经验,可以采用真空橡胶进行波纹管组件的密封,以此来满足所需要的功能。其最后结构如图 15 所示。

氦质谱检漏试验时,先将真空开关二 14 打开,关闭真空开关一 13,开启预抽泵 15,通过吸气口 8 将金属波纹管组件氦质谱检漏试验方法内部的空气吸入吸气管 A10,最终由预抽泵 15 排入大气,待预抽管 B11 处真空表显示真空度符合氦检要求后,关闭真空开关二 14,打开真空开关一 13,同时启动氦质谱检漏仪 16 进行真空度抽取,待氦质谱检漏仪 16 显示真空度满足最终氦质谱检漏试验要求时,推动氢气瓶

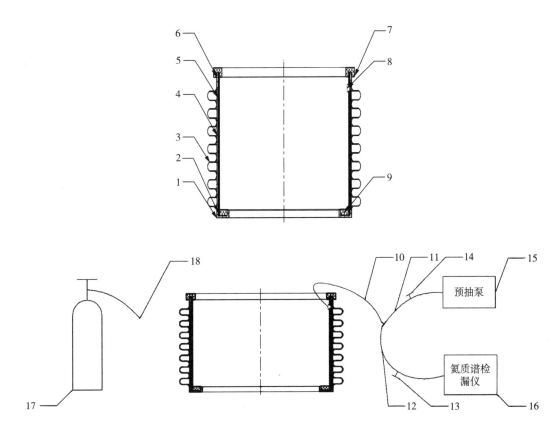

图 15   氦质谱检漏试验结构图

1—槽型法兰;2—真空酯;3—波纹管;4—支撑板;5—真空橡胶;6—接管法兰;7—槽型聚氨酯环;8—吸气口;9—聚氨酯环;

10—吸气管;11—预抽管;12—氦检管;13—真空开关一;14—真空开关二;15—预抽泵;16—氦质谱检漏仪;17—氢气瓶;18—喷嘴

17,开启氢气瓶 17 开关,通过喷嘴 18 向外喷出氦气来检验金属波纹管组件是否存在漏点,如果氦质谱检漏仪 16 在喷嘴 18 移动过程中显示漏率低于 $10^{-9}\,Pa \cdot m^3/s$ 量级时,证明该处存在漏点,否则证明该金属波纹管组件氦质谱检漏试验合格,从而完成氦质谱检漏试验。

该氦质谱检漏试验方法可根据不同规格尺寸的波纹管组件,选择不同长度的真空橡胶,设计不同直径的聚氨酯环和选择不同抽率、不同量级真空度要求的预抽泵,从而满足更大直径的金属波纹管组件氦质谱检漏试验要求。

3   结论

通过基于"需求－功能－原理－结构"产品创新设计过程模型对大口径金属波纹管组件密封性检测方法进行创新设计研究与改进,该过程不仅验证了基于"需求－功能－原理－结构"产品创新设计过程模型的实用性,也提出了一种新型大口径金属波纹管组件密封性检测方法,能很好地解决大口径金属波纹管密封性检测操作困难及检测精度低的问题。同时说明了该方法的有效性。

参考文献

[1]赵敏等. TRIZ 入门及实践[M]. 北京:科学出版社,2008.

[2]李彦,李文强. 创新设计方法[M]. 北京:科学出版社,2013:102—104.

[3]约瑟夫－阿斯罗－熊彼特. 经济发展理论[M]. 北京:商务印书馆,1990.

[4]李彦,李文强. 创新设计方法[M]. 北京:科学出版社,2013:254—255.

[5]张鲁海,李彦,李文强,熊艳. 面向创新设计的专题知识库构建与应用[J]. 工程设计学报,2012,

19(4)：241—249.

[6] 徐开先,翁善臣,黄乃宁等. 波纹管类组件的制造及其应用[M]. 北京:机械工业出版社,1998：26—27.

[7] 国家市场监督管理总局,中国国家标准化管理委员会.金属波纹管膨胀节通用技术条件：GB/T12777—2019[S]. 北京:中国标准出版社,2019.

作者简介

于翔麟,(1990—),男,辽宁辽阳,硕士研究生,工程师,主要从事精密金属波纹管设计研发,创新设计,13166762676,642157252@qq.com

42. 在线监测技术在膨胀节中的应用介绍

侯 伟 付贝贝 杨玉强

(中船双瑞(洛阳)特种装备股份有限公司,河南洛阳 471000)

摘 要:本文首先分析了目前金属波纹管膨胀节的在线监测需求及相关的监测思路和方法;之后是介绍了我们自主设计开发的膨胀节在线监测系统,以及其主要功能特点;最后,给出了有关的结论和建议;希望能对行业内的智能监测提供借鉴指导。

关键词:腐蚀;膨胀节;传感器;数采传输;监测平台

Analysis of online monitoring& detection technology and its application inexpansion joint

Hou Wei,Fu Beibei,Yang Yuqiang

CSSC Sunrui(Luoyang) Special Equipment Co. ,Ltd.

Abstract:Firstly, this paper summarizes and analyzes the current mature online monitoring technology and methods,as well as the online monitoring ideas and methods of expansion joint in the industry;Then it introduces the online monitoring system of expansion joint researched by CSSC; Finally, relevant conclusions and suggestions were provided; and hope that provide reference and guidance for intelligent monitoring in the industry.

Keywords:Corrosion;Expansion joint;Sensor;Data acquisition transmission;Monitoring platform

1 前 言

金属波纹管膨胀节(以下简称:膨胀节)作为介质输送管道的重要柔性补偿元件,其长周期运行的安全可靠性,及巡检的便利性,一直是困扰业主的难题。而工业化和信息化的深度融合,促使"智慧炼化""智慧园区""智慧管网"成为企业可持续和高质量发展的必然趋势。因此,膨胀节行业亦需适应技术发展的新要求,利用采集传感、远程传输、云计算等技术,逐渐建立起"可保障安全运行,变革人工巡检模式"的膨胀节产品智慧运营新局面。

2 监测需求分析

2.1 工况及失效模式分析

(1)催化裂化装置

在催化裂化装置中,烟气能量回收系统应用膨胀节较多,膨胀节结构形式如图1所示。催化及能量回收系统中的介质温度高,最高可达 $700\sim750℃$;且再生烟气中含有多种腐蚀性成分,在装置开停车过程中,烟气极易冷凝生成强腐蚀性的连多硫酸,导致在役膨胀节出现较高的腐蚀失效风险。

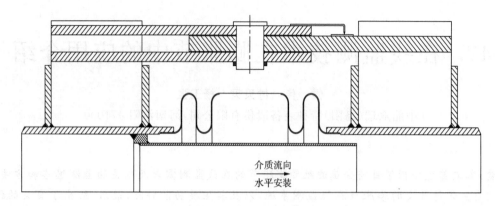

图1 FCC膨胀节结构图

(2)甲醇制烯烃装置

甲醇制烯烃(MTO)装置膨胀节，主要应用于反应气体管道，也就是从反应器出口经过反应气三级旋风分离器、甲醇－反应气换热器至急冷塔的管段部分；膨胀节的结构如图2所示。介质轻烯烃混合气，少量醋酸，波纹管设计温度550℃，压力0.28MPa。该装置上应用的膨胀节工作温度高，且介质易燃爆，安全性要求高，需要对因疲劳、腐蚀失效产生的泄漏进行及时监测和预警。

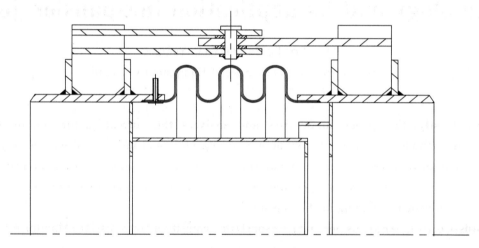

图2 MTO膨胀节结构图

(3)丙烷脱氢装置

丙烷脱氢(PDH)装置膨胀节主要用于三大高温热壁管线，介质中主要为轻烯烃、氢气和微量的结焦体等。膨胀节设计时既要满足管线柔性补偿，又要具有耐高温及防结焦功能，Lummus Catofin工艺提供的膨胀节结构如图3所示。该装置上应用的膨胀节工作温度高，且介质易燃爆，安全性要求高，需要对因疲劳、腐蚀失效产生的泄漏进行及时监测和预警。

(4)公用工程管路

由于能源装置的大型化，导致火炬管线直径较大，波纹管膨胀节的压力推力(盲板力)很大，出于管道安全和稳定性考虑，为减少管道支架受力，长直管段宜选用外压型直管压力平衡膨胀节。该装置上应用的膨胀节介质易燃爆、位移补偿量大，极易出现腐蚀失效和外压周向失稳破坏，但火炬系统是石油化工及炼油装置不可缺少的配套设施，也是装置的最后一道安全屏障，因此需对可能存在的泄漏失效进行及时监测和预警。

(5)城镇供热管路

城镇供热领域的波纹管均为多层设计，这主要是由介质运行压力高(1.6MPa、2.0MPa、2.5MPa)、热

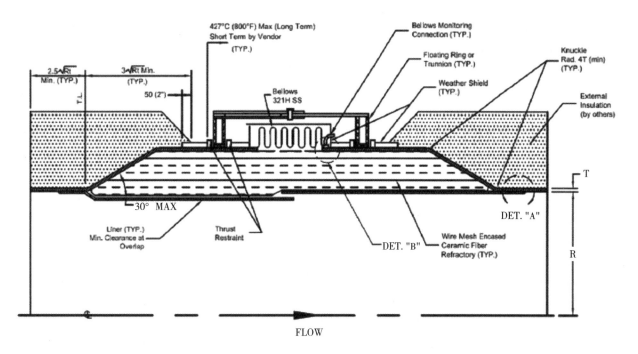

（a）再生空气和抽气管线

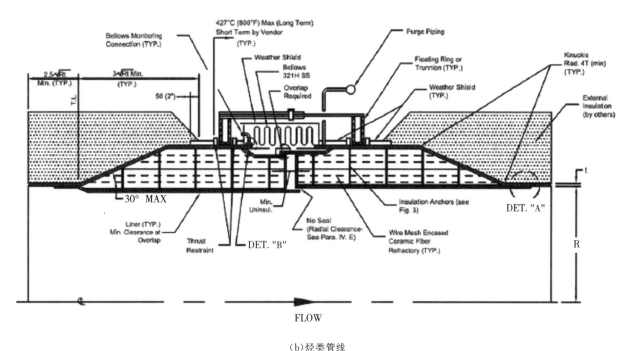

（b）烃类管线

图 3　PDH 膨胀节结构图

位移补偿量大所决定的。波纹管设计温度在 150℃，管道直径 $DN1000 \sim DN1600$；且膨胀节多为外压轴向型结构。实际应用中，仅有少数波纹管会发生疲劳破坏，大多数是由腐蚀导致破坏；且与热水接触的管坯侧不易破坏；通常为外部含 Cl^- 液体沿出口管与端环间隙侵入，积聚于产品底部波峰处，产生点蚀泄漏，位置不定。

2.2　监测功能分析

（1）监测信号方面

通过以上不同细分领域产品结构和失效模式分析，可以看出：影响波纹管安全运行的因素主要有腐蚀泄漏和疲劳损坏。其中,波纹管的泄漏大多与介质接触层管坯的腐蚀穿孔泄漏有关,而疲劳损坏与波纹管位移相关。因此,在状态监测系统中,应该重点对波纹管的这两个运行参数予以监测。

在腐蚀监测方面,电阻探针[1]、电感探针[2]、超声测厚[3]、电场指纹法[4,5]、声发射[6]等腐蚀监测技术已在较多炼化装置、油气输运中有所应用。孙瑞晨[7]等根据膨胀节使用工况分析,提出了危险介质、高温介质、高压介质三种场合的膨胀节在线检漏系统的设计方案;杨汉瑞[8]等提出一种基于分布式光纤传感技术的膨胀节膨胀量的新型检测方法,建立了膨胀量检测模型,并通过实验验证了方法的有效性;为分布式光纤传感技术在热网健康状态检测领域的应用奠定了理论基础。但考虑到工程应用的便利性,我们认为:对于腐蚀泄漏,可依托成熟的"单层承压,双层设计"结构理念,对内压型波纹管进行设计优化调整,统一设计为两层,或多层结构形式,利用管坯层间空腔的气体变化或压力变化,展开泄漏监测;而外压型波纹管通过设计新结构,亦利用管坯层间空腔的气体变化或压力变化,展开泄漏监测。

在疲劳损坏方面,由于与波纹管的热位移量大小密切相关,可对不同运动形式(轴向、横向、角向)波纹管布设拉绳位移传感器、分布式光纤传感器,通过对实时位移的变化情况,反推出波纹管的剩余疲劳寿命,从而消除超设计疲劳寿命的损伤失效。王嗣阳[9]等介绍了一种采用线性位移传感器测量波纹补偿器在实际使用过程中产生的角向、轴向及横向位移,结合物联网技术实现各种类型波纹补偿器位移的在线监测,不同类型的波纹补偿器采用不同的传感器布置方式,且通过万向铰链型和单式铰链型补偿器试验验证该方案的可行性及精度。沈阳化工大学倪洪启等[10]设计出了一套基于物联网的波纹补偿器无线监测系统;该系统利用温度、位移、压力传感器采集波纹补偿器的温度、位移、压力信号,从而监测整个管道系统中各个波纹补偿器的温度、位移、压力情况;采集的信号数据可通过无线网络实时发送到计算机进行分析,当数据异常时发出警报,还可通过互联网传输到远端主机。

(2)信号传输方面

对于 FCC、MTO、PDH 装置应用的膨胀节部位较集中,且有严格的系统防爆要求,因此优先采用有线传输模式,并配合防爆箱应用,如图 4 所示;而火炬管线和供热管线应用的膨胀节离客户中控室较远,可考虑采用无线传输模式,当现场设置有专用的弱电线路时,宜优选有线传输模式,以提高信号传输的稳定性和数据安全性。

图 4 具有防爆功能的信号传输模块

(3)供电方式方面

对于厂区、隧道等有强电线缆敷设的场合可以采用 AC220V 直接供电;对于野外无强电线缆敷设的场合可采用 DC24V 直接供电。针对 DC24V 供电模式又可分为两种情况:

a)管道架空状态时,可采用太阳能电池板进行供电,并将电池板就近安装在数采传输设备附近,如图 5 所示。

b)管道于道路下方深埋状态时,考虑经济成本,可采用聚合物锂电池(使用寿命约 2 年)供电;亦可采用太阳电池板供电。

3 监测系统开发

3.1 系统功能说明

整个系统主要由布设在膨胀节本体上的各类型传感器,以及具备数据采集、存储、远程传输等功能的数采通讯设备和具备数据处理分析功能的监测平台等三部分构成,如图 6 所示。其中,数采通讯装置为系统核心,主要组成构件有 CPU 处理器、电源模块、GPS 模块等组成。监测平台主要承担数据的处理、存储和展示功能。

图 5 太阳能板供电示意图

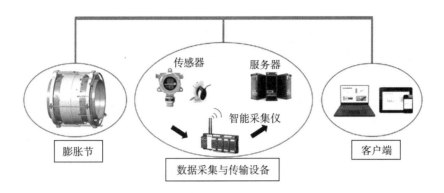

图6　膨胀节在线监测系统原理图

该系统具备的监测预警功能如下：

波纹管泄漏判断：①仅采用压力变送器时,若实测压力数值基本与介质压力数值一致,则判断为:波纹管泄漏;②仅采用气氛传感器时,若感应到对应的气体,则判断为:波纹管泄漏;③当采用压力变送器+气氛传感器时,以上两种结果均出现,则判断为:波纹管泄漏。

位移超限判断：①实测位移等于波纹管设计补偿位移的80%时,I级预警;②实测位移等于波纹管设计补偿位移的90%时,Ⅱ级预警;③实测位移等于波纹管设计补偿位移的100%时,Ⅲ级预警,并调整数据采集频率至原来的2倍、3倍,直至预警消除后恢复;

压力预警判断：①在设计值范围内,不提示;②超出设计值范围内,进行预警,并调整数据采集频率至原来的2倍、3倍,直至预警消除后恢复;

温度预警判断：①在设计值范围内,不提示;②超出设计值范围内,进行预警,并调整数据采集频率至原来的2倍、3倍,直至预警消除后恢复。

3.2　数采通讯设备

作为联系现场传感器和后台监测平台的重要中继模块,其功能的安全稳定性,至关重要。基于低功耗、低散热、高防水等的功能考虑,我们采用了集成化、小型化的设计方案,其主要由 AC－DC 电源模块、DC－DC 宽电压隔离电源模块、4G－GPS 模块、CPU 处理器模块等组成,外观如图7所示。外部设置由防水等级不低于IP67的外防护壳和航空连接插头构成。

数采传输设备具有 GPS 定位模块、2 路压力传感器接口、2 路位移传感器接口、1 路温度传感器接口和 1 路液位传感器接口,2 路预留接口,可精准定位补偿器的安

图7　数采传输设备

装位置,并实时监测补偿器的压力、温度、液位、位移等参数值,并将采集的数据通过以太网接口或4G网络发送至 PC 端监测平台和(或)移动端 App,实现远程监测及预警功能。

3.3　监测平台开发

监测平台主要用于对监测数据的运算处理、控制参数设置及运行状况的实时显示。

在线监测平台分为固定设备端监测平台(图8)和移动设备端监测 App(图9)。在线监测系统软件具备地图显示、项目管理、产品管理、数据可视化、数据分析、用户管理、告警管理、数采传输设备采集频率设置等功能。

数据分析模块分为实时数据、历史数据、统计报表三块组成。实时数据中以数据表的形式显示每个膨胀节产品所包含的所有传感器的实时数据值;历史数据中可以查询下载某段时间内传感器的数据值;统计报表中以实时更新的曲线图的形式显示每个膨胀节产品所包含的所有传感器的数据值。实时数据

图 8　固定设备端监测平台

图 9　移动设备端监测平台

和历史数据包含下载及打印功能。

4　总结与讨论

（1）基于膨胀节产品的结构特殊性，采用气体浓度、压力变化等方法进行波纹管的泄漏判断，是较为安全、可靠的监测手段。

（2）完整的膨胀节监测系统应由布设在膨胀节本体上的各类型传感器，以及具备数据采集、存储、远程传输等功能的数采通讯设备和具备数据处理分析功能的监测平台等部分构成,并能及时对运行中的压力、气氛、温度、位移等信息进行实时传输。

参考文献

[1]张浩,潘从锦.腐蚀在线监测系统在常减压蒸馏装置的应用[J].石油化工腐蚀与防护,2014,31(3):55—59.

[2]冯正坤,唐宇虹.腐蚀在线监测系统在煤基合成氨装置上的应用[J].大氮肥,2014,37(1):26—29.

[3]蒯淑君.电磁超声测厚方法与系统的研究[D].合肥:合肥工业大学,2010.

[4]程前进.电场矩阵壁厚在线监测技术在闪蒸系统的应用[J].石油化工腐蚀与防护,2019,36(4):39—42.

[5]吴承昊,姚万鹏,等.电场指纹方法的国内外发展现状[J].腐蚀科学与防护技术,2019,31(1):101—106.

[6]范舟,胡敏,等.声发射在线监测酸性环境下油气管材腐蚀研究综述[J].表面技术,2019,48(4):245—250.

[7]孙瑞晨,恽建强,等.基于物联网的在线膨胀节检漏系统设计[J].焊管,2022,45(9):64—67.

[8]杨汉瑞,李勇勇,等.基于分布式光纤传感的热网膨胀节膨胀量测量方法[J].自动化学报,2019,45(11):2171—2177.

[9]王嗣阳,蔺百锋,等.一种波纹补偿器位移监测系统[C].第十五届全国膨胀节学术会议论文集.合肥:合肥工业大学出版社,2018:287—295.

[10]倪洪启,赵亚文,金驰.波纹补偿器无线监测系统的研制[J].机械工程师,2018(8):23—28.

作者简介

侯伟(1986—),男,高级工程师,研究方向:压力管道及膨胀节设计应用研究。

联系方式:河南省洛阳市高新开发区滨河北路88号,邮编471000

EMAIL:houwei301@163.com

43. 基于知识工程的膨胀节设计方法

孙瑞晨¹ 马晶晶² 周玉洁¹

（1. 南京晨光东螺波纹管有限公司 江苏 南京 211100

2. 中国石油化工股份有限公司金陵分公司 江苏 南京 210033）

摘　要：围绕近几年国内知识工程技术在航天飞行器设计、汽车制造、航空制造的典型应用，提出了知识工程在膨胀节设计中的应用方法。试图通过知识工程技术实现膨胀节研制过程中知识的有效收集与重复利用，并在知识更新与积累基础上产生创新知识与设计方法以适应未来复杂工况下膨胀节的设计工作。

关键词：膨胀节；知识工程；物联网

Design Method of Expansion Joint Based on Knowledge Engineering

Sun Ruicheng¹　Ma Jingjing²　ZhouYujie¹

（1. Aerosun－Tola Expansion Joint Co. ,Ltd. ,Jiangsu Nanjing,211100

2. SINOPEC,Jinling Company,Jiangsu Nanjing,210033）

Abstract：Based on the typical application experience of domestic knowledge engineering technology in aerospace vehicle design,automobile manufacturing and aviation manufacturing in recent years,the application process of knowledge engineering in expansion joint design is proposed. This paper attempts to realize the effective collection and reuse of knowledge in the development process of expansion joint through the knowledge engineering system,and to generate innovative design knowledge and methods based on the update and accumulation of knowledge to adapt to the design work of expansion joint under complex working conditions in the future.

Keywords：Expansion joint；Knowledge engineering；Internet of Things

1 引　言

随着国家近几年经济发展放缓，石化、电力、钢铁等传统行业逐渐削减大型装置与系统的扩建，从而转向"专、精、尖"技术与设备的研究，确保企业的高质量发展。未来预计对膨胀节的需求也将减少，各行业新技术、新设备飞速发展导致膨胀节运行环境更苛刻，使用要求更高，如高温高流速、大型化、小口径多层以及其他特殊要求。膨胀节产品将转向精细化、高科技含量方向发展，需要大量技术创新支撑。膨胀节的技术创新需基于技术基础的深入研究与知识的拓展应用，能够复制的创新与技术才能够使企业真正受益。应用知识工程（Knowledge Based Engineering，KBE）是一种有效的方法。

施荣明[1]提出了知识工程的定义：依托技术，最大限度地实现信息关联和知识关联，并把关联的知识和信息作为企业智力资产来以人机交互的方式管理和利用，在使用中提升其价值，以此促进技术创新和管理创新，提升企业的核心竞争能力，推动企业持续发展的全部相关活动。英国 Coventry 大学 KBE 中心提出，KBE 技术是一种存储并处理与产品模型有关的知识，并基于产品模型的计算机系统，是目前促进机械设计工程化、实用化开发的软件工具。美国 Washington 大学认为 KBE 是一种设计方法学，与 CAD 技术相互结合，在机械设计过程中可以存储几何和非几何信息，描述机械产品设计并分析研发过程中的工程准则。

综上所述，KBE 技术可以概括为，基于现代设计与制造技术、人工智能技术，以三维建模软件、仿真系统和产品数字化管理技术为技术支撑，将知识表示、建模、挖掘、推理、集成和管理等工具集成应用到机械设计与开发的各个阶段，是一种面向机械工程研发全过程的设计方法。[2]本文依托知识工程目前在典型产品设计中的应用情况，试图将该技术方法应用到膨胀节的设计中，从而实现膨胀节高效的创新设计，缩短设计周期以适应新环境下膨胀节的使用。

2　KBE 的工作原理与典型应用

2.1　工作原理

根据国内外学者对 KBE 的定义与研究现状，可以发现 KBE 技术与知识管理与计算机技术密切相关。其运行依托于目前不断更新的数字化技术、网络技术、智能化技术，目的在于实现产品设计过程中的知识收集与重复利用，优化设计方法，提高设计效率，因此上海交通大学提出了 KBE 是机械设计领域与 AI 技术的集成。

KBE 的工作原理主要为分三层实施如图 1 所示。第一层为核心层，以智能技术为技术核心，主要包括领域知识学的获取技术、表示方法、推理技术和领域知识的维护。第二层为集成技术层，主要包含 CAD、CAE、CAM、PDM、PLM（全生命周期管理）、物联网（Internet of Things）技术集成。第三层为应用层，反映 KBE 技术面向不同应用领域时的应用机制和管理体系。

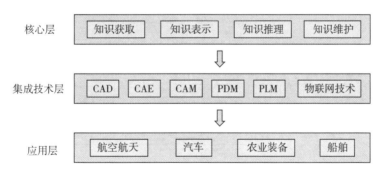

图 1　KBE 工作原理示意图

2.2　典型应用

赵泽亚[3]提出了基于知识工程标准规范，结合航天飞行器研发设计特点，采用插件技术、大数据技术和 AI 技术，来构建以知识应用为目标的智能知识库。这种方式有效地将前沿的智能化技术与知识工程方法结合运用到航天飞行器这种批量复杂产品的设计中，能够缩短设计周期、推动知识创新、优化设计流程。宋云涛[4]以汽车研发类企业为例介绍了知识工程系统平台的建设经验，探讨了知识工程在建立过程中知识工程系统平台选型、统一业务流程及其应用扩展、知识工程系统平台和其他专业系统的集成问题。知识工程系统与业务工程软件的结合以及与其他专业系统的集成，实现数据的互换关系到知识的有效传递性，所以至关重要。这种思路适合绝大多数进行复杂系统设计的制造类研发企业。李文举[5]介绍了基于知识工程的知识应用系统在航空制造企业中的实现技术，通过构建多维知识库，从企业内外部吸取显性知识与隐性知识。系统通过工艺服务接口、知识岗位伴随、知识智能化应用等手段服务于企业运转的每个流程节点中，最终达到提升工作效率的目的。

知识工程在国内的航空航天与汽车行业已有应用,各行业侧重点不同。在航天飞行器设计领域侧重于数据分析与智能化技术的结合,应对复杂产品的设计,关注产品研发的创新。而在汽车与航空制造领域侧重于流程的优化与系统的集成,提高工作效率。不管哪种方式,知识工程不能独立存在,而是需要依附产品研发平台开展活动。在业务活动中产生知识、收集知识、处理知识、并向业务活动中推送知识。

3　基于 KBE 的膨胀节设计流程

膨胀节作为压力管道上的非标元件不同于飞机、汽车这种复杂产品,其设计制造具有小批量、专业化的特点,对于产品的技术要求类似于压力容器产品,需寻求适合产品特点的知识工程体系。本文所研究对象主要面向膨胀节设计环节,通过对膨胀节产品研制过程的梳理形成基于知识工程的膨胀节设计流程如图 2 所示。

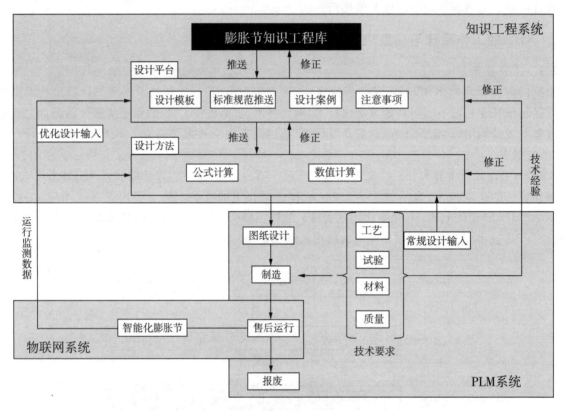

图 2　基于 KBE 的膨胀节设计流程

构建膨胀节知识工程系统,从设计原始数据输入开始进行智能判断,并在软件层面向设计人员推送优化后的设计输入数据、设计模板、设计需要使用的规范标准文件。膨胀节的使用已有几十年的历史,在国内外管道系统中应用广泛,具有广阔的备件市场。优化后的设计输入主要指在理论计算所得到原始设计输入参数基础上,结合已稳定运行膨胀节的真实运行参数修正所得,从而实现膨胀节的"精准设计"。

设计人员在下个环节选择膨胀节计算方法,可以采用公式计算或数值计算方法,并对项目膨胀节的技术要求进行分类列出在系统中,分为常规技术要求和特殊技术要求。常规技术要求可直接引用,特殊技术要求则由对应产品的标签进行分类管理,在下次同类产品设计中转化为可选用的技术要求。设计人员依据计算结果与技术要求的梳理进行图纸绘制工作,并通过 PLM 管理系统将图纸转入生产制造环节。技术要求分别由系统下发指导工艺、试验、材料、检验的对应活动,在这些环节中产生出技术经验汇总至膨胀节知识工程系统,用于指导膨胀节设计规范(企标)、模板、注意事项的更新,并形成可参考的技术案例。

产品制造环节完成后交付客户使用,膨胀节在售后使用中,通过物联网系统收集膨胀节的运行真实数据与状况并传至膨胀节知识工程系统中分类聚集。客户重要装置系统的膨胀节,在膨胀节知识工程建立有对应的产品电子档案库,并对膨胀节的运行工况进行实时监测与分析工作,结合专家系统与智能模块为膨胀节的设计提供有效的指导意见。

4 基于 KBE 的膨胀节预警系统

基于 KBE 的膨胀节设计流程可拓展至其他应用。提取图 2 中膨胀节知识工程库、运行监测数据、数值计算、智能化膨胀节四个模块组合构建膨胀节预警系统,如图 3 所示。膨胀节预警系统的实现方式是通过物联网技术开发新一代智能膨胀节产品,以传感器与数字化点检技术获取膨胀节实时运行数据,并通过数值计算或大数据分析这两种途径修正报警阈值。

依靠物联网系统完成大量膨胀节运行参数的收集与分类,基于失效机理建立膨胀节独特的故障模型与预测分析算法,动态修正膨胀节运行报警阈值,从而给出有效的预防性维护建议。

另一种方式是通过使用实时的数值计算边界条件获取变化的仿真计算结果,结合膨胀节监测数据进行智能处理对运行中的膨胀节进行有效预警,并将预警信息与规律在知识工程平台中进行分析与记录从而形成完整的膨胀节预警系统。

该膨胀节预警系统充分的运用知识工程理念,采用数据采集、修正、判断、预警、再采集的良性循环方式在产品运行中不断地优化膨胀节预警系统功能,过程中以运行数据、计算数据、预警数据的积累产生大量价值的知识,通过知识工程平台有效收集并为新产品、新系统的开发与优化提供宝贵的经验与指导。

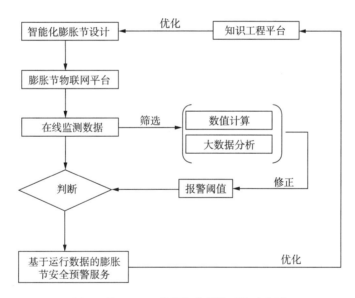

图 3 基于 KBE 的膨胀节预警系统示意图

5 总结

知识工程技术的应用目前在国内复杂产品如飞行器、汽车领域得以应用,并取得良好效果。为适应未来膨胀节产品的设计需求,本文针对这种非标产品的特点提出了基于知识工程的膨胀节设计流程,涉及膨胀节产品的全生命周期管理。

以膨胀节预警系统为例介绍了基于 KBE 的膨胀节设计流程的具体应用。通过知识工程实现膨胀节设计制造过程中知识的重复利用与智能推送,并提出了基于膨胀节真实的运维数据分析修正膨胀节设计参数的构想,优化备件膨胀节产品设计,缩短同类型膨胀节设计周期,在膨胀节产品研制过程积累知识,产生创新型的设计方法,更好地为各行各业研制高性能的膨胀节产品服务。

参考文献

[1] 施荣明,赵敏,孙聪. 知识工程与创新 [M]. 北京:航空工业出版社,2009.6.

[2] 林放,卢幸伟,翁国洲. 基于知识工程下机械产品数字化设计原理与关键技术[J]. 农机使用与维修,2020,12:75—77.

[3] 赵泽亚,赵华,金雪等人. 知识工程在航天飞行器设计研发中的应用研究[J]. 第七届高分辨率对地观测学术年会论文集,2020:765—769.

[4] 宋云涛. 制造研发企业基于流程的知识工程系统平台建设若干问题探讨[J]. 时代汽车,2020,21:31—32.

[5] 李文举,杨楠. 基于知识工程的航空制造业知识管理系统的研究和实现[J]. 飞机设计,2020,40(5):76—80.

作者简介

孙瑞晨,男,(1990—),硕士,工程师。通信地址:江苏省南京市江宁经济开发区将军大道199号,邮编:211153,Email:1390961661@qq.com. 联系方式:025—52826527.

44. 金属波纹管膨胀节在丙烷脱氢管系中的应用

朱 杰 杨玉强

(中船双瑞(洛阳)特种装备股份有限公司,河南洛阳 471000)

摘 要:本文以丙烷脱氢反应区装置管线及膨胀节应用情况为例,介绍了该装置的工艺特点、管系布置特点以及相对应膨胀节结构形式和应用情况;根据应用情况,对高温反应区管道用膨胀节失效形式和问题进行简单分析且提高改进建议和设计注意事项,旨在为丙烷脱氢装置管系膨胀节的安全长周期运行提供建议。

关键词:膨胀节;丙烷脱氢;安全运行

Propane dehydrogenation of metal bellows expansion joint Application in the device

Zhu Jie   Yang Yuqiang

(CSSC Sunrui (Luoyang) Special Equipment Co. ,Ltd. Luoyang 471000,China)

Abstract:In this paper, taking the pipeline and expansion joint application in propane dehydrogenation reaction area as the object,this paper introduces the process characteristics,piping layout characteristics,corresponding expansion joint structure and application of the unit;According to the application situation,the failure forms and problems of expansion joint for pipes in the high temperature reaction zone are simply analyzed,and improvement suggestions and design precautions are raised to provide suggestions for the safe and long-term operation of expansion joint in the propane dehydrogenation unit pipeline system.

Keywords:Expansion joint;Propane dehydrogenation;;Safe operation;

1 前 言

金属波纹管膨胀节(以下简称膨胀节)[1]是通过核心元件波纹管的变形来吸收管道或设备的热位移,在石化行业管道系统中应用更加广泛,一般应用于高温低压场合[2]。典型化工装置主要有催化裂化装置[3]、烷基化废酸再生装置、精对苯二甲酸(PTA)装置、全密度聚丙烯聚乙烯装置、丙烷脱氢(PDH)装置、芳烃联合装置、甲醇制烯烃(MTO,MTP)装置、苯乙烯装置、异丙苯法制备苯酚/丙酮装置、顺酐装置、汽油吸附脱硫和硫黄回收(S-Zorb)装置等,在这些装置中应用位置一般包括反应-再生系统、烟气能量回收系统、高温高速[4-5]的空气管线部位、主风系统膨胀节、反应油气管线、余热回收管线以及火炬管线公用工程等。

本文以丙烷脱氢装置管线为例,结合工艺流程、膨胀节应用位置和结构形式等,对出现影响装置安全运行膨胀节失效问题进行总结分析,梳理常见技术方案和措施,旨在对今后膨胀节选型设计提供思路和经验[6-7]。

2 丙烷脱氢装置的工艺流程

丙烷脱氢制丙烯(PDH)是在高温和催化剂的作用下将丙烷脱氢制备成丙烯[8],该反应为强吸热过程,提高温度和降低压力有利于提高转化率,因此在该管系中温度普遍较高。以 Lummus 丙烷脱氢工艺包反应系统为例,装置的反应区主要包括原料烃进出口管道系统、催化剂再生热空气管道系统和反应器抽真空管道系统等三大管系。该工艺采用绝热固定床循环切换方式进行脱氢反应,反应器一般并排布置分别进行脱氢反应、催化剂再生操作、吹扫抽真空操作,一个循环周期调整时间约为 25min,因此在装置正常运转下每台反应器都要经历脱氢、再生、吹扫抽真空的循环往复过程。管线布置需要满足在不同操作工况下的反应区受热均匀,保持一定的温度。工艺流程如图 1 所示。基于 PDH 反应特点,这些管道系统具有温度高、压力低、管径大的特点,通过管道自然补偿的方法很难满足管道热膨胀的要求,

因此必须使用金属波纹管膨胀节来吸收管系的热位移以保障管系的安全长周期运行[9]。PDH 管系膨胀节用量较大且涉及多种类型的膨胀节,科学合理设计、制造和使用这些膨胀节,对于 PDH 管系的安全运行至关重要[8-9]。

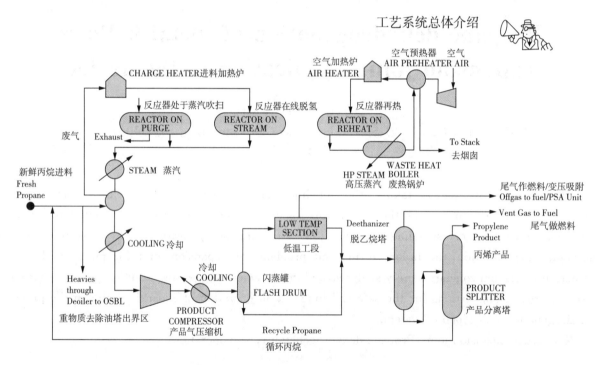

图 1 丙烷脱氢工艺系统示意

3 PDH 装置主要管线的工况环境特点与膨胀节补偿选型

(1)原料烃进出口管道系统

原料烃进出口管系是连接多台反应器的关键管系之一[10]。新鲜原料丙烷与回收系统的丙烷一起经过预热炉加热至 600℃左右,由总管从反应器顶端进入,在催化剂的作用下进行脱氢反应得到丙烯,反应产物经底部集合管路输送到蒸汽发生器进行热量回收。管道和膨胀节的典型布置方式如图 2 所示。膨胀节布置方式为每两台反应器之间两台铰链轴向型,结构特点为既能吸收轴向压缩和拉伸位移,又能沿着销轴转动变形吸收角向位移;在其配套管线上设置单式铰链和万向铰链型膨胀节用于吸收角向位移;公称直径最大为 2700mm,设计温度位 340~649℃,设计压力为 FV~0.276MPa,介质为丙烷、丙烯;膨胀节

设计时既要满足柔性补偿的需要,又要具有耐高温及防结焦功能。LUMMUS CATOFIN 工艺提供的膨胀节结构如图 3 所示,膨胀节采用增加隔热层冷壁设计、防止结焦的吹扫结构、波纹管材料为 321H。

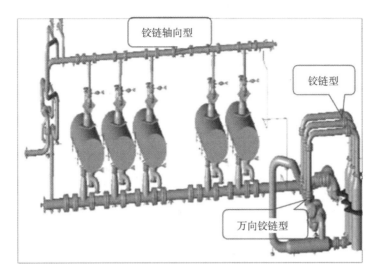

图 2　丙烷脱氢反应区管道和膨胀节布置

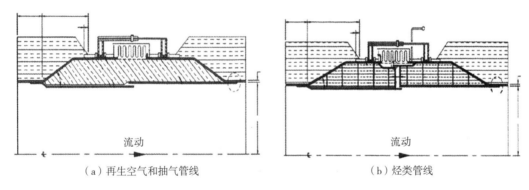

（a）再生空气和抽气管线　　　　　　　　（b）烃类管线

图 3　膨胀节结构示意图

膨胀节设计时既要满足管线柔性补偿,又要具有耐高温及防结焦功能。Lummus Catofin 工艺提供的膨胀节采用"冷壁"设计,"单层承压,双层报警",波纹管选用 321H,为防止工艺物料沿内隔热层的间隙停留在波纹管内部,在局部高温条件下,易在波纹管内部发生结焦,该管道系统的膨胀节都设计了吹扫系统,膨胀节长期运行状态为低温低应力,低于蠕变温度。对于丙烷脱氢工艺装置的选材来说,因为产物中有大量的副产物氢气,装置选材一定要考虑氢脆的影响。通过研究表明,Si 对材料氢脆敏感性的影响与 Mo 恰恰相反,一般认为 Si 的加入能增加材料的氢脆抗性,尽可能加入 V、Ti 等元素使碳固定,选用 321H 经济安全。

(2)再生热空气管道系统

再生热空气管道系统目的是用来燃烧催化剂表面形成的焦炭,同时将催化剂床层的温度恢复到脱氢反应之前的水平。主要包括再生空气进口管线、再生空气出口管线及再生空气旁路管线。空气加热炉出口/反应器再生空气进口,温度为 704℃,压力为 0.28MPa,介质为空气,无吹扫结构;再生空气出口,温度为 649℃,压力为 0.11MPa,介质为空气,无吹扫结构;膨胀节结构形式为铰链型、万向铰链型、铰链轴向型。管道和膨胀节的典型布置方式如图 4 所示。

(3)抽真空管道系统

抽真空管道系统目的是催化剂空气再生结束后,通过蒸汽喷射抽真空的方法将反应器内残留的空气

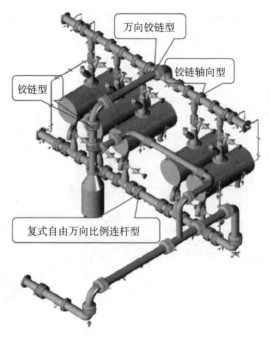

图 4　丙烷脱氢再生热空气管道和膨胀节布置

抽出,防止烃类进料后[11],空气与烃类混合形成易燃气体。主要包括反应器至喷射器管线、喷射器至冷凝器两条管线。反应器抽气出口,温度为 649℃,压力为 0.276＋FV,介质为少量烃类和蒸汽,无吹扫结构,膨胀节结构形式为铰链轴向型;反应器喷射器出口,温度为 500℃,压力为 0.276＋FV,介质为尾气,少量烃类和蒸汽,无吹扫结构,膨胀节结构形式为铰链型和万向铰链型。管道和膨胀节的典型布置方式如图 5 所示。

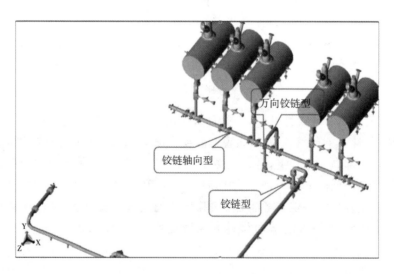

图 5　丙烷脱氢抽气管道和膨胀节布置

4　丙烷脱氢装置膨胀节主要失效形式及改进建议

4.1　丙烷脱氢装置膨胀节主要失效形式

(1)导流筒结焦失效

如前所述,Lummus Catofin 工艺是丙烷、丁烷和戊烷脱氢制烯烃技术,主要包括反应阶段、压缩、产品回收和精制 4 个部分,反应与再生周期性切换,失活催化剂经空气烧焦后恢复催化活性,使生产过程连续进行。该工艺反应温度为 $560 \sim 650℃$,催化剂是 Cr_2O_3/Al_2O_3(氧化铬质量分数为 18%),单程转化率为 $48\% \sim 65\%$,总转化率大于 90%,丙烯选择性为 88%。随着催化剂的使用时间延长,丙烷转化率、选择性、收率都逐渐降低。丙烷脱氢反应是强吸热且分子数增大的反应。为了提高丙烷的转化率,通常需要升高反应温度,降低反应压力。但在高温低压工况下,丙烷裂解等副反应加剧,主产物丙烯也会发生深度脱氢以及聚合反应,产生大量积炭,导致催化剂迅速失活。结焦对于膨胀节管道膨胀节影响较大,丙烷脱氢反应器内的结焦体随着介质的高速流动,进入膨胀节的导流筒与波纹管之间的腔体容易结焦积碳,导致导流筒开裂,膨胀节失效如图6所示。

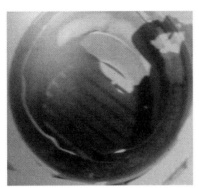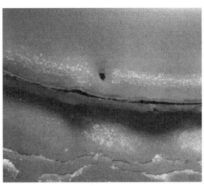

图 6 内衬筒与筒节焊缝开裂

(2)管线振动

丙烷脱氢装置是固定床反应器,工况切换频繁,周期性波动较大,管道内部高温介质瞬时流速最高超过 $100m/s$,波动明显,瞬时冲击振动大,弯头振动明显,管线易产生振动疲劳,振动位置如图7所示。金属波纹管膨胀节振动强烈,因此在设计时需要进行振动分析,获取适宜的减振结构,降低管系及膨胀节振动。另外,仍需进行系统整体的建模分析,科学合理布置和设计膨胀节,可以有力保证装置高温管道系统的长周期安全平稳运行。

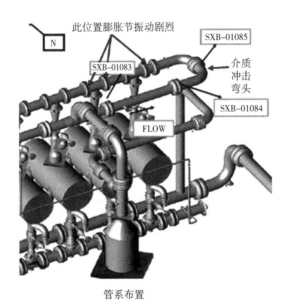

图 7 管系振动剧烈位置

4.2 丙烷脱氢装置膨胀节运行建议

(1)导流筒结构优化

解决措施一为设计特殊结构使结焦体不能或不易进入导流筒腔体中,延长导流筒寿命,常见结构形式如图8-9所示。通过在内衬筒内设置挡板,改变流动阻力,介质中含的结焦体不易进入导流筒腔体,延长膨胀节的寿命。通过将浮动内衬筒焊牢固,使介质中含的结焦体不能进入导流筒腔体,延长膨胀节的寿命。

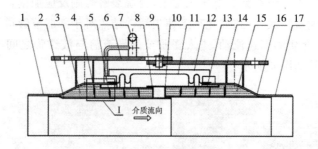

图8 带迷宫式挡板结构的铰链型膨胀节示意图

1—筒节Ⅰ;2—内衬筒Ⅰ;3—隔热层Ⅰ;4—挡板结构;5—导流筒Ⅰ;6—铰链板组件Ⅰ;7—吹扫装置;8—环板Ⅰ;
10—环板Ⅱ;11—波纹管;12—防护罩;13—导流筒Ⅱ;14—铰链板组件Ⅱ;15—隔热层Ⅱ;16—内衬筒Ⅱ;17—筒节Ⅱ

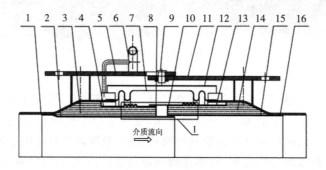

图9 封闭式导流结构的铰链型膨胀节示意图

1—筒节Ⅰ;2—内衬筒Ⅰ;3—隔热层Ⅰ;4—导流筒Ⅰ;5—铰链板组件Ⅰ;6—吹扫装置;7—波纹管;8—环板Ⅰ;
9—销轴;10—环板Ⅱ;11—铰链板组件Ⅱ;12—防护罩;13—导流筒Ⅱ;14—隔热层Ⅱ;15—内衬筒Ⅱ;16—筒节Ⅱ

(2)内隔热和吹扫结构

内隔热结构可以有效地避免波纹管出现超温现象,使得在装置运行车间金属壁温不超过320℃,内衬与膨胀节的焊接结构如图10所示,内衬端部反向坡口与端管内壁全焊透加中间塞焊的方式;另外,在PDH高温区膨胀节结构还会采用吹扫装置以及铰链板等采用悬浮式连接形式,以上种种措施对膨胀节各种结构进行有针对性的设计,提高安全可靠性和对其长周期运行提供保障。

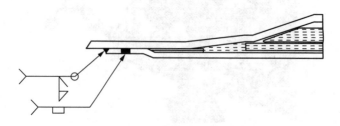

图10 内衬焊接结构

(3)为避免波纹管产生应力腐蚀,将波纹管材料由不锈钢321H升级为Incoloy 800H合金[12]。波纹管液压成型后进行整体热处理,消除残余应力,提高波纹管的使用寿命。波纹管采用双层带报警结构,波纹管之间充特定压力的惰性气体。当内层泄漏时报警装置会显示,提醒操作人员或检修部门准备购买备件,在此期间外层波纹管可继续使用,直到装置正常停工检修时再更换。

5　结论和展望

本文以 PDH 装置为例,介绍高温化工装饰的工艺流程、管线特点、工况特点和膨胀节应用情况,对膨胀节典型失效模式进行了原因分析,并提出了改进建议。由此可以看出,类似 PDH 装置的高温化工工艺管道补偿用膨胀节,其工况具有温度高、参数变动频繁、介质易燃易爆和/或宜结焦等特点,要保证膨胀节及管线装置长周期可靠运行,需要对丙烷脱氢装置的特点、管线特征、工况环境、介质特性进行认真辨识,关注产品设计细节,保障膨胀节及管线装置长周期可靠运行。

参考文献

[1] 国家市场监督管理总局,中国国家标准化管理委员会. 金属波纹管膨胀节通用技术条件:GB/T 12777—2019[S]. 北京:中国标准出版社,2019.

[2] 杨玉强,李德雨,李杰等. 高温化工管系补偿及膨胀节设计探讨[C].//第十六届全国膨胀节学术会议论文集. 2020:156—165.

[3] 刘海威,张爱琴,闫廷来等. 波纹管膨胀节设计系统开发[C].//第十一届全国膨胀节学术会议论文集. 2010:96—98.

[4] 陈坤. 压力管道波纹膨胀节设计制造中若干问题的探讨[J]. 锅炉压力容器安全技术,2001,(5):12—13.

[5] 卢江,高利霞,冯吉建等. 大直径多波核用金属膨胀节设计、制造与检验[J]. 压力容器,2015,(3):71—75.

[6] 段玫,哈学基. 国外波纹管膨胀节标准介绍[C].//第十二届全国膨胀节学术会议论文集. 2012:8—11.

[7] 刘岩,陈友恒,张国华等.《金属波纹管膨胀节通用技术条件》(GB/T 12777—2019)试验部分修订内容介绍[C].//第十六届全国膨胀节学术会议论文集. 2020:25—30.

[8] 黄格省,丁文娟,王红秋等. 丙烷脱氢制丙烯发展现状与前景分析[J]. 油气与新能源,2022,34(2):8—13,19.

[9] 廖强,倪明. 丙烷脱氢装置金属膨胀节的设计研究[J]. 化工技术与开发,2017,46(8):60—62,53.

[10] 高鹰. 丙烷脱氢分离回收过程模拟及工艺优化[D]. 北京:北京化工大学,2019.

[11] 朱一萍,杨玉强. 基于 ANSYS 的丙烷脱氢装置用膨胀节内部流场分析[C].//第十六届全国膨胀节学术会议论文集. 2020:63—68.

[12] 郭雪华. 固定床丙烷脱氢反应器的选材和结构特征分析[J]. 石油化工设计,2016,(1):20—23.

作者简介

朱杰(1992—),男,助理工程师,研究方向为压力管道设计及膨胀节设计应用方向. 联系方式:河南省洛阳市高新开发区滨河北路 88 号,邮编 471000 TEL:0379—64829073

EMAIL:815360342@qq.com

45. 天然气管道用金属膨胀节开裂原因分析

吴本华　熊立斌　王勤生

（江苏省特种设备安全监督检验研究院无锡分院，无锡，214000）

摘　要：利用磁性测量、断口分析、金相分析等技术手段，对某燃气公司在役天然气管道上一个金属膨胀节的开裂原因进行分析，得出该膨胀节金相组织异常，存在明显的形变马氏体和条状铁素体，材料整体有明显铁磁性特征；材料硬度过高，波峰硬度最大值达 405HV。膨胀节裂纹起源于波峰内壁，为脆性开裂，断面有明显的沿晶开裂特征；波峰内壁与主裂纹平行，有多条短小微裂纹。从而分析该膨胀节开裂的原因主要是因为大量形变诱导马氏体导致材料硬化变脆、组织残余应力大，可能会在制造加工和使用过程产生微裂纹，另外安装使用存在轴向位移超过设计位移的可能，使膨胀节承受了超过设计规定的应力应变。

关键词：金属膨胀节；磁性测量；断口分析；金相分析

Analysis of Causes for Cracking Natural Gas Pipeline with Metal Expansion Joint

Benhua Wu，Libin Xiong，Qingshen Wang

（Special Equipment Safety Supervision Inspection Institute of
Wuxi Branch for Jiangsu Province，wuxi，214000）

Abstract：Using the technology, such as magnetic measurement, fracture analysis, and metallographic analysis, the reason for cracking of a metal expansion joint which used in service of the natural gas pipeline is analyzed. It is concluded that there is the abnormal microstructure of expansion joint, such as an obvious deformation martensite and strip ferrite. The overall material had obvious characteristics of ferromagnetic materials. The material's hardness is too high, and a maximum peak hardness is up to 405HV. Expansion joint The original crack of expansion joint is happened in the wave walls, and it is a brittle crack. The cross section has an obvious intergranular cracking characteristics. Crest wall is paralleled to the main crack, and had multiple cracks of short and small. So the crack of the expansion joint is mainly because a large amount of deformation induced martensite in material hardening brittle, organize large residual stress, may made in manufacturing processes and process to produce micro cracks. In additional, installation and the h using process may produce the axial displacement which more than the design, and it is made the expansion joint used under rules of stress and strain which more than the design.

Keywords：Metal expansion joint；Magnetic measurement；Fracture analysis；Metallographic analysis

1 前　言

某燃气有限公司在役天然气管道上的一个金属膨胀节出现开裂,造成天然气泄漏[1]。该膨胀节取下后,铭牌标示型号为 DZUF(B)10－200－17.0(4 波)－320,生产日期为 2013 年 3 月 28 日,投用时间为 2015 年,投用 6 年多,材质为 SUS304,按 GB/T12777－2008 标准[2]要求材料交货状态为为固溶处理态。质量膨胀节的质量检验报告注明产品依据 GB/T12777－2008 要求检验合格,出厂供货状态为成形态。质量报告中未注明材料的实际执行标准和材料质检报告方面的内容,如是否有合格的耐腐蚀性能检验报告等现对该膨胀节的开裂原因进行分析。

2 现场勘察与裂纹宏观观察

现场勘察可见,泄漏事发的膨胀节安装于阀门井内,井内有积水(图 1)。

拆卸下来的膨胀节开裂段一面的一根拉杆已断裂,拆卸人员无法确认开裂段竖直位置(如开裂方位是否在管道中的最低位)。膨胀节共有 4 波,裂纹出现在进口侧第 1 波,裂纹呈周向开裂,未见明显分支,整体细而直,从外表面看,裂纹长度超过 1/3 周长(图 2)。从外侧看裂纹整体呈 ab、bc、cd 三段,bc 段裂纹较直、较细。膨胀节内和导流筒上有已经干燥的泥土,膨胀节外壁上已有部分泥土,取样留作成分分析。

图 1　膨胀节使用现场状况

对裂纹段切割取样,第 1 波在周向方向上分段切开,其他 3 波周向对开。切开后,第 1 波 ad 裂纹段周向相对位置也出现裂纹(见图 3),裂纹穿过焊缝,该段裂纹从内表面看长度约为周长的 1/3,外表面只一小段裂开。ad 段的裂纹,内表面略长于外表面。膨胀节波纹管内外未见明显腐蚀痕迹。膨胀节其他 3 个波内外壁做 PT 检测,未见裂纹。

图 2　膨胀节裂纹

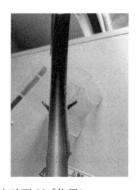

图 3　膨胀节内壁裂纹(ad 裂纹对面 180°位置)

3 检测与分析

3.1 磁性测量

膨胀节加工变形可能会导致奥氏体不锈钢金相组织的马氏体形变,马氏体组织与铁素体钢铁材料一样,有一定的铁磁性,用铁素体测定仪进行磁性检测,可以一定程度反映其马氏体形变的状况。试样切割前对膨胀节进行磁性测定,各个波的情况基本相似,波峰位置磁性最强,波谷最弱。第1波的磁性检测结果结果见表1。对切开后的膨胀节进行磁性复测,还发现图3中内壁裂纹尖端往前约10mm位置波峰磁性最强,峰值达34%。

表 1　磁性表征值(铁素体和马氏体%)

位置	①	②	③	④	⑤	⑥	⑦	⑧	⑨	⑩	⑪	⑫	⑬
数值	0.31	1.2	4.5	10.0	16.2	17.2	19.2	25.0	31.3	31.5	16.9	4.1	0.51

注:位置区域参见图4。

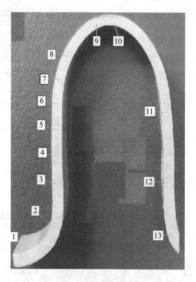

图 4　膨胀节第 1 波剖面位置点

3.2 断口宏观分析

取样进行观察,取样过程中发现,膨胀节中仍然存在较大残余应力,裂纹在一端失去约束后,开口扩至 5mm 宽。断口整体无明显塑性变形,内壁侧明显呈多台阶(图5)。

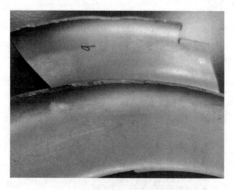

图 5　断口整体形貌

图 6　裂纹断面局部

断口宏观观察发现,靠外壁有剪切唇(图6)。结合图3中的内壁有长裂纹,而外壁裂纹只有一小段,说明裂纹源自内壁,向外扩展。

3.3 断口 SEM – EDS 分析

对图2中表示的 C 点、d 点位置断面进行 SEM – EDS 分析,其断面的宏观形貌见图7,相应的 SEM – EDS 分析结果见图8、图9。图8可见断面基本为产物覆盖,裂纹断面的本质特征看不清楚,腐蚀产物的 EDS 分析结果中 S304 敏感的腐蚀元素,存在 Na、K、Ca 元素。图9可见人工撕裂新断口微观形貌呈韧窝状,靠近白亮区未被腐蚀产物覆盖的部位可清晰显示晶粒,呈沿晶形态;旧断口黄色锈蚀区 EDS 分析结果中也无 S304 敏感的腐蚀元素。

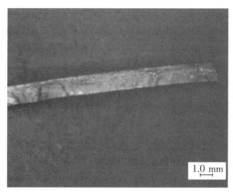
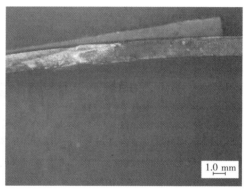

C 点 $\qquad$ D 点(白亮区为人工撕裂部位)

图7 C 点、D 点断面宏观

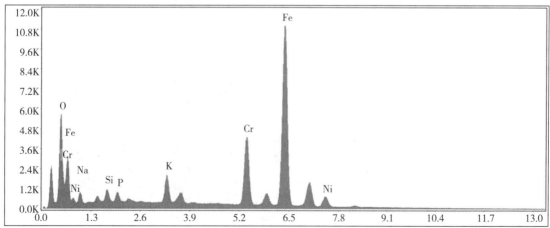

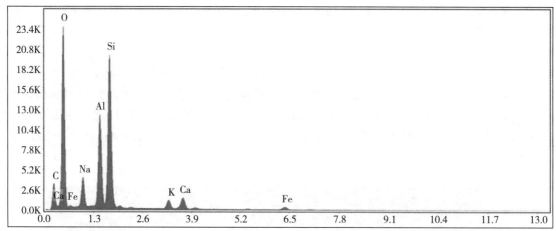

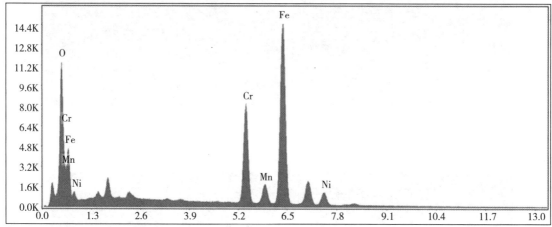

图 8　C 点的 SEM – EDS 图

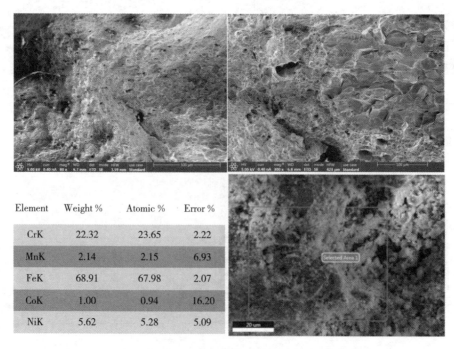

Element	Weight %	Atomic %	Error %
CrK	22.32	23.65	2.22
MnK	2.14	2.15	6.93
FeK	68.91	67.98	2.07
CoK	1.00	0.94	16.20
NiK	5.62	5.28	5.09

图 9　D 点的 SEM – EDS 图

3.4 金相分析

在裂纹附近取金相试样,横向观察裂纹形貌见图10,主裂纹曲折,膨胀节内壁主裂纹附近,还有多处起源于内壁的短裂纹。用酸浸蚀后进行金相观察,发现基体为奥氏体,铁素体含量较高,沿轧制方向呈带状分布(图11)。观察面上同时存在大量形变诱导马氏体(图12)。该304奥氏体不锈钢板材的供货状态为固溶,固溶处理后的304不锈钢组织为过饱和的亚稳态奥氏体,在遇到较大塑性变形时,将发生形变诱导马氏体相变。在加工、制造过程中,形变诱导马氏体的出现导致产品加工硬化现象加剧,降低材质塑性变形能力及制备过程中开裂现象增多,产品在使用过程中也容易出现延迟开裂或应力腐蚀开裂等状况。

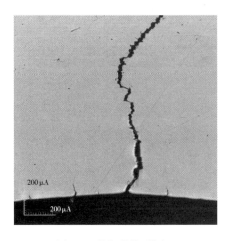

图 10　裂纹形貌(横向)

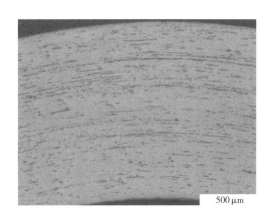

图 11　金相组织

图 12　金相组织($A+M$)

3.5 硬度检测

取图2上左标示的 h 位置,长10mm波纹片打磨后,对膨胀节横截面进行了显微硬度检测,内外壁硬度值均超出原材料要求,具体数据见表2。说明膨胀节在加工或使用过程中发生了硬化,根据该膨胀节的制造工艺和使用过程,推测硬度的变化主要是加工环节产生的。

表 2　硬度值(HV0.1)

位置	①	②	③	④	⑤	⑥	⑦	⑧	⑨	⑩	⑪	⑫	⑬
芯部	218	220	262	299	340	355	362	390	392	405	362	290	269
靠内壁						370	370	390	392				
靠外壁						330	362	390	403				

注：　GB/T4237—2007 要求≤210HV

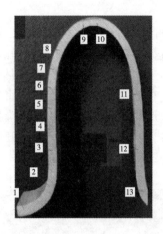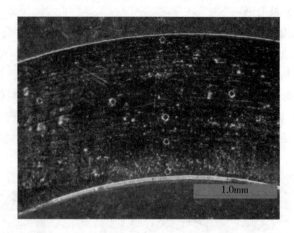

图 13   硬度测定分布

3.6   波形测量及壁厚测量

对膨胀节波距、波高进行测量,测定平均波距 35mm,波高 38mm。对膨胀节各个波的不同部位测壁厚,基本情况是从直段厚度约 1.80mm 到波峰厚度 1.60mm 逐渐减薄,波峰最小厚度 1.55mm。测量裂纹处波峰的厚度,与无裂纹处的波峰厚度相同,无减薄。

3.7   化学成分分析

取样对膨胀节原材料进行元素分析,成分分析结果见表 3。其成分材料与产品引用,其质量宜从其标准质量要求。对 SUS304 的成分要求。

表 3   化学成分分析(%)

元素	C	Si	Mn	P	S	Cr	Ni	N
检测值	0.054	0.585	1.13	0.029	0.013	17.90	8.05	0.042
标准限值	≤0.08	≤0.75	≤2.00	≤0.035	0.020	18.00~20.00	8.00~10.50	≤0.10

注:SUS304 材料成分与 GB/T3280−2007 或 GB/T4237−2007 中 06Cr19Ni10 相近,本处按 06Cr19Ni10 取标准限值。

3.8   附带泥土成分分析

表 4   泥土成分

组分	CaO	SiO_2	SO_4	PO_4	Fe_2O_3	K	Ni	Ti	Cr
内壁	23.71%	34.00%	3.60%	2.91%	33.18%	1.63%	0.02%	0.90%	0.05%

对膨胀节附带的泥土进行成分分析,分析结果见表 4,说明阀门井泥土或积水中有一定浓度的硫酸盐含量。

4   分析与结论

根据检测结果,该膨胀节的成分含量与材料牌号相符,但材料材质有两个异常:

(1)金相组织异常,存在明显的形变马氏体和条状铁素体,材料整体有明显铁磁性特征;

(2)材料硬度过高,波峰硬度最大值达 405HV。

膨胀节波峰处硬度最高、磁性最强,从波峰至波谷,磁性逐渐减弱、硬度逐渐降低。SUS304 材料磁性的存在与铁素体和马氏体相关,而铁素体在材料中的分布是均匀的,磁性强弱的变化主要取决于马氏体含量,马氏体的含量与对应位置的形变量相关,壁厚测量也表明波峰厚度最小,变形量最大,这种变形量应基本来源于膨胀节的制造过程。样品处理和检测经过还发现,膨胀节波峰位置存在残余应力,该膨胀节应为液压加工成形,内壁有残余拉应力。

膨胀节质量控制应有型号匹配的型式试验报告,在安装时应充分考虑安装可能产生的轴向伸缩,防止超参数使用。DZUF(B)10-200-17.0(4波)-320型膨胀节设计的轴向位移量为17mm,存在实际位移超大的可能。该公司未提供安装和维护更换时的数据,因而不能确定膨胀节在运行过程中的受载与变形情况,不能确定是否存在实际位移超过设计位移值的情况。同时,技术资料中无型式试验的数据,无法判断疲劳性能是否达标。根据 GB/T12777-2008 的引用标准 GB/T16749《压力容器波形膨胀节》波纹管变形率计算公式,本次开裂的失效膨胀节其变形率超过 30%;而标准要求超过 15% 的变形率,成形后应进行恢复性能热处理,其中的一个考虑就是变形率过大的情况下,出现过多形变马氏体,影响材料的抗疲劳性能和耐腐蚀性能。

膨胀节裂纹起源于波峰内壁,为脆性开裂,断面有明显的沿晶开裂特征;波峰内壁平行与主裂纹,有多条短小微裂纹。但在断面的腐蚀产物中未发现明显的应力腐蚀敏感介质,金相分析也未发现明显的应力腐蚀特征,无足够证据证明应力腐蚀开裂。

以上分析表明该膨胀节开裂的主要原因是膨胀节承受了超过设计规定的应力应变,大量形变诱导马氏体导致材料硬化变脆、组织残余应力大,可能会在制造加工过程产生微裂纹,也使材料抗疲劳性能和耐腐蚀性能变差,使用过程中也容易出现开裂,建议在该膨胀节制造过程中出厂供货状态改为固溶态,并控制制造变形率。

参考文献

[1] 江苏省特种设备安全监督检验研究院无锡分院. 华润燃气金属膨胀节开裂原因分析,GS-WT-2022-J5004[R],2022.

[2] 国家市场监督管理总局. 金属波纹管膨胀节通用技术条件:GB/T12777-2008[S],北京:中国标准出版社,2019:12.

作者简介

吴本华(1979-),男,湖北远安人,现工作于江苏省特种设备安全监督检验研究院无锡分院,从事承压设备结构强度设计与检验检测技术的研究。

联系人:吴本华

通信地址:江苏省无锡市滨湖区隐秀路 220 号

邮编:214000

电话:0510-83252992,018961807225

E-mail:wbh@wxtjy.com

46. 高炉煤气布袋除尘系统膨胀节失效分析

毛开朋[1,2] **魏守亮**[1,2] **刘 述**[1,2]

(1. 秦皇岛北方管业有限公司,河北秦皇岛 066004;

2. 河北省波纹膨胀节与金属软管技术创新中心,河北秦皇岛 066004)

摘 要:某钢厂高炉煤气布袋除尘管道系统波纹膨胀节在运行时出现失效现象,本文应用 CAESAR II 软件对管道系统进行了力学分析计算,从管道力学角度分析了膨胀节失效产生的原因,并结合现场实际工况提出了整改方案,为管道系统的安全运行提供了理论依据,可以为类似管道系统的设计提供一些参考。

关键词:高炉煤气;膨胀节;失效分析

Failure Analysis of Expansion Joint of Bag Dedusting Pipeline System for Blast Furnace Gas

Mao Kaipeng[1,2], Wei Shouliang[1,2], Liu Shu[1,2]

(1 Qinhuangdao North Metal Hose Co. ,Ltd. Qinhuangdao,Hebei Province,Zip Code:066004

2 The corrugated expansion joint and metal hose Technology Innovation

Center of Hebei,Qinhuangdao,Hebei Province,Zip Code:066004)

Abstract:The expansion joint of the blast furnace gas bag dedusting pipeline system has failed during operation in a steel plant. This paper uses CAESAR II software to perform mechanical calculation on the pipeline system,analyzes the causes of the failure of the expansion joint from the perspective of pipeline mechanics,and puts forward a rectification scheme based on the actual site work conditions,which provides a theoretical basis for the safe operation of the pipeline system,and can provide some reference for the design of similar pipeline systems.

Keywords:blast furnace gas;Expansion joint;failure analysis

1 引 言

某钢铁企业高炉煤气布袋除尘管道系统,运行初始阶段出现净煤气主管两台波纹膨胀节非正常变形,两膨胀节中部管道固定支座被拉开,管道整体移位且带动各煤气支管发生不同程度变形,管道系统运行存较大安全隐患。为查明失效原因,对该管道系统进行了分析。

该布袋除尘管道设计压力为 0.28MPa,工作温度≤300℃,介质为净高炉煤气,具体管道参数见表1;图 1 为净煤气管系布置图,除尘后的净煤气在除尘器箱体顶部进入净煤气支管(Φ828×14),10 个除尘器箱体顶部支管分别汇入净煤气主管,其中净煤气主管存在多级管道变径,且设有三处固定支座(GZ1、GZ2、GZ3),净煤气各支管上分别设置一台复式拉杆膨胀节,主管上设有两台单式轴向型膨胀节,固定支架 GZ1 与 GZ3 之间管段设有管道大拉杆,大拉杆规格 M80,材质 20♯。

表 2 为膨胀节参数表,该管线设计补偿原理:净煤气支管上设置 DN800 复式拉杆波纹膨胀节,通过其横向变形补偿布袋除尘器罐体上涨和净煤气主管固定支架间轴向位移的组合;净煤气主管上设管道大拉杆用于平衡管道系统自身的压力推力,净煤气主管中部设固定支座 GZ2,其两侧位移由两轴向膨胀节分别补偿。现场出现的失效现象为固定支架 GZ1 被拉开,主管 DN1100 轴向膨胀节被严重压缩,DN2000 膨胀节被过度拉伸,波纹部分被拉直,其他支管膨胀节出现不同程度变形。

表 1 管线参数表

管段	管道外径 （mm）	管道壁厚 （mm）	设计压力 （MPa）	设计温度 （℃）	管道 材质
主管Ⅰ	1128	14	0.28	≤300	Q235B
主管Ⅱ	1528	14	0.28	≤300	Q235B
主管Ⅲ	2028	14	0.28	≤300	Q235B
支管	828	14	0.28	≤300	Q235B

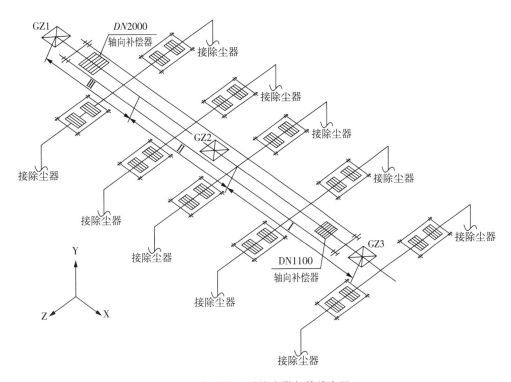

图 1 布袋除尘系统净煤气管线布置

表 2 膨胀节性能参数

膨胀节 规格	补偿量 （mm）	轴向刚度 （N/mm）	横向刚度 （N/mm）	单组波轴向刚度 （N/mm）	单组波横向刚度 （N/mm）
DN2000	轴向 80	807	160086	807	160086
DN1100	轴向 80	409	26025	409	26025
DN800	横向 120	802	134	405	14414

2　管系建模及力学分析

根据原管道设计条件及管道布置路由,采用 CAESAR II 软件建立力学计算模型,所建模型如图 2 所示。

建模完成后检查力学边界条件无误进行应力计算,计算出的一次应力及二次应力结果如表 3 所示,一次应力为 31MPa,一次应力许用值为 125.5MPa,二次应力为 24.8MPa,二次应力许用值为 298MPa,一次应力和二次应力均在规范允许范围内[1],表明管道走向、膨胀节的设置符合管道应力水平要求;两膨胀节对应的节点处轴向位移分别为:$DN2000$ 处轴向位移(沿 X 方向)-48.38mm,$DN1100$ 处轴向位移(沿 X 方向)40.38mm,两膨胀节的设计轴向补偿能力均为 80mm,表明膨胀节符合设计要求。

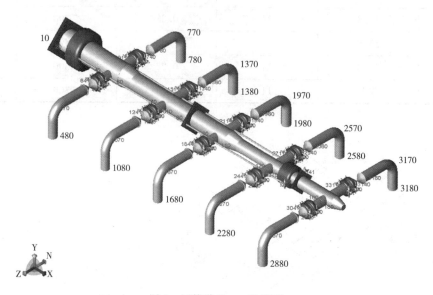

图 2　原管道 CaesarII 模型

表 3　一次应力、二次应力计算结果

一次应力计算值	一次应力许用值	二次应力计算值	二次应力许用值
31.3MPa	125.5MPa	24.8MPa	298.4MPa

在对固定支架受力分析发现中间的固定支架 GZ2 在 X 方向受力为 668824N,该固定支座所处管道标高为 24.45m,此固定支架处倾翻力矩高达 1633t·m;经现场勘查此处固定支座仅为现场制作的简单焊接式固定支座,无法满足如此巨大载荷的受力要求,在管道系统运行过程中该固定支座必然失效发生移位,使得该力作用于后续的 $DN1100$ 轴向膨胀节,使其发生轴向压缩,同时 $DN2000$ 膨胀节发生拉伸现象,因此该管道系统膨胀节发生失效的原因为固定受力不达标。

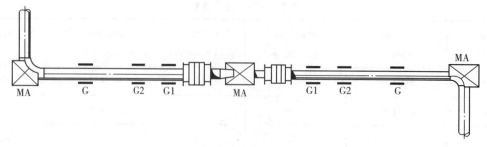

图 3　单式轴向型膨胀节吸收具有异径管的管线位移

GB/T35979－2018 对图 3 用于吸收异径管的管线位移处的两单式轴向型膨胀节中间固定支架类型有规定[2]；异径管处的固定支架应为主固定支架，用于承受异径管两侧膨胀节作用于其上的压力推力差值。且通过手工计算两不同通径膨胀节产生的压力推力差值数值与软件计算基本吻合，因此该管系中固定支座 GZ2 处的受力产生来源即为两侧的膨胀节产生的压力推力差。

3 管系调整方案及力学校核

3.1 调整方案

上文已经分析膨胀节产生失效是由于固定支架受力不达标导致，因此降低固定支架处受力是解决问题的关键。考虑到现场已投产，且两轴向补偿器变形严重无法继续使用的实际情况，管道系统不易进行较大程度调整，分析后决定采用如下方法调整：

(1)两主管上单式轴向型膨胀节调整为直管压力平衡型膨胀节，补偿能力满足各管段热胀要求；

(2)固定支架 GZ2 复位后进行加固处理；

(3)原管道大拉杆拆除。

调整后管系设计补偿原理：主管上选用两台直管压力平衡型膨胀节，直管压力平衡型膨胀节为约束型膨胀节，可以自身平衡管道压力推力，因此可以取消原管道大拉杆，且对两侧固定支架仅产生弹性反力，大大降低固定支架的受力[3]；净煤气支管上 DN800 复式膨胀节做复位处理，其对应的补偿位移没有变化，原膨胀节可以继续使用。

3.2 对调整方案进行力学校核

对调整后的管线进行应力计算，一次应力为 30.8MPa，一次应力许用值为 125.5MPa，二次应力为 25MPa，二次应力许用值为 298.4MPa，一次应力和二次应力均在规范允许范围内；同时对膨胀节的设计补偿量校核发现均能满足各管段热胀位移要求，中间固定支架 GZ2 在 X 方向受力降低至 75579N，加固后的固定支架能满足要求，表明调整后的方案可以保证该管道系统的安全运行。

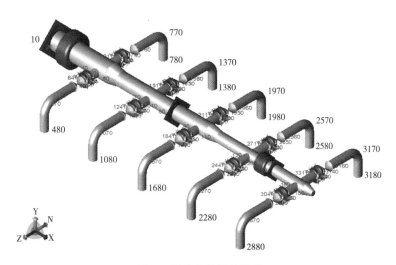

图 4 调整方案管线模型

4 结论

某钢铁公司高炉煤气布袋除尘管线波纹膨胀节出现固定支架失效，膨胀节超标位移的情况，经管道力学分析发现，是由于中间固定支架受力不满足实际要求导致；对于存在变径的管道，处于两不同无约束膨胀节中间的固定支架，应能够承受两侧膨胀节作用于其上的压力推力差。在结合现场实际情况以及应力分析的基础上，提出了合理的调整方案，并对调整后的管道系统进行了力学分析，调整的方案应力符合规范要求，管道系统的力与变形协调，可为该管道系统的安全运行提供理论依据。对于压力管道设计单位,在管道设计过程中应该谨慎的选择使用无约束型膨胀节,必须考虑两侧支架的受力要求,确保管道系统的应力以及关键节点受力符合要求[4],避免出现类似的膨胀节失效现象。

参考文献

[1] 唐永进. 压力管道应力分析[M]. 北京:中国石化出版社,2003.

[2] 中华人民共和国国家质量监督检验检疫总局,中国国家标准化管理委员会. 金属波纹管膨胀节选用安装使用维护技术规范:GB/T35979—2018[S]. 北京:中国标准出版社,2018

[3] 李永生,李建国. 波形膨胀节实用技术[M]. 北京:工业装备与信息工程出版中心,2000.

[4] 段玫,胡毅. 膨胀节安全应用指南[M]. 北京:机械工业出版社,2017

作者简介

毛开朋(1990—),男,中级工程师,硕士,从事波纹补偿器、非金属补偿器、金属软管设计研究工作。
E-mail:maokaipeng327@163.com 电话:0335—7501695

47. 大型高炉热风管道波纹膨胀节
失效分析及预控对策

魏守亮[1,2]　**孟宪春**[1,2]　**赵铁志**[1,2]　**马才政**[1,2]　**隋国于**[1,2]

(1. 秦皇岛北方管业有限公司,河北 秦皇岛　066004)

(2. 河北省波纹膨胀节与金属软管技术创新中心,河北秦皇岛 066004)

摘　要:本文通过工程实例,对大型高炉热风管道波纹膨胀节筒节泄漏原因进行分析,并根据热风管道膨胀节的现状,拿出相应修复措施。对设计类似工况波纹膨胀节提出预控对策。

关键词:波纹膨胀节;剧烈循环工况;NO_x;泄漏

Failure Analysis and Pre－control Measures on
Expansion Joint of Hot Blast Pipe
of large Blast Furnace

Wei Shou－liang　Meng xian－chun　Zhao tie－zhi Ma Cai－zheng Sui Guo－yu

(1. Qinhuangdao　North Metal　Hose CO. ,LTD. Qinhuangdao 066004,China)

(2 The expansion joint and metal hose Technology Innovation

Center of Hebei,Qinhuangdao,Hebei Province,Qinhuangdao 066004,China)

Abstract:This paper analyzes the leakage causes of bellows expansion joint of large blast furnace hot air pipeline through engineering examples,and puts forward corresponding repair measures according to the current situation of hot air pipeline expansion joint. The pre－control measures are proposed for the corrugated expansion joint under similar design conditions.

Keywords:Expansion Joint;Severe cycle condition;Nox leak

1　前　言

热风管道是高炉热风炉系统的重要组成部分,热风通过热风支管进入热风主管,并从热风主管经围管进入高炉。随着高风温热风炉的推广应用,作为热风管道上吸收管道热位移的波纹膨胀节,由于工作介质、工作条件的复杂和结构的特殊性,是热风管道的薄弱环节,作为设置在热风管道上的波纹膨胀节,如何保证热风管道安全、长寿的运行问题越来越突出。山东某钢厂5100 m³高炉,从2017年5月投产运行到2022年11月运行5年后,热风支管波纹膨胀节的筒节出现裂纹泄漏。查明失效原因,并根据热风管道膨胀节的现状,拿出相应修复措施。对以后设计类似工况波纹膨胀节提出预控对策。是我们专业波纹膨胀节生产厂家应该做的事情。

2　膨胀节失效分析

2.1　膨胀节的工况条件

工作压力0.53MPa;实际运行压力0.48MPa;

介质:热风;介质温度为:$T \leqslant 1300℃$;

钢壳设计温度管:150℃;

钢壳工作温度管:100℃;

补偿量:横向补偿量 50mm

波纹元件材质:Incoloy825　壁厚×层数:1.5mm×2

筒节尺寸:Φ3092×20　材质:Q345B

结构形式:高温大拉杆横向波纹膨胀节 DHBDK3092-G-J-3000,波数 2+2,加强 U 形波纹管,波高 80,波距 100。波纹元件直边端与筒节采用内插焊接。

2.2　膨胀节设计校核

2.2.1　膨胀节波纹元件力学校核

根据以上参数我们对波纹膨胀节的波纹元件强度进行了重新计算校核,理论计算结果表明:波纹膨胀节波纹元件压力引起的应力、位移引起发应力、总应力、疲劳寿命、刚度值及稳定性均满足设计要求。

2.2.2　筒节的力学计算:

设计压力 $P=0.6MPa$　钢壳设计温度管:150℃

最大承压筒节尺寸:$D=3240mm$;材质:Q345B　设计温度下的许用应力 $S=163MPa$

$\mathcal{C}_w$ 焊件的纵向焊接接头系数(埋弧焊):0.8;计算系数 $Y=1mm$;厚度偏差 $C_1=1$;腐蚀余量 $C_2=1mm$

根据压力管道工业金属管道设计规范 GB50316[1] GB/T20801.3[2]

计算壁厚 $t=PD/2 \times (S\mathcal{C}_w + PY)=14.84mm$;设计壁厚 $t_{sd}=t+C_1+C_2=15+1+1=17mm$

实际设计选用壁厚 20>17　耐压强度满足要求。

根据 ASME 规范筒节冷成型后的热处理检查[3]

纤维伸长率计算:$50t/R_f \times (1-R_f/R_0)\% < 5\%$　可免除筒节热处理。其中 $R_f=3220$　$R_0=\infty$

$50t/R_f \times (1-R_f/R_0)\% = 50 \times 20/3220(1-0)=0.31\% < 5\%$

结论:筒节冷成形后可以免除热处理

2.2.3　筒节及受力构件的有限元分析

由于简单的公式力学计算具有局限性,我们用 ANSYS 软件对膨胀节承压受力构件进行应变、应力有限元分析,见图 1 应变分析,图 2 应力分析。

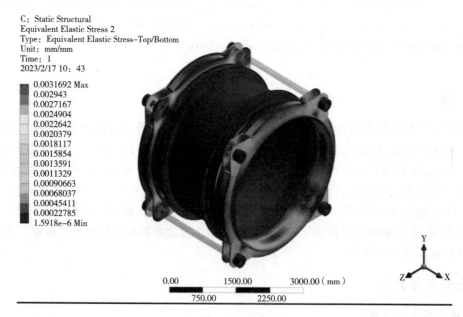

图 1　应变分析

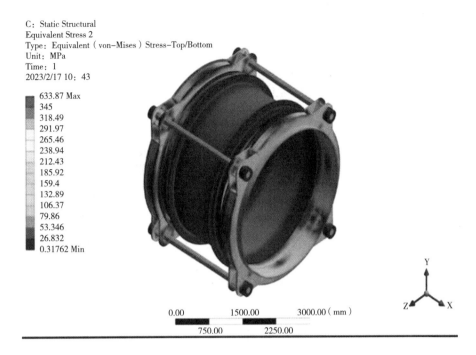

图 2 应力分析

通过有限元分析,从以上计算结果数据看,膨胀节承压筒体应力 132.89MPa 小于许用应力 163MPa,结论满足使用要求。

2.3 管系力学校核

本文采用 CAESARⅡ 应力软件进行力学分析,应力分析条件根据钢厂提供热风管道布置图。见图 3 热风管道布置图,根据波纹元件参数计算的膨胀节波纹管刚度值、有效面积等作为原始输入数值。

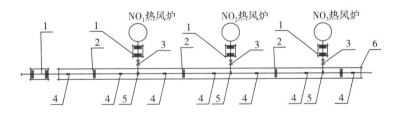

图 3 热风管道布置图

1—高温复式拉杆膨胀节;2—高温轴向膨胀节;3—热风阀;4—滑动支座;5—导向支座;6—热风管道拉紧装置

2.3.1 建模

为使计算结果接近真实,各个元件及管段需要尽可能准确地进行建模。建模的过程是一个复杂而繁琐的过程,建模时要确定各个元件的操作条件、材料特性及几何尺寸等参数,建的模型越接近实际管系,计算的结果将越接近真实。见图 4 热风管道 CAESARⅡ 模型。

2.3.2 计算并分析结果

2.3.2.1 对一次应力、二次应力计算结果进行分析

用 CAESARⅡ 2017 软件进行有限元分析后,对计算结果进行分析,首先对一次应力、二次应力进行判断,确认应力水平在规范允许范围之内。本模型的计算结果中的一次应力为 95MPa,二次应力为 206MPa,许用一次应力为 143MPa;许用二次应力为 233MPa,均在允许范围之内。

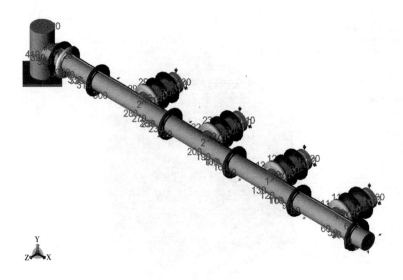

图 4　热风管道 CAESAR Ⅱ 模型

2.3.2.2　对固定管架受力计算结果进行分析

固定管架受力：热风竖管道与地面之间看作固定支架：$F_x = -35t$，$F_y = -31t$，$F_z = 4t$。根据我们过去工程使用的经验，固定管架受力也应该在允许范围之内。

2.3.2.3　对失效膨胀节位移计算结果进行分析

高温大拉杆横向波纹膨胀节 DHBDK3092 - G - J - 3000 热位移：$D_x = 0mm$，$D_y = 30mm$，$D_z = 10mm$。小于设计院提供的补偿量（横向补偿量 50mm）。

通过上述计算分析，该高炉热风主支管线路由、支架、膨胀节设置合理，应力、力及位移在许用范围之内。

2.4　应力腐蚀分析

应力腐蚀指金属在拉应力和特定的化学介质共同作用下，经过一段时间后所产生的低应力脆性断裂 SCC(Stress Corrosion Cracking)。常见的应力腐蚀现象，如低碳钢和低合金钢在苛性碱溶液中的"碱脆"和在含有硝酸根离子介质中的"硝脆"等；特定腐蚀化学介质、拉应力和金属材料是产生应力腐蚀开裂的三个条件。

2.4.1　高风温引起的 NO_x 腐蚀介质分析

热风炉高风温是提高高炉利用系数、降低焦比和提高喷煤量的直接措施，1200～1300 ℃风温是 21 世纪现代化高炉的重要标志。见图 5 热风炉气道布置示意，要实现 1250℃热风稳定输送。大型高炉的热风炉拱顶正常操作温度需要在 1380℃ 以上，这样的拱顶的高温加速了氮氧化物（NO_x）的产生。

NO_x 是对 N_2O、NO_2、NO、N_2O_5 以及过氧酰基硝酸酯（PAN）等氮氧化物的统称。NO_x 的生成机理可以分为三类：即热力型、燃料型和快速型。其中燃料型和快速型和温度关系不大，只在热风炉燃烧时形成，热力型 NO_x 的形成和温度关系密切，在热风炉燃烧和送风时均可发生 见图 6 不同类型 NO_x 产生量和燃烧室温度的关系。

热风炉使用的是高炉煤气燃料型，NO_x 形成较少，但三种类型变化率和温度的关系与热风炉内基本相同，热力型 NO_x 是参与燃烧的空气中的氮在高温下氧化产生的。

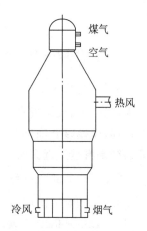

图 5　热风炉气道布置示意

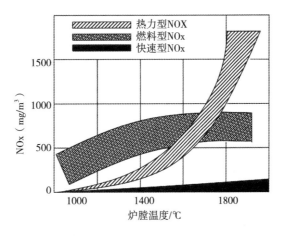

图6　不同类型 NO_x 产生量和燃烧室温度的关系

在高温空气过剩条件下生成：
$$N_2 + O_2 \rightarrow 2NO \qquad\qquad\qquad （式1）$$
$$2NO + O_2 \rightarrow 2NO_2 \qquad\qquad\qquad （式2）$$

一般条件下，N≡N 键能很高。因此空气中的氮非常稳定，在室温下，几乎没有 NO_x 生成。但随着温度的升高，根据阿仑尼乌斯（Arrhenius）定律，化学反应速率按指数规律迅速增加。实验表明，当温度超过1200℃时，已经有少量的 NO_x 生成，在超过1350℃后，NO_x 产生速度快速增加，温度对热力型 NO_x 的反应速度起着决定性的影响。通过降低火焰温度可以有效减少热力型 NO_x 的产生，但是和高炉高风温操作的要求不匹配。

热风中含有 NO_x 和燃烧时生成的 HO_2 分子，热风向炉壳或管壁扩散，同时温度不断降低，当温度低于露点时，会凝结形成具有强腐蚀性的硝酸，资料显示 NO_x 露点温度在170℃左右。热风管道钢壳的实测温度120℃，小于设计温度150℃。低于露点温度。这将对热风管道的壳体造成腐蚀，至此低合金钢产生应力腐蚀的特定化学介质已经形成。

2.4.2　拉应力形成

拉应力：包括残余应力和工作应力。冷成形、焊接等过程中产生的。产生应力腐蚀开裂的应力一般并不很大。如果没有特定腐蚀介质的协同作用，金属件在该应力作用下可以长期服役而不出现裂纹。

炼铁热风炉属间隙操作，它们轮流交替地进行燃烧和送风，使高炉连续获得高温热风并且压力基本恒定，但热风阀前由热风阀开闭、低压煤气、空气的输送、热风支管运行压力、温度随时变化，热风支管膨胀节由此承受交变应力。其工作条件属于剧烈循环工况。另外，筒节的冷成形经过纤维伸长计算，可免除热处理需求，但与其他环板焊接产生残余应力不可能完全消除，为应力腐蚀的发生创造了条件。

2.4.3　膨胀节筒节材料

一般认为纯金属不易发生应力腐蚀开裂，合金比纯金属更易产生应力腐蚀断裂，每种合金的应力腐蚀开裂只对某些特殊的介质敏感。氯离子能引起奥氏体不锈钢的应力腐蚀开裂，称氯脆；氯离子对低碳钢则不起作用。筒节的材质为Q345B，该材料在硝酸盐溶液中可以发生硝脆；即硝酸根离子能引起低碳钢应力腐蚀开裂。由于热风管道在线运行，无法对裂纹部位进一步取样分析，但从外观裂纹形态为树状，见图8裂纹局部放大，初步判断为应力腐蚀形态。

2.4.4　膨胀节筒节裂纹后果预测

通过多年积累的案例证明，应力腐蚀是危害性最大的局部腐蚀形态之一，在腐蚀过程中，若有微裂纹形成，其扩展速率比其他类型的局部腐蚀速率要快几个数量级。应力腐蚀是一种"灾难性的腐蚀"。如石油化工油罐爆炸、冶金行业煤气管道泄漏等都造成了巨大的生命和财产损失。

3 根据膨胀节的现状，采取相应修复措施

3.1 膨胀节的现状

膨胀节现场运行压力 0.48MPa；波纹管的变形在设计允许的范围之内，筒节出现裂纹并产生微泄漏，其外壁温度 100℃左右。属于正常运行温度的范围之内，见图 7 裂纹位置、见图 8 裂纹局部放大。

 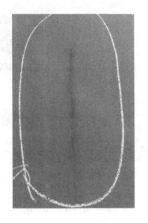

图 7 裂纹位置   图 8 裂纹局部放大

热风管道是将热风炉内 1350℃左右的热空气输送到高炉的中间环节，是炼铁厂核心部位。作为热风管道上吸收管道热位移的金属波纹膨胀节，由于工作介质、工作条件的复杂和结构的特殊性，剧烈的循环工况条件下，膨胀节筒节的裂纹有不断扩展的趋势。有可能在高炉运行时突然失效，一旦膨胀节爆裂，给钢厂造成的损失是不可估量的。尽快采取相应的修复措施是必要的也是必需的。

3.2 采取相应修复措施

3.2.1 膨胀节在线修复风险预估

经过与业主多次反复沟通，如果在原带有裂纹的筒节上补焊，在施焊空间受限条件下，筒节与焊条在电弧的作用下熔化，当电弧离开后，熔化的液态金属将结晶凝固。这个熔化凝固过程具有加热温度高，时间短，液态金属少，冷却速度快，并直接与空气接触发生一系列反应等特点。这对带有的裂纹筒节会引起次生风险，导致裂纹快速扩展。

3.2.2 膨胀节整体在线包覆方案

为避免安全事故的发生，对原膨胀节采用整体在线包覆方案。见图 9 膨胀节整体在线包覆方案。

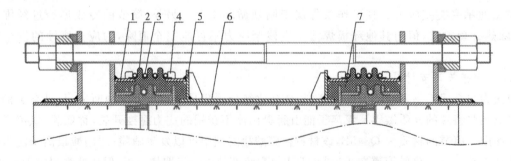

图 9 膨胀节整体在线包覆方案

1—筒节；2—波纹管；3—加强环；4—当块；5—环板；6—中间筒节；7—隔热陶瓷纤维

原膨胀节为高温大拉杆横向型 DHBDK3092-G-J-3000，包覆前后的膨胀节补偿元件的几何参数见表1。

表1　包覆前后的膨胀节补偿元件的几何参数

波纹管直边段外径 mm	加强U形波		层数×	波数	横向刚度	补偿量	有效直径	疲劳寿命
	波距 mm	波高 mm	壁厚 mm		N/mm	mm	mm	次数
包覆前 ø 3200	100	80	2×1.5	2+2	8304	50	ø 3280	10×3000
包覆后 ø 3440	100	85	1×2.5	3+3	7360	50	ø 3525	10×3000

由于外层膨胀节是包覆在原膨胀节的外侧,有效直径、弹性刚度均增大,则压力推力、弹性反力均增加。该包覆方案综合考虑对管线受力的影响,在不干涉的前提下,尽可能选择小直径波纹元件包覆。在有限空间内包覆波纹管波数适当增加,膨胀节整体横向刚度增加不至于过大。在制定包覆方案时对热风管道约束构件本身的承载能力及其与炉体、热风管道的焊接强度进行校核。

在膨胀节的耐腐蚀方面,包覆膨胀节波纹元件选用Incoloy825与原膨胀节波纹元件材质相同,均具有较强耐腐蚀性。一般不会出现腐蚀失效现象。承压筒节、环板选用SUS321奥氏体不锈钢,避免硝酸根离子引起低碳钢应力腐蚀开裂即"硝脆"现象的发生。该包覆方案选材的配置,在类似工况的热风管道有成功运行案例。包覆后的膨胀节使用寿命不低于热风炉的剩余炉役。

在修复工艺过程方面,防止包覆后膨胀节波纹元件外壁出现过热现象,在原膨胀节与包覆膨胀节之间填充柔性耐温1300℃含镉陶瓷纤维毡。隔热材料的厚度应是膨胀节相互间隙的1.5~2倍。组对波纹管时,按事先做好的标记对位,将焊口清理干净。将波纹管对位衬垫焊接牢固,试组对,校正波纹管,保证波纹管纵焊缝对接齐平。焊接焊接波纹管纵缝,焊丝选用ER625,电流160A−180A,控制焊缝余高,不高于1.5毫米[3]。焊后焊缝表面着色探伤,结果符合NB/T47013.5−2015 Ⅰ级合格,现场条件允许时,进行气压试验,试验压力不低于设计压力的1.15倍。用皂泡法对各焊接接头检漏,再次测量膨胀节总长及波纹管波距数据与原始数据对比。波距的变化率不大于20%为合格。然后将通气孔用螺塞加密封垫拧紧。

4　热风管道波纹膨胀节设计、制造预控对策

高炉热风管道膨胀节应用在高风温、高风压、高腐蚀、高疲劳恶劣工况,充分考虑其耐高压、耐腐蚀、耐高温及其长寿命的特性,我们曾对膨胀节波纹元件材料的选用、波纹管的几何参数、设计疲劳循环次数、波纹元件成型后的固溶处理等多方面进行设计优化;对保证热风管道的长寿运行取得较好的效果。

但上述案例热风支管膨胀节运行5年后,承压筒节出现裂纹,并产生泄漏,同样威胁着高炉的运行安全。炉容4000M³以上的大型高炉,热风管道波纹膨胀节的承压筒节宜选用321不锈钢材质,一次投资成本会增加,从一代炉龄计算微乎其微;改进结构设计,在结构设计时应减少应力集中,焊缝布置符合相关规范要求、降低和消除应力,降低应力腐蚀发生的风险。

由图7裂纹位置看出,膨胀节承压筒节的裂纹在焊缝的附近,从制造工艺方面,优化焊接工艺规程,并进行焊接工艺评定验证,采取焊前预热和焊后热处理措施,防止因焊接加热过快而材料开裂,缓和焊后的冷却速度,达到改善结晶条件减少焊缝化学成分不均匀性,有利于减少焊缝的冷裂纹倾向性。焊后热处理可以消除或减缓焊接参与应力,提高焊接接头的耐腐蚀性和韧性。防止焊缝区产生延迟裂纹。并按NB/T47013.1− NB/T47013.13.的相关规定进行无损检测。满足合格等级要求。

参考文献

[1] GB50316−2000(2008年版)工业金属管道设计规范.北京:中国计划出版社,2008.

[2] GB/T 20801.3−2020压力管道规范　工业管道　第3部分:设计和计算.北京:中国标准出版社,2020.

[3] GB/T 12777−2019金属波纹管膨胀节通用技术条件.北京:中国标准出版社,2019.

作者简介

魏守亮(1965—),男,河北秦皇岛人,正高级工程师,学士,从事波纹膨胀节、波纹金属软管技术研究工作。

电话:03357501650　邮箱:weishouliang 2007@163.com

48. OCC 装置膨胀节失效原因分析及对策

付 强

(中船双瑞(洛阳)特种装备股份有限公司,河南洛阳 471000)

摘 要:膨胀节在石化装置的管路中具备补偿管道位移的作用,是管路中的关键元件。本文通过解剖某石化 OCC 装置失效膨胀节,找出失效关键点,分析失效原因,改进产品结构,有效保障 OCC 装置管线的安全运行。

关键词:波纹管直边段;易凝结介质;外套结构

The Failure Analysis and Countermeasure of Expansion Joint in OCC Device

Fu qiang

(CSSC Sunrui (Luoyang) Special Equipment co. ,Ltd. ,Luoyang 471000,China)

Abstract:The expansion joint play a key role in compensating for pipeline displacement of petrochemical plants. This paper analyzes the causes of failure according to dissecting the expansion joint of OCC device;and improve the structure of expansion joint,ensuring the safe operation of pipeline effectively.

Keywords:Tangents;Condensable medium;External welded structure

1 前 言

OCC 装置[1](C4 烯烃裂解制丙烯)是将副产价格相对低廉的低碳烯烃 C4,通过裂解方式,利用催化剂把 C4 中的烯烃裂解,得到主要产品粗丙烯以及副产粗裂解汽油、粗丁烷等产品。再将粗丙烯送入乙烯装置,依托乙烯装置分离精制得到聚合级丙烯、聚合级乙烯等高附加值产品,可以显著提高企业的经济效益[1]。在转化过程中,具备易燃易爆特性的介质,需要保持很高的反应温度(550℃以上)。其管线膨胀节的安全运行,对于整个装置和管线而言,极其重要。本文通过对某石化企业失效的 OCC 膨胀节进行解剖,分析失效原因,改进产品结构,达到有效保障 OCC 装置管线安全运行的目的。

2 失效膨胀节介质特性与运行工况环境调查

某石化企业 OCC 装置为双线路切换模式(线路 A 和线路 B 轮流工作),切换周期为 2 周;正常运行两年后,管线膨胀节失效,表现为吹扫蒸汽盘管开裂和波纹管直边段焊缝开裂。装置以丁烯装置副产混合 C4 以及 FCC 装置副产混合 C4(表 1)为原料,主要产品为粗丙烯。

表1 原料介质成分

组分1	C3−	C5+	甲醇＋MTBE	硫	丁二烯	C4烯烃总量
成份(wt%)	≤0.4	≤2.7	≤50ppm	≤15ppm	≤0.6	≥78

OCC装置设计参数及实际运行参数见下表2(疲劳寿命按照GB/T12777进行设计计算):

表2 膨胀节工作参数及设计参数

工作压力	0.1~0.2MPa	设计压力	0.7MPa
介质温度	560℃	设计温度	580℃
疲劳寿命	3000 次	安全系数	10

双线路管线布置方式完全相同,管线膨胀节形式为带蒸汽盘管吹扫装置和双层报警的复式万向铰链膨胀节(内压,结构如图1所示)。

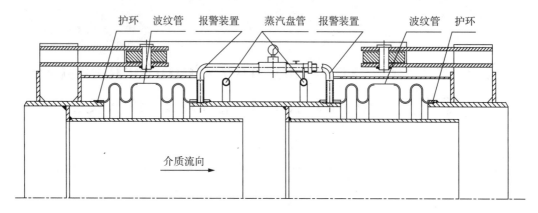

图1 OCC装置管线用膨胀节简图

装置运行过程中,两路管线交替使用(周期为两周切换一次),管线温度高低交替变化,在装置使用两年后,在蒸汽盘管并未投入使用情况下(现场无配套管线或气源),出现了蒸汽盘管开裂现象(图2),之后不久出现波纹管直边段开裂现象(图3)。

图2 蒸汽盘管侧面照片和横截面照片

图3 波纹管直边段与筒节焊缝开裂照片

3 膨胀节失效原因分析

经过核查前期的询价文件和产品档案,勘察现场操作运行工况,OCC 装置膨胀节的流通介质具备易凝结、易结焦的特性。管线膨胀节结构型式为带报警装置和吹扫装置的复式万向铰链型膨胀节;在使用现场,膨胀节外部包裹保温棉。

由表 2 可知,膨胀节的设计压力、设计温度和设计疲劳寿命指标均高于工作状态参数;经过重新校核参数之后,暂时排除设计因素,从膨胀节内流通的介质工况进行分析。

(1)膨胀节蒸汽盘管开裂原因分析

该 OCC 装置运行模式为"双线路切换模式",切换周期两周,较为频繁;在切换时温度交替变换,所以蒸汽盘管内部介质及催化剂烟气会冷凝产生少许积液或类似积碳的凝结物;膨胀节设计数据表要求膨胀节附带管线吹扫装置,在主管线运行时需进行吹扫。

询价文件和操作规范要求,蒸汽吹扫装置在主管线运行时需要持续向内吹入蒸汽;膨胀节所在线路切换后,按规定暂停使用的主管线需要先充入一段时间高温空气,使附着在主管道内壁的凝结物全部燃烧掉。现场 OCC 装置未配备吹扫管线,无法按照规范对蒸汽吹扫装置进行操作。

蒸汽盘管开裂,除了未按规范操作使用蒸汽吹扫线外,还存在以下原因:

① 介质含有少量的硫,膨胀节长时间在高温(560℃)与常温交替工作,蒸汽盘管内的凝结物在盘管内表面形成腐蚀环境,对蒸汽盘管(材料为 S30408)造成露点腐蚀,逐步对造成腐蚀破坏;

② "双线路切换"运行模式下,工作时高温的蒸汽盘管内充满固体介质,常温状态下蒸汽盘管内径有所减小(固体介质体积不变),长期累积导致凝结后固体介质将蒸汽盘管撕裂。例如,在蒸汽盘管常温堵满介质情况下,管线在高温(560℃)运行时,高温下的蒸汽盘管横截面比常温下会有一定的增大,蒸汽盘管和凝结的介质之间会再次出现间隙,此间隙内的介质在高温态变为常温态时,会继续凝结;同时蒸汽盘管在高温变为常温时,盘管横截面积会有一定的减小。蒸汽盘管内的凝结介质横截面增加,但蒸汽盘管本身的横截面积减小,使蒸汽盘管局部形成极大的应力。后续管道吹入高温空气燃烧时,蒸汽盘管大一号结构,使蒸汽盘管内的高温空气温度降低很多,不能对盘管内凝结的介质进行有效的燃烧。长期累积下,固体体积不断增大,蒸汽盘管横截面积不变,易凝结物将盘管撑裂,也是蒸汽盘管开裂的原因之一。

(2)波纹管直边段与筒节焊缝开裂原因分析

膨胀节波纹管采用了单层承压、双层报警的结构。开裂处结构位置如图 4 和图 5 所示。

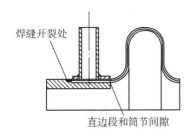

图 4 波纹管直边段结构简图

图 5 波纹管直边段开裂位置

波纹管直边段开裂处照片如图 6 所示:

从图 6 可知,波纹管直边段和筒节之间焊缝出现裂纹,并沿圆周焊接方向展开。鉴于膨胀节结构为双层报警结构,制造工艺为波纹管成形后,对波纹管直边段处两层之间进行封边工序,再进行直边段和筒节之间的焊接。故此处裂纹,不能推断出波纹管内层泄漏的结论。若是外力因素,有可能出现波纹管封边焊缝完好,波纹管直边段封边焊缝整体与筒节脱离的情况。波纹管直边段和筒节焊缝出现裂纹的原因,需通过解剖此处焊缝才能得出。

制定解剖方案需考虑上述情况,故在解剖前,需进行层间气密性试验,查看波纹管直边段封边焊缝的

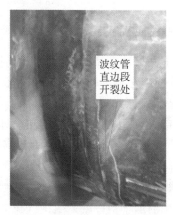

图 6　波纹管直边段开裂处

完好情况。随后再进行局部解剖,确定膨胀节失效原因。

① 膨胀节气密性试验[1]

利用膨胀节自带的层间报警装置,对膨胀节层间,按照标准进行气密性试验[1]并保压 10min 以上,检测波纹管层间封边焊缝是否出现泄漏。

图 7　波纹管层间气密性试验

气密性试验的试验压力为 0.2MPa,保压时间不小于 10min,查看 10min 后的层间压力是否有变化。在试验过程中每隔 2 分钟向波纹管直边段和筒节焊缝裂纹处喷洒皂泡,查看是否有泄漏现象。考虑到膨胀节在出厂前已做过层间连通性试验,故可直接进行层间气密性试验。试验过程如图 7 所示,试验结果层间的封边焊缝无泄漏。

经过层间气密性试验,可判断出焊缝的开裂位置应为波纹管直边段整体与筒节的焊缝产生了开裂。

② 波纹管直边段和筒节对接焊缝开裂处解剖

为验证波纹管直边段和筒节裂缝为直边段整体和筒体焊缝脱离,找出焊缝开裂原因,对波纹管和筒节焊缝裂纹处进行局部解剖。图 8、图 9、图 10 为波纹管的局部解剖后照片。

图 8　波纹管直边段和筒节焊缝裂纹处局部解剖

局部解剖后的波纹管直边段和筒节焊接处如图 9 和图 10 所示。

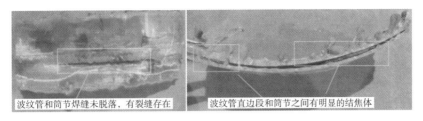

图 9　波纹管直边段与筒节焊缝裂纹处未分离详图

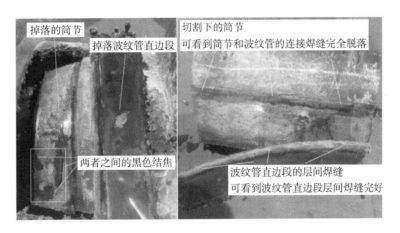

图 10　波纹管直边段与筒节焊缝裂纹处整体分离详图

　　膨胀节两组波纹管的直边段和筒节焊缝裂纹处均进行了局部解剖。其中,有一侧波纹管局部解剖后波纹管直边段和筒节完全分离(图 10),且两者之间有明显的黑色凝结物;并可清晰看出波纹管的层间焊缝完好无损,此处裂纹为波纹管直边段整体和筒节焊缝开裂;另外一侧波纹管直边段和筒节未分离的切割面(图 9),直边段和筒节之间有明显的黑色凝结物。

　　膨胀节解剖后的局部如图 11 所示。通过观察,膨胀节切割处的波纹管直边段和筒节之间,也存在类似黑色结焦物。

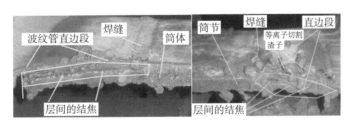

图 11　膨胀节解剖出照片

③ 波纹管直边段和筒节焊缝开裂原因分析

　　从图 1 和图 4 可看出,此膨胀节的波纹管为外套式焊接结构,波纹管直边段和筒节之间存在间隙。管线流通介质具备易凝结结焦的特性,极易在波纹管直边段与筒节的间隙处,形成在类似盘管内的含硫凝结物,有可能会在焊缝开裂处造成露点腐蚀。但经过核对以往资料,并进行光谱分析,波纹管材质为 Inconel 625 Gr.2,焊接用焊材为 ERNiCrMo-3,且焊缝开裂解剖处为不锈钢色,未发现明显腐蚀痕迹。考虑到高镍合金的较高抗蚀性,此处焊缝开裂处发生露点腐蚀可能性极小。故此焊缝开裂的原因,是由于波纹管直边段和筒节之间的间隙,存在介质凝结形成结焦,不断累积,量变引起质变,在膨胀节由高温状态降为常温状态后,累积增多的介质结焦把焊缝胀裂,对波纹管直边段和筒节的焊缝造成了破坏。

4　改进措施

此类介质易凝结的管线膨胀节,在使用过程中合理运用吹扫装置,尽量减少膨胀节内部与介质接触的承压件缝隙数量,对减少易凝结介质在膨胀节内的累积,提高膨胀节的安全性起到积极的作用。

针对此膨胀节失效案例,因其所在管线无配套的吹扫管线或其他气源,用户没有增加配套吹扫管线的意愿,前期利用内窥设备查看导流筒与波纹管内壁时,凝结物附着很少,所以决定去除吹扫装置,以避免吹扫盘管内介质的再次凝结、结焦。

同时,改进波纹管与筒节的焊接方式,内压波纹管的装配焊接由外套焊接形式改为内插焊接形式,更改报警装置的结构以适应波纹管内插结构的变化,如图 12 所示,有效避免波纹管直边段和筒节之间的间隙在装置工作后凝结介质的现象。

此外,通过模拟、优化吹扫后膨胀节内部封闭空间的气流变化,查找易凝结部位同时对膨胀节内部封闭空间结构、吹扫介质的工况,如压力、流速等参数进行优化,也可以有效地改善此类介质的凝结情况[3]。

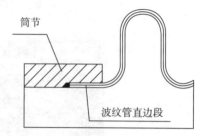

筒节

波纹管直边段

图 12　改进后的波纹管直边段
与筒节焊接结构

5　结　　论

本文通过对某石化 OCC 装置失效膨胀节进行介质特性和运行工况调查、相关试验和局部解剖,分析了膨胀节失效的主要原因:一方面是未按照规范操作对管线进行吹扫,导致膨胀节吹扫装置产生开裂和应力腐蚀破坏;另一方面是由于介质的易凝结特性和膨胀节中波纹管的外套式焊接结构共同作用下形成的腐蚀破坏。针对介质具备易凝结、易结焦特性的高温膨胀节,一方面建议使用单位需要严格按照操作手册/操作规范执行相关要求,如吹扫要求;同时也提出了膨胀节设计结构改进措施,经过实践验证,改进结构后的膨胀节在 OCC 装置现场运行状况良好,有效地保障了 OCC 装置的长时间安全运行。

参考文献

[1] 滕加伟,赵国良,金文清等. 烯烃催化裂解增产丙烯技术(OCC)[C].//第三届炼油与石化工业技术进展交流会论文集.2012:202-205.

[2] 国家市场监督管理总局,中国国家标准化管理委员会. 金属波纹管膨胀节通用技术条件:GB/T 12777—2019[S]. 北京:中国标准出版社,2019

[3] 朱一萍,杨玉强. 基于 ANSYS 的丙烷脱氢装置用膨胀节内部流场分析[C].//第十六届全国膨胀节学术会议论文集.2020:63-68.

作者简介

付强(1983—),男,工程师,研究方向波纹管膨胀节设计及制造。
联系方式:河南省洛阳市高新开发区滨河北路 88 号,邮编 471003
TEL:18638683643
EMAIL:fu_q725@163.com

49. 探究长周期波纹管避免氢脆的产生方法

张 博 宋林红 张文良 于翔麟

（沈阳仪表科学研究院有限公司，沈阳 110000）

摘 要：本文主要针对长周期或在容易产生氢脆环境中工作的波纹管使用时发生的氢脆现象进行探究，讨论了氢脆机理，分析影响氢脆的各种因素以及相关的预防措施。

关键词：波纹管；氢脆

中图分类号：TH703.2；TB115.1 文献标识码：A

To Explore the Method of Avoiding Hydrogen Embrittlement of Long－Period Bellows

Zhang Bo　Song Linhong　Zhang Wenliang　Yu Xianglin

（Shenyang Academy of Instrumentation Sciences Co. ,Ltd. ,Shenyang 110000,China）

Abstract：In this paper, the hydrogen embrittlement phenomenon occurred in the use of bellows with a long period or in the environment where hydrogen embrittlement is easy to be produced is investigated, and various factors affecting hydrogen embrittlement are analyzed, and the mechanism of hydrogen embrittlement and related preventive measures are discussed.

Keywords：bellows；hydrogen；embrittlement

1 引 言

随着国家的"十四五"发展规划的实施，以氢能源为代表的新能源发展在未来十几年甚至几十年都是主要方向，而作为航空航天领域重要部件的波纹管也会越来越多地接触到氢气等燃料气体，但是很长一段时间，波纹管的氢脆情况却常常被忽视，在日常的使用中，波纹管一般较难发生氢脆情况，但在高温、高压、氢气等特殊要求的环境下，则较为容易发生氢脆现象[1]，且近年来由于氢作为新能源，被越来越多的使用到工业当中，因此，对波纹管高压氢环境下氢脆的研究逐渐成为热点。

2 氢脆事件

空调中一般会使用波纹管进行部件之间的软连接，而某空调中的牌号为 TP2 的紫铜波纹管在工作一段时间后出现了开裂情况，如图 1，通过相关的先进技术分析，表明制作波纹管的材料中，有较高的氧含量，较低的磷含量，且在断裂位置及非断裂位置均出现大量沿晶裂纹及白色杂点，符合氢脆开裂的特征，如图 2，在高温高压的氢环境下工作，引发氢脆，形成大量微观孔洞，最终导致波纹管开裂[2]。

图 1 裂纹宏观位置图

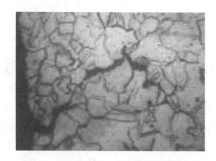

图 2 波纹管断口位置金相组织图

某化工厂大型 1Cr18Ni9Ti 不锈钢波纹管换热器在运行过程中发生严重的腐蚀开裂现象,后经过宏观形貌分析、电镜断口形貌分析,如图 3,可以在图中发现断口样貌为沿晶断裂,端口表面有许多裂纹,微孔和白点夹杂,其中白色杂点是由于氢的腐蚀,基本确定是由于工作环境介质中的氢通过物理吸收、化学吸附等方式,加上材料的应力而引起的波纹管氢脆断裂情况[3]。

图 3 断口电镜形貌

3 氢脆机理

在金属凝固时,由于速度过快,造成金属内部的氢无法完全排出,进而慢慢向金属中存在缺陷的地方扩散,等到金属冷却至室温时,氢原子在缺陷处逐渐增多,并且使得缺陷处的内压力增大,最终导致金属发生开裂现象。或者是在高温高压的氢气环境中,氢气可渗入到钢中和碳生成甲烷,甲烷可以在钢中逐渐聚集,局部内压升高,导致内部结构分布不均,在受到外力时,内部受力分布也会不均,从而在氢分子集中区会容易产生裂纹并扩展,最终形成断裂。氢脆的断裂性质为脆性断裂,氢宏观断口是齐平的,无塑性变形,并在境界上可看到粒状氢化物[4]。

氢脆开裂的影响因素重要是材料、应力、和环境氢。相对来说,强度越高的金属材料越容易产生氢脆,若材料中有一定的硫化物等杂质也会增大氢脆的产生风险;其他条件一定的情况下,应力越高则氢脆的敏感性也越大;在高温高压的氢环境中更容易引发氢脆断裂[5]。

4 常用材料的抗氢性能分析

常用材料针对氢脆可分为两类,易发生氢脆和不宜发生氢脆,如表 1、表 2[6],若产品在高温高压的氢环境下工作,应使用不易发生氢脆的材料制作。

表 1 在氢环境中易发生极严重脆化的材料

材料	强度比 $\sigma_b(H_2)/\sigma_b(He)$		无缺口试样延性比	
	缺口试样 $K_t = 8.4$	无缺口试样	δ_{H_2}/δ_{He}	Ψ_{H_2}/Ψ_{He}
18Ni - 250	0.12	0.68	0.02	0.05
410	0.22	0.79	0.09	0.20

（续表）

材料	强度比 $\sigma_b(H_2)/\sigma_b(He)$		无缺口试样延性比	
	缺口试样 $K_t=8.4$	无缺口试样	δ_{H_2}/δ_{He}	Ψ_{H_2}/Ψ_{He}
1042（淬火与回火）	0.22			
17-7	0.23	0.92	0.10	0.06
Fe-9Ni-4Co-0.2C	0.24	0.86	0.03	0.22
H-11	0.25	0.57		
4140	0.40	0.96	0.19	0.19
Incone1718	0.46	0.93	0.09	0.04
440C	0.5	0.40		
174PH（固溶退火）	0.32 *			
Ti-6Al-4V（固溶）	0.58			
430F	0.68		0.64	0.58
Ni270	0.70		0.93	0.75
A515	0.73		0.69	0.52
HY-100	0.73		0.90	0.83
A327W	0.74		0.50	0.34
1042（正火）				0.46
A533B	0.78			0.50
Ti6Al4V（退火）	0.79			
1020	0.79			0.66
HY-80	0.80			0.86
Ti5Al-2.5Sn	0.81			0.87
纯铁	0.86			0.60

注：试验条件：温度 294K、氢压 69Mpa；

　　带 * 数据为 $K_{th}(H_2)/K_{th}(He)$

表 2　在氢环境中有轻微或可以忽略氢脆的材料

材料	缺口试样强度比 $\sigma_b(H_2)/\sigma_b(He)$，$K_t=8.4$	无缺口试样面缩比 Ψ_{H_2}/Ψ_{He}
304L	0.87	0.91
305	0.89	0.96
Be-Cu 合金 25	0.93	0.99
310	0.93	0.97
A-286	0.97	0.98

（续表）

材料	缺口试样强度比 $\sigma_b(H_2)/\sigma_b(He)$，$K_t=8.4$	无缺口试样面缩比 Ψ_{H_2}/Ψ_{He}
7075 - TA	0.98	0.95
316L	1.00	1.04
无氧铜	1.00	1.00

注：试验条件：温度294K，氢压69MPa

通过表中数据可知，将圆盘试样安装于试验设备夹持腔内，通入氢气，以恒定速率增加气体压力，直至试件爆破，记录爆破压力。选择氦气进行对比环境试验，通过比较氢气环境下的爆破压力与氦气环境下的爆破压力，也就是表格中的比值，来评价材料的氢脆敏感度，比值越接近1，则材料受氢气的影响越小。

氢损伤会对金属材料的多项物理性能产生影响，从而影响产品的使用情况。经过大量的试验验证表明，316L和21-6-9等材料均有一定的抗氢能力，316L钢是抗氢性能最好的材料，但强度较低；21-6-9钢强度高于316L近一倍，抗氢能力稍低于316L，加工及焊接性能较好，及在生产抗氢波纹管时可以优先选取这两种材料进行设计。

5　避免氢脆措施

为了预防氢脆的产生，除了选用合适且不易产生氢脆的材料、保证材料的清洁度以外，在生产过程中也存在需要注意的地方：

（1）波纹管材料选择含有钛、铬、钒等元素的材料，来阻止氢脆的产生。

（2）利用正火、时效等方法对波纹管进行去氢处理。将波纹管加热至某一温度，保温一段时间并缓冷，使氢随溶解度逐渐变小，逐渐析出[7]。

（3）应尽量避免在氢环境下对波纹管进行加热，减少在加热过程中加剧氢脆的隐患。

（4）对于需要表面处理的波纹管，应尽量避免电镀锌、强酸洗等渗氢严重的表面处理工艺，如果波纹管需要经酸洗，则尽量缩短酸洗时间；其次加缓蚀剂，减少氢产量；避免采用硫酸，而应使用稀释的盐酸并应严格控制盐酸的浓度，同时添加硫服或乌洛托品作为缓蚀剂。溶液中HCl含量一般在100~140g/L，缓蚀剂含量应控制在2~3g/L。严格控制酸洗的温度，酸洗时，虽然随着酸洗的温度提高，酸洗的速度会增加，但渗透程度也会增加，因此要控制酸洗的温度，同时可研究采用喷砂、喷丸、液体喷丸等机械手段代替酸洗[8]。

6　结　语

随着氢能源科技的发展，对波纹管等不锈钢弹性元件的需求日益增多，对波纹管使用环境、使用寿命的要求也日益苛刻，因此，氢脆带来的影响也逐渐受到大家关注。氢脆断裂往往具有隐蔽性、延迟性、突发性、偶然性、必然性等几个方面，因此具有极大的破坏性和危险性。一旦发生氢脆往往会导致灾难性的后果，所以在波纹管的生产过程中应综合考虑工况等方面的需求，将隐患降至最低，针对易发生氢脆工况下的波纹管应优先选用不易产生氢脆的材料，并结合本文提出的防止氢脆常用方法进行相应处理，可以很大程度上避免氢脆的发生，减少氢脆带来的损失。

参考文献

[1] 余存烨，等．奥氏体不锈钢氢脆[J]．全面腐蚀制，2015，29(8)：11—15.

[2] 陈瑞武．紫铜波纹管断裂的实效分析[J]，日用电器，2015-7；107—112.

[3] 郝文森,张旭昀,毕凤琴,等.换热器不锈钢波纹管腐蚀分析[C].腐蚀金属低九届学术年会论文集.

[4] 刘笑语.氢脆的机理、检测与防护[D].武汉:武汉理工大学.

[5] 冯琴.氢脆的新现象与新认识及防治方法[C].全国金属制品信息网第 24 届年论文,2016:246—250.

[6] 巫宗萍.小型波纹管阀门密封技术研究[D].四川:四川大学,2005.

[7] 庞兆夫,李文竹,黄磊.钢丝酸洗中氢脆的形成及预防措施[J].鞍钢技术,2008(6):25—28.

[8] 岳景东,刘莹,朱金龙,等.阀门用 20CrNiMo 钢热处理工艺分析[J].阀门,2016—4:23—24.

作者简介

张博,(1993—),男,辽宁本溪,本科,工程师,主要从事精密金属波纹管设计研发、工艺优化等研究工作。联系电话:18636266521,18636266521@163.com